U0306089

重金属污染耕地第三方治理：技术模式与管理运行机制

林泽建　黄道友　等　著

中国农业科学技术出版社

图书在版编目(CIP)数据

重金属污染耕地第三方治理：技术模式与管理运行机制 / 林泽建等著 . --北京：中国农业科学技术出版社，2024. 7

ISBN 978-7-5116-6063-3

Ⅰ. ①重… Ⅱ. ①林… Ⅲ. ①耕地-土壤污染-重金属污染-修复-研究 Ⅳ. ①X530. 5

中国版本图书馆 CIP 数据核字(2022)第 225453 号

责任编辑 周 朋
责任校对 王 彦
责任印制 姜义伟 王思文

出 版 者 中国农业科学技术出版社
北京市中关村南大街 12 号 邮编：100081
电 话 (010) 82103898 (编辑室) (010) 82106624 (发行部)
(010) 82109709 (读者服务部)
网 址 https://castp.caas.cn
经 销 者 各地新华书店
印 刷 者 北京建宏印刷有限公司
开 本 185 mm×260 mm 1/16
印 张 17
字 数 413 千字
版 次 2024 年 7 月第 1 版 2024 年 7 月第 1 次印刷
定 价 158.00 元

《重金属污染耕地第三方治理：技术模式与管理运行机制》

撰著小组

组长：

林泽建　中国科学院亚热带农业生态研究所

副组长：

黄道友　中国科学院亚热带农业生态研究所
李继志　湖南农业大学
夏卫生　湖南师范大学

成员：

朱奇宏　中国科学院亚热带农业生态研究所
彭素华　湖南农业大学
李佰重　中国科学院亚热带农业生态研究所
杨亚涛　湖南师范大学
吴紫薇　湖南农业大学
熊晓玲　湖南农业大学
郭欣媛　湖南农业大学
童星星　湖南师范大学
陈　颖　湖南农业大学
杨红权　慈利县农业农村局
成湘婷　湘乡市农业农村局
殷伟平　醴陵市农业农村局
刘博文　浏阳市农业农村局
彭秀苗　安化县农业农村局
马　丽　慈利县农业农村局

内容简介

本书共11章。第一章主要论述了耕地重金属污染现状与防治技术原理；第二章系统总结论述了镉污染耕地治理修复技术模式；第三章概述了重金属污染耕地第三方治理含义及作用，分析了重金属污染耕地治理修复三方关系及研究意义等；第四章介绍了重金属污染耕地第三方治理国内外研究动态；第五章研究了重金属污染耕地第三方治理实施主体，分析了实施主体类型、特点、数量变化特征及成因等；第六章研究了重金属污染耕地第三方治理的适度规模；第七章研究了重金属污染耕地第三方治理承接主体遴选机制；第八章研究了重金属污染耕地第三方治理模式，从不同角度将重金属污染耕地第三方治理模式分为3种类型，阐述了其特点、发展现状、发展趋势以及各自的优劣势和适应性等；第九章重点分析了特殊形态第三方治理PPP模式的特征及其在重金属污染耕地修复治理中的作用，根据社会资本参与程度，将重金属污染耕地修复治理PPP模式分为项目总承包、平行承包和采购-实施承包3种类型，分析了每种类型的优缺点、适应性；第十章研究了重金属污染耕地第三方治理监督机制；第十一章研究了重金属污染耕地第三方治理绩效评价，分析了重金属污染耕地第三方治理绩效评价的内容、指标体系、评价标准及评价方法等。

本书可供从事农村经济、生态经济、重金属污染耕地治理修复相关领域的科研、教学人员、政府工作人员、社会化服务组织人员，以及相关专业研究生阅读参考。

本专著出版得到以下项目（课题）资助

1. 国家重点研发计划课题：重金属低累积作物选育及其达标生产综合配套技术研发；

2. 湖南创新型省份建设专项（高新技术产业科技创新引领计划：科技攻关类）：农业水土环境重金属削减与安全生产关键技术研究及应用，2020NK2001；

3. 农业农村部农业农村环境治理专项（污染耕地分级管控与评估技术支撑）：华中与华东地区农产品重金属污染防治技术服务，125A0701 13200334（2020）、125A0701 13210170（2021）；

4. “十二五”国家科技支撑计划课题：中南工矿区镉砷镍超标农田安全利用技术集成与示范，2015BAD05B02；

5. 湖南省农业资源与环境保护管理站：湖南省重金属污染耕地第三方治理运行机制与实施效果研究；

6. 湖南省自然科学基金（2021JJ30365）：重金属污染耕地多元共治的动力机制构建研究。

前　言

日益加剧的土壤重金属污染问题是目前严重制约我国农业可持续稳健发展的重要因子。据2014年发布的《全国土壤污染状况调查公报》数据显示，全国耕地点位超标率达19.4%，其中镉的点位超标率达7.0%。

为切实加强土壤污染防治和监管，国家出台了一系列土壤污染防治政策法规文件，逐步建立起了土壤环境保护法律法规体系。2014年3月，农业部、财政部在长株潭地区启动了“湖南省重金属污染耕地修复及农作物种植结构调整试点”专项工作；2016年5月，国务院印发了《土壤污染防治行动计划》（以下简称“土十条”），通过10条35款231项具体措施，从10个方面提出了土壤污染防治的“硬任务”。根据“土十条”的要求，河北、湖北、湖南、广西、四川、贵州、云南等重金属污染重点省区近年陆续启动重金属污染耕地治理修复工作。

耕地重金属污染具有隐蔽性、多源性、持久性等特点，且影响农作物吸收与积累重金属的因素众多，其治理修复涉及农学、土壤、环境和食品安全等多个学科，其治理难度和复杂性远超过工矿场地重金属污染的治理修复，已成为一个世界性的难题。

重金属污染耕地治理修复欲取得良好效果，实现预期目标，首先要选择正确的技术路径和技术模式，同时还要采取行之有效的工作推进模式，以确保技术路径不走样以及技术措施高效率、高质量落地。在我国多省开展重金属污染耕地治理修复实践中，基本上都是采用政府行政推进型和第三方治理两种工作推进模式，第三方治理逐步成为工作推进的主要模式。

本专著共11章，分两个部分：第一部分为第一、第二章，主要研究了耕地重金属污染现状、防治修复技术原理和技术模式；第二部分为第三章至第十一章，主要研究了重金属污染耕地第三方治理管理与运行机制。

第一章主要论述了削减作物重金属积累的农艺调控措施与原理和阻控作物重金属吸收的原位钝化技术与原理。

第二章系统总结了耕地重金属污染分类分区治理修复的技术模式，包括优先保护类耕地保育提升、安全利用类耕地安全利用、严格管控类耕地替代种植等技术模式。

第三章和第四章主要研究了重金属污染耕地第三方治理政府、农户（农民专业合作社）、实施主体三方关系，阐述了研究重金属污染耕地第三方治理4个方面的意义，分析了国内外第三方治理的兴起及发展过程与进展、经历的阶段和研究现状。

第五章至第七章研究了重金属污染耕地第三方治理实施主体。一是论述了研究第三方治理实施主体的意义；分析了第三方治理实施主体类型，分析了2类承接主体和7类参与主体的成因、特点、数量变化特征及适应性；揭示了农民专业合作社逐渐成为第三方治理主要承接主体的变化趋势并阐述了其意义。二是运用 DEA 模型测算了重金属污染耕地第三方治理的适度规模，并采用计量分析与统计描述分析相结合的方法，分析了农民专业合作社和工商企业适度治理规模的主要影响因素。三是研究了重金属污染耕地第三方治理承接主体遴选机制，论述了承接主体遴选条件、方式和方法，分析了承接主体遴选困境，提出了承接主体遴选机制的构建方略。

第八章和第九章研究了重金属污染耕地第三方治理模式。提出了重金属污染耕地第三方治理模式分类方法，从不同角度将重金属污染耕地第三方治理模式分为 3 种类型：一是从承包方式角度进行分类，分为技术措施承包和效果承包 2 种类型；二是从工作推进模式角度进行分类，工商企业和农民专业合作社工作推进模式分别分为 7 种和 5 种类型；三是从土地权属角度进行分类，分为一般形态第三方治理模式和特殊形态第三方治理模式 2 种类型。分析了各种模式的内涵、特点、发展现状、发展趋势以及各自的优劣势和适应性。重点分析了特殊形态第三方治理模式——PPP 模式的特征与在重金属污染耕地治理修复中的作用，分析了重金属污染耕地第三方治理 PPP 模式属性的决定因素、PPP 模式类型及每种类型的优缺点、适应性及推广 PPP 模式的难点，提出了推广运用策略。

第十章研究了重金属污染耕地第三方治理监督机制构建。阐述了第三方治理监督机制含义、研究目的及意义；提出了重金属污染耕地第三方治理监督机制从 7 个方面构建的构想。

第十一章研究了重金属污染耕地第三方治理绩效评价。提出了重金属污染耕地第三方治理绩效评价 4 个方面的内容。一是论述绩效评价的定义、目的、意义及相关理论。二是通过“投入-产出”逻辑框架，从 4 个维度和 4 个水平层次构建重金属污染耕地第三方治理绩效评价指标体系。三是制定了重金属污染耕地第三方治理效果评价 25 项指标的评价标准及评价方法，其中，依据《土壤环境质量农用地土壤污染风险管控标准（试行）》（GB 15618—2018），划分可能引起稻米超标的土壤重金属含量的耕地土壤重金属污染风险等级，以耕地土壤污染现状监测结果为风险预警依据，以区域内水稻重金属超标指数平均值和标准误为评价目标，依据国家农作物质量标准，建立了农作物重金属污染指数模型、污染风险分级方法和标准。四是提出了重金属污染耕地第三方治理效果评价的流程、组织实施、成果运用和注意事项。

本专著是对重金属污染耕地技术模式和第三方治理的初步研究，对某些概念内涵的阐述以及对某些机制运行机理的分析是否准确，提出的各种模式是否确切，都值得与读者探讨。由于水平所限和其他各方面的原因，笔者深切感受到本专著在研究的深度和广度上存在很多不足之处，恳请各位读者批评指正。

本专著是团队 20 余位科研、教学人员和研究生辛勤工作的成果，是集体智慧和劳动的结晶，在此一并表示诚挚谢意。

著者

2023. 09

目　　录

第一章　耕地重金属污染现状与防治技术原理

一、我国耕地重金属污染现状

（一）全国情况

我国耕地资源稀缺，呈现“一多三少”的情况，即耕地总量多、人均耕地少、高质量的土地少、耕地后备资源少。雪上加霜的是，由于工农业的快速发展和资源的不合理开发利用，我国耕地受到了不同程度的污染，其中，耕地重金属污染最为突出。

从污染情况来看，我国耕地重金属污染是全国性的大规模污染，形势严峻。2014 年《全国土壤污染状况调查公报》显示，耕地土壤环境质量堪忧：调研覆盖面积为 630 万平方千米，全国土壤总的超标率为 16.1%，耕地土壤点位超标率为 19.4%，其中重度污染点位比例为 1.1%，镉（Cd）无机污染物点位超标率高达 7.0%[1]。2015 年国土资源部和中国地质调查局联合发布的《中国耕地地球化学调查报告》称，耕地重金属重度污染或超标的点位比例占 2.5%[2]。中国科学院 2018 年研究结果表明，我国五大粮食主产区（三江平原、松嫩平原、长江中游及江淮地区、黄淮海平原和四川盆地）耕地土壤污染点位超标率平均为 21.49%，高于全国耕地平均污染水平 2 个百分点[3]。

从污染分布来看，我国耕地重金属污染具有明显的地域性，南方耕地土壤污染重于北方。其中，镉、汞（Hg）、砷（As）、铅（Pb）4 种无机污染物含量分布呈现从西北到东南、从东北到西南方向逐渐升高的态势[1]。从点位超标率看，四川盆地和长江中游及江淮地区的耕地重金属超标率远高于黄淮海平原、松嫩平原和三江平原；从污染等级看，四川盆地、长江中游及江淮地区、黄淮海平原轻度污染比重高，松嫩平原以中、重度污染为主，特别是长江中游及江淮地区重度污染点位比重最大，为 7.11%[3]。

从污染来源来看，南方耕地重金属污染受人为活动影响大，北方则以自然因素为主[3]；工矿业、农业等人为活动以及土壤环境背景值高是造成土壤污染超标的主要原因[1]。土壤本底重金属元素含量高、河流改道和成土风化作用是造成耕地重金属污染的自然因素。采矿、冶金、电镀等工矿企业“三废”排放，以及农业生产中污水灌溉、化肥的不合理使用、畜禽养殖等人类活动造成或加剧了局部地区耕地重金属污染[3]。20 世纪 80 年代，我国实施“大矿大开，小矿放开，有水快流”政策，形成全民办矿的局面。由于开采工艺落后、矿业及其相关产业缺乏统筹规划，人们盲目发展经济而忽视环境保护，仅 20 多年，五大粮食主产区耕地重金属污染点位超标率增长了 14 个百分点[3]。

（二）湖南省情况

湖南省素以“有色金属之乡”著称，其钨（W）、锑（Sb）、铋（Bi）、锌（Zn）、铅、锡（Sn）等储量均位于全国前列。20 世纪 80 年代以来，湖南省以镉、铅为代表的有色金属开采与冶炼迅猛发展，成为不少地区经济发展的支柱产业。值得注意的是，有色金属品质较低、开采使用率低带来废矿多的问题，加之选矿污水的处理不完善导致大量污水入河致使河水和地下水污染严重；耕地使用受到重金属污染的水体灌溉，导致耕地重金属污染严重。土壤的本底值过高，也是湖南省重金属污染严重的重要原因之一。“老污染未根治，新污染又增生”，湖南全省 13%土地遭重金属污染[4]。其中，被污染的耕地面积高达 71.52 万公顷，占全省耕地总面积的 23.7%[5]。经调查统计，湖南省镉、铅污染物的排放呈“一线（京广沿线）一片（湘西北片）”的区域分布特征，且以镉-铅复合污染为主；迁移分布方式为倒三角形或倒“山”字形[6]；污染区域由大中城郊、工矿地区快速向一般农区推进[7,8]。湖南省土壤重金属污染呈现污染面积广、积累度高的特点，治理修复难度大。

湖南重金属污染粮数量大，据不完全统计，2013 年全省超标粮食 246 万吨，其中镉含量在 0.2~0.4 毫克/千克的稻谷共 130.4 万吨，镉含量在 0.4 毫克/千克以上的稻谷 116 万吨。2014 年全省超标粮食 215 万吨，其中镉含量在 0.2~0.4 毫克/千克的稻谷共 124 万吨，镉含量在 0.4 毫克/千克以上的稻谷共计 91 万吨[9]。

据生态环境部官网资料，早在 2009 年 7 月，《湖南省土壤污染状况调查报告》就已完成初稿，但迟迟未见公布，直至 2013 年湖南“镉大米”轰动全国，揭开了重金属污染的神秘面纱：广东省一次例行食品抽检结果显示被抽检的米及米制品的合格率仅为 55.56%，不合格产品均为重金属镉含量超标[10]。然而，在此之前已有多次粮食重金属含量超标的报道，例如，2002 年农业部对全国市售稻米进行抽检，结果显示米中重金属元素超标最严重的是铅，超标率 28.4%，其次为镉，超标率为 10.3%[11]。

“镉大米”事件给湖南省大米印上了质量差的标签，严重影响了湖南省“鱼米之乡”的声誉，广东省粮食市场出现拒收湖南省大米的情况，湖南省大米销量大幅下降[12]。更为严重的是，湖南省本地的大米市场被东北大米和泰国大米占据，稻谷价格明显下跌，高产量却不能带来高收益，农民种粮积极性下降，部分农户弃田转工。

二、耕地重金属污染的主要危害

（一）对农作物生长的危害

1. 致使农作物减产

土壤中的重金属元素不易随水淋溶、被生物降解，具有明显的生物富集作用。这些重金属作为植物生长的非必需元素会以有机态和无机态两种形态储存在农作物植株内，过量的重金属进入植物体内，易对植物的细胞膜系统造成伤害，影响植物体内各种生物酶的活性，进而影响细胞器的结构与功能，使其体内的各种生理生化过程发生紊乱，从而影响植物的产量和品质[13]。从植株整体来看，当其在植物体内积累达到一定量时，植物会出现生长发育不良的症状：根、茎生长缓慢；叶片泛黄、卷曲、出现斑点、生长缓慢；植株矮小；产量和质量大幅度下降；等等[14]。

2. 威胁农产品安全

重金属污染物进入土壤后不能被土壤微生物所分解，易于在土壤中积累，从而被作物吸收，造成农产品质量安全问题的产生。通过对小麦、玉米、水稻等粮食作物研究发现，以镉、锌、铜（Cu）、铅、砷、汞等为代表的重金属元素在粮食作物中的分布有着极其相似的特点。同一作物不同部分的元素含量呈现相同规律：根>茎叶>籽粒，不同作物对表土中重金属元素吸收富集程度不同，例如，在同等镉污染程度的土壤中分别种植玉米和小麦，小麦籽粒中镉含量远高于玉米籽粒。耕地土壤污染导致生物品质不断下降，直接威胁农产品安全[15]。

（二）对人体健康的危害

在受重金属污染的土壤上种植的农产品内重金属含量普遍较高，长期食用这些农产品制成的食物会使人体内重金属逐渐积累，进而引发多种疾病。

1. 镉

残留于粮食及其制品中的镉被摄入人体后，有1%～6%被吸收，具体吸收率可因其在食物中存在的形式而异，同时还与膳食中蛋白质、维生素D和钙的含量有关。

进入人体内的镉容易在人体内蓄积，主要蓄积于肾脏，其次为肝、胰、主动脉、心、肺等[15]。短时间内大剂量的镉进入人体可造成急性中毒症状，如腹泻、腹痛，而小剂量的镉长时间堆积会产生毒素，引起慢性中毒，毒害肝脏和肾脏，尤其是对骨质有严重的影响，镉可以与骨中的钙替换，造成骨骼中的钙大量流失，使骨质严重软化[16]。

镉对肾脏的慢性毒性表现为细胞内溶酶体增多增大，线粒体肿胀变形，出现蛋白尿、糖尿及氨基酸尿。由于尿液浓缩减弱而排出高酸尿和高钙尿，并出现其他肾小管功能紊乱现象，继而导致负钙平衡，引起骨质疏松症[15]。研究人员发现，20世纪六七十年代日本谈之色变的“痛痛病”是由人体中重金属镉含量超标引起的[17]。日本的“痛痛病”即为环境镉污染通过食物引起的慢性镉中毒，多见于50岁以上并长期食用含镉高的大米的妇女。

2. 砷

砷在人体内可与细胞内酶蛋白的巯基结合而使其失去活性，从而影响组织的新陈代谢，引起细胞死亡；也可使神经细胞代谢产生障碍，造成神经系统病变。砷有致畸作用，在细胞复制过程中，可从DNA链上取代磷酸盐而引起染色体畸变。此外，砷还能抑制DNA的正常修复过程。

砷急性中毒的表现主要是：口腔和咽喉有烧灼感、口渴及吞咽困难，随后出现恶心、呕吐症状，甚至吐出血液和胆汁，剧烈腹痛、腹泻，可致脱水、血压下降，严重者昏迷、惊厥和虚脱，常因呼吸循环衰竭而死。砷慢性中毒表现为虚弱、眩晕、气短、心悸、食欲不振和呕吐等，严重者四肢末端有多发性神经炎，可引起神经性疼痛；心电图检查有T波倒置，QT间期延长；肝功能检查可见γ2球蛋白增加，白蛋白/球蛋白比值下降，谷草转氨酶、麝香草酚浊度和乳酸脱氢酶数值增高。

3. 铅

食物中铅在人体的吸收受食物中蛋白质、钙和植酸等的影响，吸收率为5%~15%，主要在十二指肠吸收，经肝脏时，有一部分又随胆汁再次排入肠道。

铅主要损害神经系统、造血器官和肾脏。铅中毒常见症状有食欲不振、胃肠炎、口腔金属味、失眠、头昏、头痛、关节肌肉酸痛、腰痛、便秘、腹泻和贫血等，严重者可发生休克和死亡。铅慢性中毒可影响凝血酶活力，进而影响凝血过程。慢性中毒后期出现急性腹痛和瘫痪，少数患者有动脉粥样硬化或动脉粥样硬化性肾炎。铅损害人体的免疫系统，使机体的免疫力明显下降[18]。

4. 汞

微量的汞在人体内不至于引起危害，可经尿、粪和汗液等途径排出体外，但如果量较大，则损害人体健康。通过食物进入人体的甲基汞可直接进入血液，主要与红细胞结合，少数存留在血液中。一般认为，当全血中含汞量为20~60微克/100毫升时，即可出现神经中毒症状。汞可在肾脏和肝脏中蓄积，并通过血脑屏障进入脑组织。甲基汞在体内与巯基亲和力高、脂溶性强、分子小，所以易于扩散并进入各种组织细胞中。

汞在人体中引起慢性中毒的症状主要是疲乏、头晕、失眠，肢体末端、嘴唇、舌和齿龈等麻木，继而刺痛，随后发展为运动失调、言语不清、耳聋、视力模糊、记忆力减退，严重者可出现精神紊乱，进而疯狂、痉挛致死。汞对人体的危害除引起严重的中枢神经症状外，在母体中还可通过胎盘进入胎儿体内危及胎儿健康。由于胎儿血汞比母体高20%，即使母体不致发病，也能引起胎儿先天性汞中毒，使初生婴儿出现畸形、智力减退，甚至发生脑麻痹而死亡。

5. 铬

铬（Cr）是人体必需的微量元素，它能帮助胰岛素促进葡萄糖进入细胞内，让糖被充分利用，转变为能量。如果缺铬，胰岛素就不能发挥充分作用，从而引发糖尿病；缺铬还有可能造成脂代谢的紊乱，脂代谢紊乱会引发动脉粥样硬化和心脑血管疾病；缺铬还和某些肿瘤的发生以及视网膜的光感细胞健康密切相连。

但是，人体吸入的存在于灰尘或者烟雾颗粒中的六价铬，会透过细胞膜对皮肤造成刺激，引起皮肤过敏症状；同时对食道、呼吸道造成伤害，会引起呼吸道过敏，引发过敏性哮喘。口服六价铬离子会刺激消化道，引发呕吐，还会伴随血便、脱水等症状。未成年人摄入六价铬会引起肾小管过滤效率明显下降。调查发现，六价铬对人体有明确的致癌性，长期暴露于含有六价铬离子环境中的工作人员患有肿瘤疾病的可能性更大，其中肺受到的影响最大。

三、国家战略视角下的重金属污染耕地治理修复

（一）重金属污染耕地治理修复于国家发展具有重要意义

1. 粮食安全

“十三五”规划建议提出，要坚持最严格的耕地保护制度，坚守耕地红线，实施

“藏粮于地、藏粮于技”战略，要求提高粮食产能，确保谷物基本自给、口粮绝对安全。

《中华人民共和国国家安全法》将粮食安全概括为粮食供给和质量安全。粮食供给安全是要求稳定粮食价格，以保证人民群众买得起粮食；质量安全是确保食品对人体无毒无害，并能满足人体健康营养的需要，是对食品安全更高层次的要求。我们不仅是要解决温饱问题，更要解决粮食质量安全问题。

中国人多地少，粮食生产压力大，这种特殊的国情决定了我国粮食供需矛盾将长期存在，预计到2030年，我国人口将达到16亿[19]，不仅要依靠现有的耕地面积来养活13亿民众，还要考虑未来农业的可持续发展。此外，人民生活质量日益提高，不少民众对粮食的需求不仅仅停留于温饱，还要求绿色健康、口感好、营养价值高，粮食的供需存在不平衡的情况。《国家粮食安全中长期规划纲要（2008—2020年）》明确要求我国“粮食自给率稳定在95%以上”和“新增1 000亿斤粮食生产能力”；《中华人民共和国国民经济和社会发展第十四个五年规划和2035年远景目标纲要》（简称“十四五”规划）提出到2025年，我国“粮食综合生产能力要超过6.5亿吨”。

重金属污染耕地严重影响农作物产量与质量，造成大量的粮食浪费，埋下粮食安全隐患。国家环保总局曾于2006年公开说明，我国每年因为重金属污染问题造成的粮食减产量超过1 000万吨，受重金属污染的粮食达到1 200万吨，损失至少200亿元人民币[20]。这受损的2 000多万吨粮食若未被污染，足够为4 000万左右的人口解决温饱问题。为此，必须保护耕地并且提高耕地的有效利用与安全利用，保障粮食的安全生产和有效提供；努力将耕地重金属污染降到最低限度值，以减少因重金属污染而带来的粮食浪费，确保农产品品质与质量安全，保障国家粮食安全。

2. 生态文明建设与乡村振兴

生态系统是有限的、不增长的。若忽视环境规模约束对经济的制衡，无节制地以破坏环境为代价来发展经济，一旦超出环境承载力，我们将失去最重要的自然空间或功能，这样的发展是不经济且不可持续的。习近平总书记提出“绿水青山就是金山银山”，其核心要义是正确处理好人与自然的关系，强调经济发展必须与生态环境承载能力相适应，绿水青山赋予的优质生态产品才能具备持续不断的供给潜力，这种持续供给性才能满足人民日益增长的对优美生态环境的需要，最终才能真正实现人与自然和谐共生的目标。

党的十八大以来，我国高度重视生态文明建设，将“污染防治”提升至为国家层面的战略目标，明确提出“生态宜居是乡村振兴的关键”。党的十九大报告提出了乡村振兴战略，乡村振兴不仅要求农民富、农业强，更要求农村美。2006年湖南省株洲马家河镇新马村发生重金属中毒事件，当地两人因镉中毒死亡，150多位村民因镉中毒感到身体不适，随之而来的是该村与相邻两个村的村民弃耕1 000多亩①地[21]；2014年湘江中游的衡阳市衡东县大浦工业园发生“血铅儿童”事件，事后当地居民表示：“园区附近仍种植水稻，镉污染尚未治理，但我们也没办法，总得吃饭，农作物超标一点也要

① 1亩≈667米^2，15亩=1公顷，全书同。

吃。”重金属污染河流与耕地，严重影响农村的经济发展，阻碍美丽乡村建设进程。环境就是民生，青山就是美丽，蓝天也是幸福。对于人民群众享有更优美的环境的美好期盼，党与政府必须坚持以人民为中心的发展思想，全力打好污染防治攻坚战，增加优质生态产品供给，满足人民群众对良好生态环境新期待，提升人民群众获得感、幸福感。

为此，我国高度重视耕地重金属污染的防治工作，将“保护耕地和防治重金属污染的耕地”作为《全国农业可持续发展规划（2015—2030年）》的重点任务；坚持“十分珍惜和合理利用每寸土地，切实保护耕地”的基本国策，坚守“生态红线”，做好耕地污染的防治工作，努力实现经济社会发展和生态环境保护协同共进。随着国家战略的推行，人们对于耕地生态价值的认识也逐步提升。在政府的引领下，越来越多的企业、社会组织和个体居民加入耕地治理修复之中，维护美好家园。

（二）我国耕地重金属污染防治进程

由于耕地重金属污染具有危害潜伏性、暴露迟缓性、长期积累性、地域分布性和不可逆转性，与水污染防治、大气污染防治和固体废物污染防治工作相比，耕地重金属污染防治工作基础薄弱，起步相对较晚。

1. 长株潭试点

为切实加强土壤污染防治和监管，国家出台了一系列土壤污染防治政策法规文件，逐步建立土壤环境保护法律法规体系，并开始在典型区域开展重金属污染耕地治理修复的尝试。2014年3月，农业部和财政部联合启动了“湖南省重金属污染耕地修复及农作物种植结构调整试点”工作，对长株潭地区（长沙、株洲、湘潭三市）170万亩重金属污染耕地探索以农艺措施为主的风险管控综合治理修复方式。这在当时是我国乃至全世界重金属污染耕地治理修复面积最大的项目。

2. “土十条”的出台

2016年5月，国务院印发了《土壤污染防治行动计划》（简称“土十条”），通过10条35款231项具体措施，从10个方面提出了一个时期内土壤污染防治的“硬任务”。“土十条”指出，到2020年，受污染耕地安全利用率达到90%左右，污染地块安全利用率达到90%以上；到2030年，受污染耕地安全利用率达到95%以上，污染地块安全利用率达到95%以上。“土十条”指出，到2020年，全国土壤污染加重趋势得到初步遏制，土壤环境质量总体保持稳定，农用地和建设用地土壤环境安全得到基本保障，土壤环境风险得到基本管控；到2030年，全国土壤环境质量稳中向好，农用地和建设用地土壤环境安全得到有效保障，土壤环境风险得到全面管控；到21世纪中叶，土壤环境质量全面改善，生态系统实现良性循环。

“土十条”是国内土壤污染治理的首个纲领性文件，从摸清土壤污染状况到依法治土，从分类管理到风险管控，从推进治理修复到分配责任，对土壤污染防治作出了系统而全面的规划及行动部署，明确下一步要侧重污染调查和评估、推进土壤立法、对农用地和建设用地分类管控、加强对未污染土壤的保护、科学开展土壤治理与修复、促进科技研发与产业发展、推动治理体系的构建、实施目标考核和责任追究等方面的工作，以保护生态环境和保障人体健康为落脚点推动国内环境管理战略转型。

3.《中华人民共和国土壤污染防治法》的颁布

2019年1月1日，《中华人民共和国土壤污染防治法》开始实施，结束了治理污染的责任主体认定困难或缺失的历史，形成了全链条的管控和责任体系，土壤污染防治法律法规体系基本建立。《中华人民共和国土壤污染防治法》明确提出环境风险管控的概念，土壤污染防治工作由质量管理向风险管控过渡[22]。

2019年4月3日，农业农村部办公厅、生态环境部办公厅发布《关于进一步做好受污染耕地安全利用工作的通知》（以下简称《通知》）。《通知》要求，确保到2020年底，完成"土十条"规定的"421"目标任务，受污染耕地安全利用率达到90%左右。《通知》要求，各省农业农村部门会同生态环境部门，系统梳理总结本地区已开展的受污染耕地安全利用试点示范的经验，在受污染耕地安全利用集中推进区内以乡镇为单元，根据相关技术规范，进一步加强技术应用和示范推广，总结适宜于当地的技术模式，创新工作推进机制，为全省受污染耕地安全利用提供治理规模化样板。各地要统筹受污染耕地安全利用集中推进区建设任务和总体任务，确保"421"目标任务按时按质按量完成。

2019年10月11日，由农业农村部科技教育司、农业生态与资源保护总站组织，湖南省农业农村厅承办的全国受污染耕地安全利用现场推进暨联合攻关启动会在湖南召开。

2020年1月2日，中共中央、国务院发布《关于抓好"三农"领域重点工作确保如期实现全面小康的意见》（2020年中央一号文件），要求治理农村生态环境突出问题，稳步推进农用地土壤污染管控和修复利用。

四、削减作物重金属积累的农艺调控措施与原理

为不影响污染地区农业生产与农民收益，"边生产、边治理"是实现区域性大面积轻（中）度重金属污染耕地农业安全利用的基本技术路径。因此，中国科学院亚热带农业生态研究所重金属污染耕地农业安全利用研究团队围绕田间肥水科学管理、叶面喷施阻控、农作物秸秆离田等问题开展相关研究，以期构建轻（中）度污染耕地农业安全利用的农艺综合调控技术体系。

（一）肥水管理

通过盆栽模拟试验，研究了颗粒状尿素（PU，施用量为纯氮0.2克/千克）、聚合物包膜尿素（PCU，施用量为纯氮0.2克/千克）和硫包衣尿素（SCU，施用量为纯氮0.2克/千克）3种形态氮肥对土壤镉的活性以及水稻对镉积累的影响[23]。施用SCU，可降低氯化钙提取态镉（$CaCl_2$-Cd）和标准毒性浸出法提取态镉（TCLP-Cd）的含量，其降幅分别为15.4%（$P<0.05$）和56.1%（$P<0.01$）；施用PCU，亦可降低上述两种提取态镉的含量，但其降幅没有SCU的明显。镉形态赋存分析结果表明，施用SCU与PCU，可显著降低土壤中的可交换态镉含量（$P<0.01$）、明显增加土壤中的铁锰氧化物结合态镉含量（$P<0.05$）。检测稻米镉的含量，施用SCU的处理较PU降低了29.1%

（$P<0.01$），施用 PCU 的处理较 PU 降低了 11.7%（$P<0.05$）。表明施用 SCU、PCU 两种形态的氮素化肥，可有效减少镉污染耕地水稻籽粒镉的积累。

根据测土配方施肥和平衡施肥技术原理，通过系统调整复混肥中各养分源的原料及其配比，在确保总养分含量（$N+P_2O_5+K_2O \geq 25\%$）的前提下，尽可能多地选用钙镁磷肥、铁锰氧化物、高岭土、膨润土、炉渣等具有降低土壤有效态镉、铅含量的物料（使其占比由原来的 10%~15%提高到 36.5%~50.5%），研发出了水稻、玉米、蔬菜 3 种降镉铅功能专用复混肥[24-26]。与常规复混肥相比，研发出的专用复混肥具有可有效降低土壤中镉等重金属的活性和农产品中镉等重金属的含量、提高养分利用率、增加作物产量、防控土壤酸化、保障农产品质量安全等特点，有效解决了施肥技术与降镉铅技术相分离的问题，扩展了肥料功能与效能。其中：水稻降镉铅功能专用复混肥，使稻谷增产 7.1%~10.2%（$P<0.10$），土壤有效态镉（DTPA-Cd）和稻米镉分别降低 31.9%~58.5%（$P<0.01$）与 28.7%~51.7%（$P<0.05$）、土壤有效态铅（DTPA-Pb）和稻米铅分别降低 28.7%~48.2%（$P<0.05$）与 26.5%~33.8%（$P<0.05$），氮（N）利用率提高 1.3~1.7 个百分点、磷（P）利用率提高 1.7~2.1 个百分点，连续施用 3 年后土壤 pH 值提高 0.09~0.15，可基本保证轻微或部分轻度污染耕地实现水稻安全生产[24]；玉米降镉铅功能专用复混肥，同等产量条件下每公顷可减少 5~20 千克 P_2O_5和 12~24 千克 K_2O 的肥料用量，DTPA-Cd 和玉米籽粒中镉分别降低 48.8%~54.2%（$P<0.01$）与 44.3%~59.3%（$P<0.01$）、DTPA-Pb 和玉米籽粒中铅分别降低 38.1%~44.7%（$P<0.05$）与 43.4%~45.4%（$P<0.01$），氮的利用率提高 2.1~2.4 个百分点、磷的利用率提高 2.0~2.4 个百分点，连续施用 3 年后土壤 pH 值提高 0.11~0.23，可基本保证轻度污染耕地实现玉米安全生产[25]；蔬菜降镉铅功能专用复混肥，同等产量条件下可减少 5%~10% P_2O_5、3%~8% K_2O 的肥料用量，DTPA-Cd 和蔬菜（食用部分）镉分别降低 41.3%~52.3%（$P<0.01$）与 30.1%~54.2%（$P<0.01$）、DTPA-Pb 和蔬菜（食用部分）铅分别降低 36.0%~58.5%（$P<0.01$）与 27.9%~51.0%（$P<0.05$），氮的利用率提高 1.1~1.5 个百分点、磷的利用率提高 1.9~2.6 个百分点，连续施用 3 年后土壤 pH 值提高 0.18~0.30，可基本保证轻微或部分轻度污染园地实现蔬菜安全生产[26]。

前期研究结果表明，水稻采用全生育期浅层淹水（水深 1~3 厘米）技术，可使早稻米镉含量降低 16.8%~29.6%、晚稻米镉含量降低 14.1%~23.2%（$P<0.05$），但该技术不可连续多年应用（可能诱发稻田土壤次生潜育化的风险），也不可用于镉砷复合污染的稻田（可能会导致稻米砷含量的增加）[27]。近 3 年来，通过田间试验与示范，发现在充分晒田后，再在孕穗中期至收获前 8~10 天重新实施浅层淹水措施，轻度镉污染稻田（<0.6 毫克/千克）的土壤有效态镉（DTPA-Cd）含量与稻米镉含量，早稻生产季可分别降低 15%与 12%、晚稻生产季可分别降低 12%与 15%，其效果还有待进一步验证。

（二）叶面阻控

吕光辉等[28]通过田间试验研究了叶面喷施不同浓度锌（$ZnSO_4$ 1~5 克/升）对水稻

镉、锌积累的影响。叶面喷施不同浓度的锌，对水稻产量无明显影响（$P>0.05$），但水稻各主要器官中的镉含量有所降低、锌含量有所增加，且稻米镉含量下降 9.0%～47.8%（$P<0.05$）、锌含量提高 31.7%～55.6%（$P<0.01$），其效果以喷施 $ZnSO_4$ 4～5 克/升的最佳；研究结果还表明，水稻从根到第一节的镉转运系数（$TF_{第一节/根}$）、旗叶到第一节的镉转运系数（$TF_{第一节/旗叶}$）、穗轴到稻米的镉转运系数（$TF_{稻米/穗轴}$），分别降低了 5.8%～43.7%、1.0%～30.3%、4.7%～26.7%，且稻米镉含量与 $TF_{第一节/根}$、$TF_{稻米/穗轴}$、根部镉含量间呈极显著正相关（$P<0.01$）。叶面喷施锌能有效降低稻米镉含量，应该是喷施锌后抑制了根部对镉的吸收、降低了根和旗叶向水稻第一节以及穗轴向籽粒的转运所引起的，喷施 $ZnSO_4$4～5 克/升是叶面阻控水稻籽粒积累镉的较适宜用量。

（三）秸秆离田

研究已表明，长期实施秸秆还田尤其是污染秸秆还田将会增加土壤镉等重金属的积累风险[29-31]。因此，为探明秸秆离（还）田对土壤镉等重金属的削减效应及转运机理，从 2015 年初开始，设置了不同季别、数量、方式的稻草离（还）田长期定位监测试验。头 3 年的研究结果初步表明，稻草离田后，土壤全镉量可年均降低 1%左右，稻米镉含量较稻草还田的降低 10%以上。该研究结果还有待进一步验证。

（四）综合调控

沈欣等[32]和沈欣[33]通过盆栽模拟实验和田间试验，研究了种植镉低积累水稻品种（variety，V）、采用全生育期浅层淹水灌溉（irrigation，I）和施用生石灰调节土壤酸碱度（pH 值，P）3 种单项农艺措施及其组合配套措施（IP、IV、VP、VIP）在 4 种典型成土母质（第四纪红色黏土、板页岩、河流冲积物、酸性紫色土）发育的水稻土（红黄泥、黄泥田、河潮泥、酸紫泥）上对水稻镉积累的影响及机理。

研究结果表明：

①不同农艺措施的处理，使 4 种典型水稻土的土壤 pH 值都有不同程度的增加，使其土壤有效态镉（NH_4OAc-Cd）含量均有一定程度的降低。其中：I、V、IV 3 个处理对提高土壤 pH 值和降低 NH_4OAc-Cd 含量的影响较小（$P>0.05$），P、IP、VP、VIP 4 个处理能显著提高土壤 pH 值（$P<0.01$）、降低 NH_4OAc-Cd 含量（$P<0.01$）。同时，不同农艺措施处理的土壤 pH 值与 NH_4OAc-Cd 含量在 4 种典型水稻土上均存在着极显著的负相关（$P<0.01$），且 I、P 间存在着显著的交互作用（$P<0.01$），说明施用生石灰调节土壤 pH 值和采用全生育期浅层淹水可有效降低土壤有效态镉的含量。

②各单项农艺措施的处理，对 4 种典型水稻土的稻米镉含量均有较大幅度地降低，其中：P、V 处理与 CK（对照，常规种植方式）的差异均达到了极显著水平（$P<0.01$），I 处理与 CK 的差异亦达到了显著水平（$P<0.05$），其降镉效果均是 P>V>I；各组合配套处理中，4 种典型水稻土均以 VIP 处理的效果最好，其稻米镉含量较对照（CK）下降了 52.6%～61.5%（$P<0.01$），其余依次是 IP>PV>IV。对 7 种农艺调控措施的降镉效果进行总体评价排序，4 种典型水稻土均是 VIP>IP>PV>P>V>IV>I。与此同时，7 种农艺调控措施亦可有效降低 4 种典型水稻土的稻草、稻壳等水稻地上部镉

含量。

③不同种类的水稻土，其水稻籽粒对镉富集的差异较大（$P<0.05$）。上述4种典型水稻土中，早稻籽粒对镉富集的大小依次是河潮泥>红黄泥>黄泥田>酸紫泥，晚稻籽粒对镉富集的大小依次是河潮泥>酸紫泥>红黄泥>黄泥田；农艺综合调控降镉技术措施，即VIP组合配套处理，在不同种类土壤和水稻生产季别上的适用阈值（即确保稻米镉含量控制在国家标准允许值0.2毫克/千克以内的土壤全镉量）亦不相同，红黄泥、黄泥田、河潮泥、酸紫泥4种典型水稻土，早稻VIP的适用阈值分别为0.74毫克/千克、0.83毫克/千克、0.26毫克/千克、0.95毫克/千克，晚稻VIP的适用阈值分别为1.59毫克/千克、1.66毫克/千克、0.72毫克/千克、1.27毫克/千克，同一种土壤早、晚稻间的VIP适用阈值差异较大（$P<0.05$）。

五、阻控作物重金属吸收的原位钝化技术与原理

在重金属污染耕地中施用适宜、适量的钝化物（材）料来降低其土壤重金属活性、减少农作物对重金属吸收与积累、降低农产品中重金属含量并使其达标，是目前实现重金属污染耕地尤其是中度污染耕地农业安全利用的技术途径之一。中国科学院亚热带农业生态研究所重金属污染耕地农业安全利用研究团队在深入探讨炉渣、生石灰、农作废弃物生物质炭、海泡石、腐植酸矿粉和钙镁磷肥等单一物（材）料钝化土壤重金属效果与机理的基础上，重点开展了以上述物（材）料为基质的土壤重金属复合钝化剂配方筛选及其复配制剂（产品）应用技术与效果的研究，以期构建中度污染耕地农业安全利用的原位钝化技术。

（一）单一钝化物（材）料的效果与机理

生石灰是当前酸性镉污染耕地最常用、最廉价的土壤重金属钝化物（材）料。通过对湖南省48个“百亩”水稻降镉技术示范片和33个施用生石灰试验点（用量为1.50吨/公顷，土壤pH值为5.0~6.8，全镉为0.12~1.25毫克/千克，每0.67公顷采集1对土壤与晚稻样品）的分析，明确了施用生石灰对稻田土壤pH值和有效态镉的影响。连续两年施用生石灰后，土壤pH值平均提高0.5（最大为1.4），稻米镉均值由0.34毫克/千克降至0.22毫克/千克（降幅为35.3%），土壤pH值的增幅与稻米镉富集系数对数值［$\log(Cd_{rice}/Cd_{tot})$］的降幅呈极显著正相关（$P<0.01$），说明土壤pH值的增加是稻米镉降低的主要原因之一[34]。Zhang等[35]通过田间试验研究发现，土壤pH值与土壤有效态铁（$CaCl_2$-Fe）和有效态镉（$CaCl_2$-Cd）的含量呈显著负相关（$P<0.01$），且根表的铁浓度与$CaCl_2$-Cd、稻米镉含量呈显著正相关（$P<0.01$），施用生石灰后大幅降低了土壤中铁还原菌（IRB）的丰度（$P<0.05$）。该研究认为，施用生石灰提高了土壤pH值，改变了土壤中IRB的组成及多样性，从而降低了土壤中$CaCl_2$-Fe、$CaCl_2$-Cd含量，最终导致了稻米镉含量的降低。

火力发电厂燃煤完全燃烧后产生的废弃物——炉渣（以下简称电厂炉渣），其pH值为10.5左右，主要成分为硅、钙、镁、锰、铁等的氧化物，其中：SiO_2的含量一般

在 60%~70%，CaO、MgO、MnO_2、Fe_2O_3等的总量多在 15%~20%，在早期的研究过程中被用作了土壤重金属的钝化物（材）料[27]。在重度污染的酸紫泥（土壤 pH 值为 5.43，DTPA-Cd 为 2.74 毫克/千克）和黄泥田（土壤 pH 值为 5.72，DTPA-Cd 为 3.73 毫克/千克）中，一次性储备施用 11.25~30.00 吨/公顷的电厂炉渣，施用当年，土壤 pH 值提高了 0.67~1.35（$P<0.01$），DTPA-Cd 降低了 58.8%~88.1%（$P<0.01$），稻米镉降低了 51.4%~75.7%（$P<0.01$）；酸紫泥中施用 15.0 吨/公顷电厂炉渣、黄泥田中施用 22.5 吨/公顷电厂炉渣，均可使稻米镉降至 0.2 毫克/千克以下，且其效果能连续保持 4~5 季的水稻生产；镉的赋存形态分析结果表明，交换态镉较 CK（不施电厂炉渣）降低了 38.5%~58.4%（$P<0.01$），碳酸盐态、铁锰氧化物结合态、有机态、残渣态镉，依次较 CK 增加了 169.2%~269.2%（$P<0.01$）、53.3%~93.3%（$P<0.01$）、40.0%~57.1%（$P<0.05$）、281.0%~333.3%（$P<0.01$），表明施用电厂炉渣使土壤交换态镉降低，主要是通过提高其碳酸盐态和残渣态镉实现的。

生物质炭用作土壤重金属的钝化物（材）料是目前研究的热点，农作物废弃物生物质炭的应用可能是重金属污染耕地一种可持续的钝化方法。以花生壳、麦秸、稻草等农作物废弃物为原料，分别制成花生壳炭（PBC）、麦秸炭（WBC）和稻草炭（OSC）来探讨生物质炭钝化土壤重金属的效果与机理[36-39]。研究结果表明，3 种生物质炭施入被镉、铅污染的耕地后，大幅增加了土壤对镉、铅离子的非静电吸附（$P<0.01$），显著提高了土壤的 pH 值、阳离子交换量、水溶性硫酸根离子和可溶性有机碳（$P<0.01$），从而有效地降低了土壤中的镉、铅活性和稻米中的镉、铅含量：土壤中的有效态镉（$MgCl_2$-Cd）、铅（$MgCl_2$-Pb）分别降低了 40.4%~45.7%（$P<0.05$）、68.6%~79.0%（$P<0.01$），稻米中的镉、铅含量分别降低了 38.5%~44.8%（$P<0.05$）、60.8%~74.2%（$P<0.01$），且 PBC 的降低效果比 WBC、OSC 的更好（$P<0.05$）。土壤重金属赋存形态分析表明，施入上述农作废弃物生物质炭后，镉的赋存形态由酸提取态向可氧化态与残渣态转化、铅的赋存形态由酸提取态向可还原态与残渣态转化，从而影响了土壤中的镉、铅活性。值得注意的是农作废弃物自身常含有一定量的镉、铅等重金属污染物。为此，还研究了被重金属污染的 OSC（R_{OSC}）在不同污染程度耕地中的应用效果[39]。结果表明，在轻度和重度污染的耕地中施用 R_{OSC}，均显著增加了土壤有效态的镉（$CaCl_2$-Cd）、铅（$CaCl_2$-Pb）含量（$P<0.01$）；在轻度污染耕地中生长的作物镉、铅含量有所增加（$P<0.05$），在重度污染耕地中生长的作物镉、铅含量则有所降低（$P<0.05$），据其输入输出平衡分析结果，在轻度污染耕地中施用 R_{OSC}可能诱发作物积累镉、铅等重金属的风险。因此，在将农作废弃物生物质炭用作土壤重金属的钝化物（材）料之前，应对其自身重金属的污染风险进行评价。

海泡石也是一种在重金属污染耕地中常用的钝化物（材）料。通过吸附解吸实验研究了海泡石对红黄泥、黄泥田和红沙泥等典型水稻土吸附能力的影响[40]。发现海泡石具有较强的吸附镉的能力，其最大吸附量可达 2 800 毫克/千克，但其吸附以交换吸附为主，所吸附镉的解吸率高达 70%；在土壤中添加 5~10 克/千克的海泡石，可使 3 种典型水稻土对镉的吸附量提高 20% 以上，且显著降低土壤吸附镉的解吸率（$P<0.01$）。盆栽模拟实验结果表明，在镉污染土壤（外源添加 Cd 10 毫克/千克）中施用 5

克/千克和10克/千克的海泡石，土壤的Eh值分别降低了76毫伏和93毫伏、pH值分别提高了1.2和2.3、有效态镉（DTPA－Cd）分别减少了1.43毫克/千克和2.53毫克/千克，并促使其活性极强的交换态镉向活性较低的碳酸盐态和铁锰氧化物结合态转化，稻米镉降低显著（$P<0.01$）[41-42]；田间试验与示范结果表明，在酸性轻度镉污染稻田中一次性储备施用3.75～15.00吨/公顷的海泡石，土壤pH值提高0.3～0.6（$P<0.01$）、有效态镉（$CaCl_2$－Cd）降低38.9%～50.6%（$P<0.01$），稻米镉降低33.1%～46.2%（$P<0.01$）[43]。

腐植酸是一种结构复杂的天然高分子有机聚合物，因含有大量的羧基、醌基和酚羟基等活性基团，在重金属污染耕地钝化方面具有较大的应用潜力。曾伟刚等[44]通过盆栽模拟实验研究了不同腐植酸矿粉用量（0克/千克、15克/千克、30克/千克）钝化红沙泥中镉的效应与机理。研究结果表明：施用腐植酸矿粉，能有效降低红沙泥中土壤有效态镉（DTPA－Cd），其降幅为4.8%～25.8%，并促使土壤中活性极高的交换态镉向有效性较低的碳酸盐态镉和铁锰氧化物结合态镉转化，且45% WHC（田间持水量）水分条件下的效果明显优于110% WHC的效果（$P<0.05$）；在110%WHC水分条件下，影响DTPA－Cd的主要因子是土壤可溶性有机碳和Eh值，而45% WHC水分条件下的主要影响因子为阳离子交换量。他们认为，腐植酸矿粉钝化土壤镉的机理有两方面：一是腐植酸矿粉中含有的大量羧基等活性基团与土壤中镉直接或间接发生了各种物理或化学反应，从而降低了土壤镉的活性；二是施用腐植酸矿粉改变了土壤的可溶性有机碳、阳离子交换量和Eh值等基本性质，进而改变了土壤中镉的赋存形态。

钙镁磷肥在早期的研究过程中也被用作了土壤重金属的钝化物（材）料[27]。在重度污染的酸紫泥（土壤pH值为5.43，DTPA－Cd为2.74毫克/千克）和黄泥田（土壤pH值为5.72，DTPA－Cd为3.73毫克/千克）中，一次性储备施用11.25～30.00吨/公顷的钙镁磷肥，施用当年，土壤pH值提高了0.58～1.45（$P<0.01$），DTPA－Cd降低71.5%～95.5%（$P<0.01$），稻米镉降低了65.7%～78.6%（$P<0.01$），其效果优于施用电厂炉渣的处理（$P<0.05$）；施用15.00吨/公顷钙镁磷肥，可使上述酸紫泥和黄泥田的稻米镉含量降至0.2毫克/千克以下，且其效果亦能连续保持4～5季的水稻生产，这与施用电厂炉渣的一致；镉的赋存形态分析表明，交换态镉较CK（不施钙镁磷肥）降低了54.7%～73.3%（$P<0.01$），碳酸盐态、铁锰氧化物结合态、有机态、残渣态镉，依次较CK增加了253.8%～469.2%（$P<0.01$）、213.3%～283.3%（$P<0.01$）、40.0%%～48.6%（$P<0.05$）、161.9%～176.1%（$P<0.01$），这与施用电厂炉渣处理的明显不同，施用钙镁磷肥主要增加了土壤中碳酸盐态和铁锰氧化物结合态的镉。

（二）土壤复合钝化剂配方筛选与复配制剂（产品）研发

根据不同类型土壤的理化特性和环境条件，在钝化物（材）料筛选与复配应用研究的基础上，研发出了2个稻田专用（基质分别为海泡石和铁锰氧化物）、1个园地专用（基质为腐植酸矿粉）和1个广谱性（基质为电厂炉渣）的土壤复合钝化剂及其生产工艺，有效解决了单一钝化物（材）料组分与功能简单、施用量过大等问题，进一步优化和发展了重金属污染耕地的原位钝化技术，使其复配制剂（产品）具有钝化、降酸、增产等多重功能。

基质为海泡石的土壤复合钝化剂，为稻田专用的钝化剂[45]。由海泡石、铁锰氧化物、生石灰 3 种物（材）料按比例配制而成，产品中 SiO_2、MgO、CaO、Fe_2O_3、MnO_2 等可有效降低土壤重金属活性的成分总量达 70.5%～95.0%。施用该产品 1.50 吨/公顷，土壤有效态镉（$CaCl_2$－Cd）与铅（$CaCl_2$－Pb）的降低率分别为 39.7%～53.8%与 49.9%～59.1%（$P<0.01$），与施用等量海泡石的相比，其降低率分别提高了 6.2～11.1 个百分点与 6.7～12.2 个百分点（$P<0.05$）；水稻、玉米、蔬菜等增产 7.8%～10.5%（$P<0.05$）；农产品中的镉、铅降低率分别为 35.1%～46.9%、35.3%～53.1%（$P<0.01$），比施用等量海泡石的分别提高了 5.9～10.9 个百分点、10.1～14.3 个百分点（$P<0.05$）；连续施用 3 年后，土壤 pH 值提高 0.22～0.34（$P<0.05$）。

基质为铁锰氧化物的土壤复合钝化剂，亦为稻田专用的钝化剂[46]。由红泥（系一种由针铁矿或赤铁矿等母质发育的红土，富含 Fe_2O_3、MnO_2 等铁锰氧化物）和高铁锰矿粉两种物（材）料按比例配制而成，产品中 Fe_2O_3、MnO_2 总量为 34.7%～60.8%。施用该产品 1.50 吨/公顷，$CaCl_2$－Cd 与 $CaCl_2$－Pb 的降低率分别为 27.4%～58.9%（$P<0.01$）与 14.6%～52.1%（$P<0.05$），水稻、玉米、蔬菜等增产 5.6%～9.2%；农产品中的镉、铅降低率分别为 20.5%～57.3%、25.9%～58.2%（$P<0.05$）；连续施用 3 年后，土壤 pH 值提高 0.12～0.19。

基质为腐植酸矿粉的土壤复合钝化剂，为园地专用的钝化剂[47]。由腐植酸矿粉、钙镁磷肥和生石灰 3 种物（材）料按比例配制而成，产品中腐植酸矿粉占比超过 85%，P_2O_5 含量为 3.5%～4.5%。施用该产品 2.25 吨/公顷，$CaCl_2$－Cd 与 $CaCl_2$－Pb 的降低率分别为 24.8%～50.4%与 22.6%～54.2%（$P<0.01$），蔬菜增产 16.8%～25.4%（$P<0.01$），其镉、铅降低率分别为 16.1%～49.3%（$P<0.05$）、21.8%～52.9%（$P<0.01$）；连续施用 3 年后，土壤 pH 值略有降低（－0.10～－0.06），有机质含量增加 8.2%～10.8%。

基质为电厂炉渣的土壤复合钝化剂，系一种广谱性的钝化剂，适用于被重金属污染的各种土壤类型[48]。由电厂炉渣、海泡石和生石灰 3 种物（材）料按比例配制而成，产品中含有的 SiO_2、MgO、CaO、Fe_2O_3、MnO_2 总量为 78.2%～90.6%。施用该产品 1.50 吨/公顷，$CaCl_2$－Cd 与 $CaCl_2$－Pb 的降低率分别为 15.9%～48.4%（$P<0.05$）与 26.2%～56.4%（$P<0.01$），水稻、玉米、蔬菜等增产 9.2%～12.6%（$P<0.05$）；农产品中的镉、铅降低率分别为 13.6%～43.9%（$P<0.05$）、22.1%～53.2%（$P<0.01$）；连续施用 3 年后，土壤 pH 值提高 0.30～0.46（$P<0.05$）。

参考文献

[1] 中华人民共和国环境保护部，国土资源部. 全国土壤污染状况调查公报［EB/OL］.（2021-05-10）［2014-05-17］. http：//www.gov.cn/foot/site1/20140417/782bcb88840814ba158d01.pdf.

[2] 国土资源部，中国地质调查局. 中国耕地地球化学调查报告（2015 年）［EB/

OL]. (2021-05-10) [2015-06-26]. https://www.cgs.gov.cn/upload/201506/20150626/gdbg.pdf.

[3] 尚二萍，许尔琪，张红旗，等. 中国粮食主产区耕地土壤重金属时空变化与污染源分析 [J]. 环境科学，2018，39 (10)：4670-4683.

[4] 湖南全省13%土地遭重金属污染湘江成重灾区 [EB/OL]. [2012-12-01]. http://district.ce.cn/newarea/roll/201212/01/t20121201_23898355.shtml.

[5] LIU X J, TIAN G J, JIANG D, et al. Cadmium (Cd) distribution and contamination in Chinese paddy soils on national scale [J]. Environmental Science and Pollution Research, 2016, 23: 17941-17952.

[6] 何长顺，黄道友，刘国胜. 湖南省土壤重金属污染现状及治理对策探讨 [C]. 中国环境科学学会. 全国土壤污染控制修复与盐土改良技术交流会会议论文集，2006，北京：中国环境科学学会.

[7] 黄道友，彭廷柏，陈惠萍，等. 关于湖南省生态环境建设的思考 [J]. 生态农业研究，2000，8 (4)：83，86.

[8] 黄道友，唐昆，刘钦云，等. 湖南省生态环境建设的重点与目标 [J]. 农村环境与发展，2003 (4)：32-35.

[9] 黄丹. 长株潭地区粮食重金属污染现状及其对策研究 [D]. 长沙：湖南农业大学，2019.

[10] 曹昌，李永华. 湖南首份重金属污染调查结果公布专家：有效缓解重金属对农产品的污染比消灭重金属污染更重要 [J]. 中国经济周刊. 2014 (46)：48-50，52.

[11] 李晓健. 原产地镉米与追凶 [EB/OL]. 民主法制时报，[2014-04-08]. http://www.mzyfz.com/index.php/cms/item-view-id-1010007? verified=1.

[12] 何光伟. 镉米“后遗症” [EB/OL]. 时代周报，[2013-04-04]. https://www.163.com/money/article/8RJI2TBD00252G50.html.

[13] 李静. 土壤重金属污染对农产品质量安全的影响及其防治分析 [J]. 南方农业. 2018，12 (24)：187-188，190.

[14] 韩承华，江解增. 重金属污染对蔬菜生产的危害以及缓解重金属污染措施的研究进展 [J]. 中国蔬菜. 2014，(4)：7-13，18.

[15] 路子显. 粮食重金属污染对粮食安全、人体健康的影响 [J]. 粮食科技与经济. 2011，36 (4)：14-17.

[16] KOPP B, ZALKO D, AUDEBERT M. Genotoxicity of 11 heavy metals detected as food contaminants in two human cell lines [J]. Environmental and Molecular Mutagenesis, 2018, 59 (3).

[17] SILVERA S A N, ROHAN T E. Trace elements and cancer risk: a review of the epidemiologic evidence [J]. Cancer Causes & Control, 2007, 18 (1): 7-27.

[18] 胡省英，冉伟彦，范宏瑞. 土壤—作物系统中重金属元素的地球化学行为 [J]. 地质与勘探，2003，39 (5)：84-87.

[19]　藏粮于地、藏粮于技战略：习近平与“十三五”十四大战略［EB/OL］. 人民网.http：//politics.people.com.cn/n/2015/1122/c1001-27842000.html.

[20]　中国每年因重金属污染粮食达1200万吨损失超200亿元［EB/OL］. 中国经济网 . http：//www.ce.cn/xwzx/gjss/gdxw/200607/19/t20060719_7785970.html.

[21]　期刊综合. 镉米之殇［J］. 发明与创新（综合科技），2013，7（20）：10-13.

[22]　何宇，梁晓曦，潘润西，等. 国内土壤环境污染防治进程及展望［J］. 中国农学通报，2020，36（28）：99-105.

[23]　XU C，WU Z S，ZHU Q H，et al. Effect of coated urea on cadmium accumulation in *Oryza sativa* L. grown in contaminated soil［J］. Environmental Monitoring & Assessment，2015，187（11）：1-8.

[24]　黄道友，朱奇宏，罗尊长，等. 一种降低镉超标稻田米镉含量的复混肥及制备方法：中国，201110051612. X［P］. 2012-06-27.

[25]　黄道友，罗尊长，刘守龙，等. 一种降低轻度污染农田玉米镉铅含量的复混肥及制备方法：中国，201110051614. 9［P］. 2012-06-27.

[26]　黄道友，朱奇宏，罗尊长，等. 一种降低轻度污染菜地蔬菜镉铅含量的复混肥及制备方法：中国，201110051598. 3［P］. 2012-06-27.

[27]　黄道友，陈惠萍，龚高堂，等. 湖南省主要类型水稻土镉污染改良利用研究［J］. 农业现代化研究，2000，21（6）：364-370.

[28]　吕光辉，许超，王辉，等. 叶面喷施不同浓度锌对水稻锌镉积累的影响［J］. 农业环境科学学报，2018，37（7）：1521-1528.

[29]　RAO Z X，HUANG D Y，WU J S，et al. Distribution and availability of cadmium in profile and aggregates of a paddy soil with 30-year fertilization and its impact on Cd accumulation in rice plant［J］. Environmental Pollution，2018，239：198-204.

[30]　曹晓玲，罗尊长，黄道友，等. 镉污染稻草还田对土壤镉形态转化的影响［J］. 农业环境科学学报，2013，32（9）：1786-1792.

[31]　WANG S，HUANG D Y，ZHU Q H，et al. Speciation and phytoavailability of cadmium in soil treated with cadmium-contaminated rice straw［J］. Environmental Science & Pollution Research International，2015，22：2679-2686.

[32]　沈欣，朱奇宏，朱捍华，等. 农艺调控措施对水稻镉积累的影响及其机理研究［J］. 农业环境科学学报，2015，34（8）：1449-1454.

[33]　沈欣. 农艺调控措施对水稻镉积累的阻控效应［D］. 北京：中国科学院大学，2016.

[34]　ZHU H H，CHEN C，XU C，et al. Effects of soil acidification and liming on the phytoavailability of cadmium in paddy soils of central subtropical China［J］. Environmental Pollution，2016，219：99-106.

[35]　ZHANG Q，ZHANG L，LIU T T，et al. The influence of liming on cadmium ac-

cumulation in rice grains via iron-reducing bacteria [J]. Science of the Total Environment, 2018, 645: 109-118.
[36] XU C, WEN D, ZHU Q H, et al. Effects of peanut shell biochar on the adsorption of Cd (Ⅱ) by paddy soil [J]. Bulletin of Environmental Contamination & Toxicology, 2017, 98 (3): 413-419.
[37] XU C, CHEN H X, XIANG Q, et al. Effect of peanut shell and wheat straw biochar on the availability of Cd and Pb in a soil-rice (*Oryza sativa* L.) system [J]. Environmental Science and Pollution Research International, 2017, 25: 1147-1156.
[38] XU C, XIANG Q, ZHU H H, et al. Effect of biochar from peanut shell on speciation and availability of lead and zinc in an acidic paddy soil [J]. Ecotoxicology & Environmental Safety, 2018, 164: 554-561.
[39] SHEN X, HUANG D Y, REN X F, et al. Phytoavailability of Cd and Pb in crop straw biochar-amended soil is related to the heavy metal content of both biochar and soil [J]. Journal of Environmental Management, 2016, 168: 245-251.
[40] 朱奇宏，黄道友，刘国胜，等. 海泡石对典型水稻土镉吸附能力的影响 [J]. 农业环境科学学报，2009，28 (11): 2318-2323.
[41] ZHU Q H, HUANG D Y, ZHU G X, et al. Sepiolite is recommended for the remediation of Cd-contaminated paddy soil [J]. Acta Agriculturae Scandinavica, Section B-Plant Soil Science, 2010, 60: 110-116.
[42] ZHU Q H, ZHOU B, LUO Z C, et al. Flooding-enhanced immobilization effect of sepiolite on cadmium in paddy soil [J]. Journal of Soils & Sediments, 2012, 12 (2): 169-177.
[43] 朱奇宏，黄道友，刘国胜，等. 改良剂对镉污染酸性水稻土的修复效应与机理研究 [J]. 中国生态农业学报，2010，18 (4): 847-851.
[44] 曾伟刚，黄道友，朱奇宏，等. 腐植酸矿粉钝化红沙泥中镉的效应与作用机理研究 [J]. 农业现代化研究，2011，32 (4): 497-501.
[45] 黄道友，朱奇宏，刘守龙，等. 一种用于稻田土壤的重金属复合钝化剂及制备方法：中国，201110059264.0 [P]. 2012-06-27.
[46] 黄道友，朱奇宏，刘守龙，等. 一种钝化土壤重金属的铁锰氧化物及制备方法：中国，201110059258.5 [P]. 2013-04-03.
[47] 朱奇宏，黄道友，曾伟刚，等. 一种含腐植酸矿物的土壤重金属复合钝化剂及制备方法：中国，201110078053.1 [P]. 2013-03-20.
[48] 黄道友，刘守龙，朱奇宏，等. 一种污染土壤重金属的复合钝化剂及制备方法：中国，201110059232.0 [P]. 2012-06-27.

第二章　镉污染耕地治理修复技术模式

《中华人民共和国土壤污染防治法》《土壤污染防治行动计划》要求对全国耕地按优先保护、安全利用、严格管控 3 类进行分类分区管理与利用。根据长株潭 2014—2017 年湖南重金属污染耕地修复及农作物种植结构调整试点和 2018—2020 年长株潭重金属污染耕地种植结构调整及治理修复等工作经验和相关科研成果，系统总结出了优先保护类耕地保育提升、安全利用类耕地安全利用、严格管控类耕地替代种植等技术模式①。

一、保育提升技术

对于未污染或轻微污染的优先保护类耕地，重点是加强监测，严控新增污染，进一步提升地力，主要推广应用以下 5 种技术。

（一）推行秸秆还田与绿肥种植

结合保护性耕作技术推行秸秆还田，同步推广紫云英（红花）、油菜（黄花）、满园花（白花）“三花”混播技术和绿肥种植模式。

（二）增施有机肥

重点对土壤有机质含量在 30 克/千克以下的耕地，增施商品有机肥（每亩每年施用 50~100 千克），提升土壤缓冲能力与环境容量。

（三）推广中碱性肥料

推广尿素、碳酸氢铵、硫酸钾、硝酸钙、钙镁磷肥及其复混肥等中碱性肥料，逐步减少硫酸铵、过磷酸钙等酸性肥料的施用；酸化土壤尤其是土壤 pH 值<5. 5 的耕地，施用石灰等碱性材料，防治耕地土壤酸化。

（四）强化农业面源污染防控

推广应用测土配方施肥技术，科学合理配比各种营养元素，优化施用方式方法，提

---

① 本章相关技术模式，源于中国科学院亚热带农业生态研究所完成的《长株潭试点总结暨受污染耕地安全利用技术集成与应用》科研成果（报告编号为 HN4306202204001），由湖南省农学会于 2022 年 7 月组织相关专家进行评审、验收，成果登记号为“农学验字［2022］第 4001 号”。

高肥料利用率；推广应用化肥减量施肥技术、农药减量残留降解技术、土地保护性耕作和有机废弃物生物腐熟技术、人畜粪便和生活垃圾污水等无害化处理等技术。

（五）实施无公害农产品标准化清洁生产

推广应用优质高产多抗的农作物品种，建立生态型的农田耕作制度；加强肥料监管，调整施肥结构，改进施肥方式，鼓励农民增施有机肥，积极推广应用缓/控释专用肥和节氮减磷施肥、节水灌溉等技术，建立和推行“测土配方-精准施肥-水肥耦合”高效生态肥水运筹模式；强化农药经营和使用等的监管，积极推广生态调控、生物防治、理化诱控、科学用药等病虫害防治模式，建立“生物防治-物理防治-化学防治”相结合的病虫害统防统治技术体系，减少农药施用总量，大力推广高效低毒低残留化学农药、生物农药以及高效节能药械。

二、安全利用技术

对于轻度和中度污染的安全利用类耕地，以农艺调控措施为主，采用边生产边治理的技术路径，按照“因地制宜、政府引导、农民自愿、收益不减”的基本思路，推广应用以下 10 种技术模式，以提高水稻等农产品的达标率，实现安全生产与利用。

（一）种植镉低积累水稻品种

推广镉低积累水稻品种是目前实现镉污染农田安全利用最简便、经济和有效的方法。从 2014 年开始，湖南开始大规模筛选低镉主栽品种，通过多年、多点、多重复的大田试验及盆栽试验，筛选出了一批镉积累相对较低的品种作为应急性镉低积累品种。

1. 推荐品种

表 2-1 是 2020 年湖南长株潭试点推荐的镉低积累水稻品种。2021 年，湖南省农业农村厅又推出了应用于轻中度镉污染区镉低积累水稻品种和应用于轻中度镉污染区淹水灌溉耐迟收水稻品种两个目录。

（1）应用于轻中度镉污染区镉低积累水稻品种

①镉低积累品种：湘早籼 42 号、湘早籼 45 号、株两优 189、中嘉早 17、株两优 819、株两优 729（均属早稻品种；6 个）；Y 两优 2108、Y 两优 488、Y 两优 9918、C 两优 386、Y 两优 19、C 两优 651、C 两优 755、建两优华占、泸优 9803（均属中稻品种；9 个）；湘晚籼 12 号、湘晚籼 13 号（均属晚稻品种；2 个）。

②应急性镉低积累品种：株两优 211、湘早籼 32 号（长宽比<2. 5）；晶两优华占、德香 4103、深两优 5814、和两优 1 号、深优 9519、皖稻 153；两优 336、隆香优 130、C 两优 396。

（2）应用于轻中度镉污染区淹水灌溉耐迟收水稻品种

黄华占、隆两优 1308、隆两优 1813、隆两优 1988、隆两优 1212、Y 两优 800、Y 两优 372、C 两优 258、C 两优 755、晶两优 641（均属中稻品种）；玖两优黄华占、玖两优 1212、农香 42、桃优香占（均属晚稻品种）。

表 2-1　2020 年湖南长株潭试点推荐的镉低积累水稻品种

品种名称		品种类型	株高/厘米	生育期/天	稻瘟病鉴定级别			米质
					叶瘟	穗瘟	综合指数	
应急性低镉早稻品种	株两优 211	杂交稻	83	105	5.0	9.0	4.0	
	湘早籼 45 号	常规稻	80～85	106	8.0	9.0	7.8	三等优质稻
	株两优 189	杂交稻	88	106			4.5	
	株两优 819	杂交稻	82	106	5.0	5.0		
	湘早籼 32 号	杂交稻	78	106				
	湘早籼 42 号	常规稻	83	107	7.0	9.0		
	株两优 176	杂交稻	95	108	4.0	7.0		
	中嘉早 17	常规稻	88	109		9.0	5.1	
	株两优 929	杂交稻	85	110	5.0	6.0	4.3	
	株两优 15	杂交稻	87	110	5.0	9.0	7.0	
	株两优 706	杂交稻	86	107				
耐迟收晚稻品种	玖两优 1212	杂交稻	99	116	4.2	5.0		
	玖两优黄华占	杂交稻	96	118	5.5	7.0	5.3	三等优质稻
	桃优香占	杂交稻	101	113	4.5	6.0	3.9	省评二等优质
	农香 42	常规稻	111	118	4.0	6.3	3.0	省评一等优质
	创宇 9 号	常规稻						
	创宇 107	常规稻						
	玖两优 47	杂交稻						
	农香 24	常规稻						
耐迟收一季稻品种	C 两优 258	杂交稻	113	125	5.0	6.7	4.3	
	C 两优 755	杂交稻	114	135			6.9	三等优质稻
	金两优华占	杂交稻	114	132	3.1	6.0	3.7	
	晶两优 641	杂交稻	116	126	2.3	2.7	2.0	三等优质稻
	隆两优 1212	杂交稻	127	140	2.7	2.7	1.9	三等优质稻
	黄华占	常规稻	92	136	4.0	9.0		三等优质稻
	农香 32	常规稻	126	137	5.8	7.3	5.6	省评二等优质

2. 适用范围

上述推荐品种，可广泛应用于湖南省受镉污染的耕地。

3. 注意事项

推广应用上述品种时，要与其配套的优质高产高效栽培技术一并应用。

（二）合理调控田间水分

通过田间水分管理来调节土壤的 pH 值和 Eh 值，降低土壤镉的有效性、减少水稻对镉的吸收与积累，是轻中度污染稻田（土壤全镉<0.9 毫克/千克）尤其是轻度污染稻田（土壤全镉<0.6 毫克/千克）实现达标生产与安全利用最经济、简便的技术措施。

1. 田间设施

①排灌系统通畅。结合农田水利工程建设，开展灌区塘堰库坝以及田间排灌沟渠等的清淤与提质改造工作，确保稻田排灌系统畅通。

②田埂坚固结实。实施田埂维修与加固工程，确保田埂坚固结实，以防坍塌、漏水、跑水。其基本要求是：田埂高出田面 15~20 厘米，且田埂顶宽不少于 20 厘米、底宽不少于 35 厘米。

③专用进出水口。在面积较大的田块，以 1~2 亩为单元，沿灌溉水流方向在田块中间位置开挖数量不等的专用进出水口主沟，其宽度为 30~50 厘米（深以能快速排干田块积水为宜），确保田间可随时尽快灌水与排水。

④田面平整。在翻耕过程中，强化田面平整工作，确保同一丘块田面的高差不超过 3 厘米。

2. 灌溉水质及水源

①灌溉水质。基于南方镉污染稻田的生产实际，灌溉水中镉的含量要严于现行国家《农田灌溉水质标准》，即灌溉水中镉含量<0.005 毫克/升。

②灌溉水源。选取灌溉水中镉含量符合上述水质要求的水源作为镉污染稻田的灌溉水。对水质达不到要求的水，要重新选择灌溉水源，或对选定的水源进行降（除）镉净化处理，确保灌溉水质。

3. 日常管理

①田面水深与缺水时限。水稻不同生育时期田面保持的水深及其允许的缺水时限要求，具体如表 2-2 所示。

表 2-2　水稻不同生育时期田面水深及允许缺水时限

季别	项目	水稻生育时期						
		苗期至分蘖期	分蘖末期至孕穗期	扬花期	灌浆期	乳熟期	蜡熟期	完熟期
早稻	水深/厘米	3~4	6~8	5~6	5~6	4~5	3~4	排水晒田
	允许缺水时限/天	<2	<1	<1	<1	<1	<3	
晚稻	水深/厘米	4~5	8~10	6~8	5~6	4~5	3~4	排水晒田
	允许缺水时限/天	<2	<1	<1	<1	<1	<1	

（续表）

季别	项目	水稻生育时期						
		苗期至分蘖期	分蘖末期至孕穗期	扬花期	灌浆期	乳熟期	蜡熟期	完熟期
中稻	水深/厘米	4~5	8~10	6~8	5~6	4~5	3~4	排水晒田
	允许缺水时限/天	<2	<1	<1	<1	<1	<1	

②及时灌水和排水。按表2-1要求及时灌水与排水，确保水稻全生育期淹水灌溉降镉技术措施的全面落地，并强化田间日常巡查工作，即：根据水稻各生育时期内允许的缺水时限要求，定时巡查田面水深，当水深达不到该生育时期要求时，需及时灌水；当水深超过该生育时期要求时，应及时排水。

③按时排水晒田。分蘖末期不用排水晒田，可通过提高田面水深的方式控制水稻无效分蘖；在水稻完熟期（即收获前7~10天）及时排水晒田，以保证田面适当硬度、不妨碍水稻收获；在冬闲期间要确保排水晒田，以防止长期淹水诱发稻田次生潜育化危害。

4. 应用效果

采用全生育期淹水，可基本保证轻度污染稻田（土壤全镉<0.6毫克/千克）实现达标生产。

5. 注意事项

①本技术不适用于砷、铬污染稻田，或含砷、铬污染的复合污染稻田。

②对于潜育性稻田，在移栽至分蘖盛期要尽量避免深水灌溉，可实行浅湿灌溉。

③根据HJ/T 91—2002的有关规定，应用本技术时要加强灌溉水质的监测工作，其检测方法建议采用石墨炉原子吸收分光光度法测定，确保灌溉水中镉的含量符合本技术的要求。

④应用本技术时要强化田间进出水口和田埂等设施的巡查与维护、水稻病虫害的发生与防控等日常工作。

（三）施用生石灰调节土壤pH值

施用生石灰调节土壤pH值是当前实现酸性镉污染稻田安全利用最直接、有效的技术。

1. 质量要求

石灰质物料和质量要求见表2-3。石灰石和白云石溶解度小、分解速度慢，当季利用率应该较低，尚无足够的科学数据和文献说明当季一定有效，从确保当季安全利用的角度考虑，建议暂不直接施用。

表 2-3　石灰质物料质量要求

农用石灰质物料	主要成分	CaO/%	水分/%	粒径
生石灰	CaO	≥70	≤5	要求过 2.0 毫米（10 目筛）的不低于 80%
熟灰石	$Ca(OH)_2$	≥38	≤10	

石灰质物料的重金属限量指标见表 2-4。

表 2-4　石灰质物料的重金属限量指标　　单位：毫克/千克

项目	指标
汞（Hg）（以元素计）	≤2.0
砷（As）（以元素计）	≤10.0
镉（Cd）（以元素计）	≤1.0
铅（Pb）（以元素计）	≤30.0
铬（Cr）（以元素计）	≤30.0

2. 施用数量

①CaO 施用量。CaO 施用量见表 2-5。该施用量设计以调控土壤 pH 值至 7.0 为目标，石灰质物料实际用量根据表 2-5 中的 CaO 施用量和石灰质物料的折算比例进行计算。

表 2-5　CaO 施用量

土壤镉含量范围/（毫克/千克）	土壤 pH 值	CaO 施用量/［千克/（亩·年）］		
		砂壤土	壤土	黏土
0.3~0.9	<4.5	120	160	200
	4.5~5.5	90	120	150
	5.5~6.5	60	80	100
0.9~1.5	<4.5	160	200	250
	4.5~5.5	120	150	200
	5.5~6.5	80	100	150

②石灰材料施用折算比例。石灰种类选择应根据当地获取石灰质物料资源及品质决定。不同来源的石灰质物料对酸性土壤改良和镉污染修复效果有一定差异，一般不同石灰质物料可按纯 CaO、生石灰、熟石灰、石灰石、白云石 100 :（140~150）:（270~300）:（400~450）:（450~500）的比例进行折算。

此外，在修复时间富裕、石灰材料充足、机械化作业程度高的条件下，为提高土壤修复的长效性，可选择石灰石、白云石等缓释性碱性材料。

3. 施用时期

为了错开农时与方便石灰施用，可选择在当年第一季水稻移栽前或中稻、晚稻收获后的冬闲田或秋冬作物种植前施用石灰，并立即进行土壤翻耕促进石灰与土壤中的游离酸与潜在酸发生中和反应。

4. 施用方法

人工施用可采用撒施的方式，将石灰均匀地撒施在土壤表面，然后进行翻耕，翻耕深度应在 15 厘米以上，也可配合机械化施用，利用拖拉机或旋耕机等以加挂漏斗的形式进行机械化施用。

5. 施用效果

对于土壤 pH 值为 5.0~6.8、全镉为 0.12~1.25 毫克/千克的污染稻田，每亩施用 100 千克生石灰连续 2 年后，土壤 pH 值平均提高 0.5（最大为 1.4），稻米镉均值由 0.34 毫克/千克降至 0.22 毫克/千克（降幅为 35.3%），土壤 pH 值的增幅与稻米镉富集系数对数值［$\log(Cd_{rice}/Cd_{tot})$］的降幅呈极显著正相关（$P<0.01$）。

6. 注意事项

①施用时间间隔。施用石灰后当季农作物收获时土壤 pH 值达到 7.0 须停施 1 年。

②安全措施。人工施用时应佩戴防护工具，如乳胶手套、防尘口罩和套鞋等，防止田间撒施时因石灰遇水灼伤手脚以及石灰粉尘被吸入呼吸道灼伤呼吸系统。若施工人员出现因施用石灰造成皮肤灼伤等症状，应及时送医院进行救治。

③配套措施。施用石灰后，可通过种植镉低吸收水稻品种、淹水灌溉，并采取补施硅、锌等有益元素等相应配套措施，进一步降低稻米镉积累，保障稻米质量安全。同时应配合施用适量有机肥料，或适当增施 10%~20%的磷肥和微量元素肥料，以保证水稻正常生长发育。

（四）增施土壤重金属钝化剂

在中度污染稻田中施用适宜、适量的钝化物料来降低其土壤重金属活性、减少农作物对重金属吸收与积累、降低农产品中重金属含量并使其达标，是目前实现重金属污染稻田尤其是中度污染稻田农业安全利用的技术途径之一。

1. 产品类型

按降镉功能物质的主要成分可分为黏土矿物类土壤钝化剂、石灰质类土壤钝化剂、功能元素类土壤钝化剂、有机物类土壤钝化剂、微生物类土壤钝化剂、有机无机复混类土壤钝化剂，共 6 类产品。

2. 质量要求

①外观。粒状或粉状，无机械杂质，无恶臭。

②技术指标。各类土壤钝化剂产品的主要技术指标见表 2-6。

表 2-6　各类土壤钝化剂产品的主要技术指标

技术指标	土壤钝化剂类型							
	黏土矿物类	石灰质类	功能元素类	有机物类	有机无机复混类	微生物类		
						液体	粉剂	颗粒状
细度	≥85%的产品通过 1.0 毫米试验筛（仅限粉状产品）							
粒度	≥75%的产品达到 1.0~5.0 毫米粒径（仅限粒状产品）							
pH 值	>6.5	>8.5	>6.5	6.5~8.5	>6.5	6.5~8.5	6.5~8.5	6.5~8.5
功能物质总量	≥50%[a]	≥40%[a]	≥8%[b]	≥45%[c]	≥50[d]	≥2.0 亿活菌/毫升	≥2.0 亿活菌/克	≥1 亿活菌/克
水分	≤5%	≤5%	≤5%	≤30%	≤10%		≤35%	≤20%
保质期	≥2 年	≥1 年	≥2 年	≥1 年	≥1 年	≥3 个月	≥6 个月	

注：a，以硅、钙、镁等元素的氧化物总量计；b，以降镉功能物质的单质元素含量计；c，以烘干基的有机质含量计；d，以氧化硅+氧化钙+氧化镁+有机质等的总量计。

3. 田间应用

①大面积应用条件。产品需经农业农村部登记，质量必须符合表 2-6、表 2-7 等的规定。

表 2-7　各类土壤钝化剂安全性能指标

安全性能指标		土壤钝化剂类型							
		黏土矿物类	石灰质类	功能元素类	有机物类	有机无机复混类	微生物类		
							液体	粉剂	颗粒状
汞（Hg）	以烘干基计	≤2.0 毫克/千克[a]							
砷（As）		≤5.0 毫克/千克[a]							
镉（Cd）		≤1.0 毫克/千克[a]							
铅（Pb）		≤30 毫克/千克[a]							
铬（Cr）		≤30 毫克/千克[a]							
杂菌率							≤10%	≤20%	≤30%
蛔虫卵死亡率							≥95%	≥95%	
粪大肠菌群数量							≤100 个/毫升	≤100 个/克	

注：a，限非液体类的产品；液体类产品参照 NY 1110—2010 的规定执行。

②施用时期。一般与翻耕同时进行。如有特殊需要，则严格按产品使用说明书施用。

③施用数量。按产品使用说明书中的最大用量施用，但单季最大用量应控制在 300

千克/亩以内。

④施用方式。人工施用可采用撒施的方式，将土壤钝化剂均匀地撒施在土壤表面；也可利用拖拉机或旋耕机等农机具，通过加挂漏斗的方式进行机械化施用。如有特殊需要，则严格按产品使用说明书施用。

4. 注意事项

①在污染程度较重耕地施用土壤重金属钝化剂时，应结合低镉品种、科学施肥、水分管理等农艺措施。

②推广应用的土壤重金属钝化剂产品，必须为获农业农村部登记的产品，以防生态环境风险和水稻减产风险。

（五）深翻耕改土

对于人为因素造成的镉污染稻田，采用深翻耕改土措施亦是目前实现重金属污染稻田尤其是中度污染稻田农业安全利用的技术途径之一。

1. 土壤条件

耕作层加犁底层厚度在 25 厘米以上、耕作层厚度≤15 厘米、犁底层厚度≥10 厘米；耕作层土壤全镉含量 0.6~1.5 毫克/千克。

2. 深翻耕方式

稻田深翻耕方式分为冬闲田深翻耕和春季深翻耕。

3. 冬闲田深翻耕

①翻耕时间。一季稻或晚稻收获后。

②翻耕深度。应控制在 20 厘米。

③水分要求。深翻耕时，土壤应处于湿润状态，如田面渍水，耕作前两天应排除渍水，使土壤保持湿润。

④机具要求。a. 翻耕机具为功率 54 千瓦以上的履带式拖拉机，配套翻转犁或铧式犁，保证在耕作时耕作层土壤犁坯能翻转 130°~180°，使底土翻至表面；b. 配套的翻转犁，翻耕深度由液压系统控制，要求翻转犁的入土深度稳定控制在 20 厘米。

⑤深翻耕作业。a. 机具作业技术参数，见表 2-8；b. 根据田块大小和形状设计翻耕路线，一般采用环形路线进行深翻耕（图 2-1）；c. 作业时，第一遍行走方向应与田间秸秆径向一致，以减少轴端缠草；d. 耕作时保持拖拉机行走平稳，以控制耕作深度一致；e. 无跑犁和漏耕现象。

表 2-8　机具作业技术参数

项目	指标
理论速度/（千米/时）	1.0~5.5
功率/千瓦	≥54
最小转向圆半径/米	≤7

（续表）

项目	指标
最小水平通过半径/米	≤2.4
平均耕深/厘米	20±1.0
深翻耕合格率/%	≥90
深翻耕变异系数/%	≤15.0
立垡率/%	≤5.0
回垡率/%	≤5.0
漏耕率/%	≤1
植被覆盖率（地表以下）/%	≥80.0

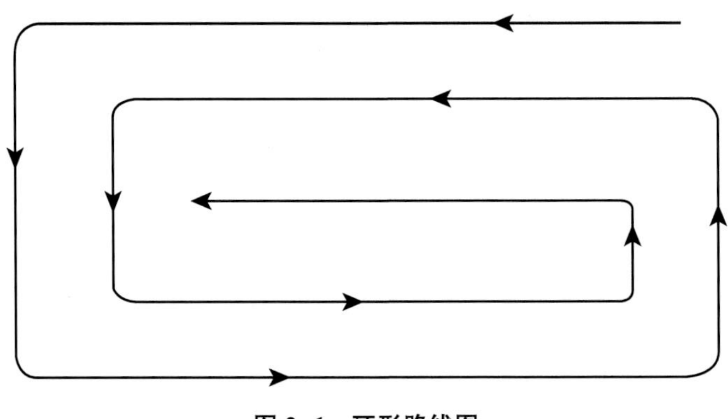

图 2-1　环形路线图

⑥晒垡。a. 深耕后立即晒垡；b. 晒垡时不破碎土块，保持土壤呈大块状；c. 晒垡时段应注意排水，使耕层不渍水，以便晒透。

4. 春季深翻耕

冬种绿肥田深翻耕在春季绿肥盛花期进行，免耕冬种田在冬季作物收获后进行；平均耕深（20±1.5）厘米，其他同冬闲田深翻耕。

5. 注意事项

①成土母质型污染（内源型）稻田、连续 2 年深翻的稻田、沙漏田、潜育性稻田不适用本技术。

②翻耕改土后 2~4 年内应浅耕、旋耕或免耕。

③翻耕改土应在施用石灰、钝化剂等修复材料之前进行。

④深耕后土壤库容增大，底土上翻，应注意结合秸秆还田，配施石灰和有机肥，以创造良好土壤结构，增厚活土层。

⑤本技术不宜连年实施，3~5 年翻耕 1 次。

（六）科学施肥

采用科学施肥技术措施，也可有效减少水稻对镉的吸收与积累。

1. 施肥原则

在镉污染稻田综合治理配套技术措施基础上，根据平衡施肥原理和测土配方施肥技术规范，坚持施肥增效和治理修复相结合原则，增施有机肥料，推广施用水溶性硅肥，禁止施用重金属超标的肥料。

2. 肥料种类

①有机肥料。厩肥、绿肥、沼肥等农民自制自用的有机肥料；符合国家或农业行业标准的商品有机肥料、有机-无机复混肥料、含氨基酸水溶肥料、含腐植酸水溶肥料和有机水溶肥料等。

②化学肥料。水稻专用配方肥、尿素、钙镁磷肥、氯化钾、硅肥、农用硫酸钾镁肥、硅钙肥、钾硅钙肥、硫酸锌和大（中、微量）元素水溶肥料等。

③微生物肥料。生物有机肥、农用微生物菌剂、复合微生物肥料等。

3. 施肥技术

①有机肥料。有机肥宜作基肥施用，其种类及施用量见表 2-9。

表 2-9　水稻施用有机肥种类及施用量推荐　　单位：千克/亩

有机肥料种类	早稻	中稻和晚稻
商品有机肥	100～200	100～200
厩肥	1 000～1 500	1 000～1 500
紫云英	1 000～1 500	—
沼渣	—	1 500～2 500

②氮肥。根据目标产量确定施氮量，施氮量及基肥追肥比可参考表 2-10 的设定。

表 2-10　基于目标产量的施氮量及基肥追肥比推荐

目标产量/（千克/亩）	地力产量/（千克/亩）	早稻		中稻和晚稻	
		施氮量/（千克/亩）	基肥：分蘖肥：穗肥	施氮量/（千克/亩）	基肥：分蘖肥：穗肥
400	<250	10	7：3：0	11	6：3：1（晚稻）
	250～300	9		10	
	>300	8		9	
500	<350	11	6：4：0	12	5：3：2（中、晚稻）
	350～400	10		11	
	>400	9		10	

（续表）

目标产量/（千克/亩）	地力产量/（千克/亩）	早稻		中稻和晚稻	
		施氮量/（千克/亩）	基肥：分蘖肥：穗肥	施氮量/（千克/亩）	基肥：分蘖肥：穗肥
600	350~400	12	6：4：0	12	5：3：2（中稻）
	>400	10		10	
700	350~400	14	6：4：0	13	5：3：2（中稻）
	>400	12		12	

③磷肥。根据目标产量或土壤养分丰缺指标确定施磷量，用量应符合表 2-11 的规定。磷肥作基肥施用。

表 2-11　基于目标产量的磷肥用量推荐

目标产量/（千克/亩）	肥力等级	土壤有效磷/（毫克/千克）	施磷量（以 P_2O_5 计）/（千克/亩）	
			早稻	中稻和晚稻
400	低	<10	5	4
	中	10~20	4	3
	高	20~30	3	0
	极高	>30	0	0
500	低	<10	6	5
	中	10~20	4	3
	高	20~30	2	0
	极高	>30	0	0
600	低	<10	7	6
	中	10~20	5	4
	高	20~30	3	0
	极高	>30	0	0
700	中	10~20	6	5
	高	20~30	4	3
	极高	>30	2	0

④钾肥。根据目标产量或土壤养分丰缺指标确定，钾肥用量和施用时期应符合表 2-12 的规定。

表 2-12　基于目标产量的钾肥用量及基肥追肥比推荐

目标产量/（千克/亩）	肥力等级	土壤速效钾/（毫克/千克）	早稻		中稻和晚稻	
			施钾量（以K_2O计）/（千克/亩）	基肥：分蘖肥	施钾量（以K_2O计）/（千克/亩）	基肥：分蘖肥：粒肥
400~500	极低	<60	8	7：3	8	7：3：0
	低	60~80	6	7：3	8	7：3：0
	中	80~120	5	6：4	6	6：4：0
	高	120~160	4	0：10	4	0：6：4
	极高	>160	3	0：10	2	0：6：4
600~700	低	60~80	8	7：3	8	5：5：0
	中	80~120	6	6：4	8	4：4：2
	高	120~160	5	0：10	8	0：6：4
	极高	>160	4	0：10	6	0：6：4

⑤水稻专用配方肥。水稻专用配方肥宜作基肥施用，施用量参照产品使用说明。养分不足部分用单质肥料追施补充。

⑥硅肥。普通硅肥作基肥施用时，用量 30~60 千克/亩，应符合 NY/T 797—2004 规定；水溶性硅肥叶面喷施时，喷施浓度（SiO_2）以 0.2%~0.3%为宜，在分蘖盛期和始穗期各喷施 1 次，每次喷施肥液 50~75 千克/亩。

⑦锌肥。硫酸锌（$ZnSO_4 \cdot 7H_2O$）作基肥施用，用量 1~2 千克/亩，拌细土均匀撒施；含锌水溶肥料喷施浓度（Zn）以 0.1%~0.2%为宜，在分蘖盛期和始穗期各喷施 1 次，每次喷施肥液 50~75 千克/亩。

⑧微生物肥料。施用量和施用方法参照产品使用说明。

4. 注意事项

①在酸性土壤尤其是土壤 pH 值<5.5 稻田施用肥料的种类选择中，应推广应用尿素、硫酸钾、硝酸钙、钙镁磷肥及其复混肥等中碱性肥料，逐步减少硫酸铵、过磷酸钙等酸性肥料的施用。

②钙镁磷肥作基肥施用时宜与有机肥料混合后施用，不能与酸性肥料混合施用，氯化钾不宜作种肥施用，硅肥最好每季连续施用。

（七）喷施叶面阻控剂

喷施富锌、硅、钙、铁、锰、硒等水溶性叶面肥，可有效阻控镉向稻谷运移，降低水稻镉的积累。

1. 产品选择

按照以下技术要点选择适用产品：获农业农村部登记产品；经湖南省或本行政区示

范验证的治理效果好的产品；无二次污染和减产等风险的产品。

2. 喷施时期

在水稻分蘖盛期后段、灌浆期前段，选择晴朗天气均匀喷施。

3. 注意事项

①应避免在多雨季节喷施，晚稻季较为干旱，喷施效果相对较好。

②采用无人机喷施时，其兑水量应追加 1~2 倍，以便充分喷匀，并充分保证叶面喷湿。

（八）稻渔综合种养

1. 适用条件

该技术适用于水源充沛、排灌方便且稻田土壤镉含量 0.9 毫克/千克以下，其他环境条件应符合国家《无公害农产品　种植业产地环境条件》（NY 5010—2016）、《无公害农产品　淡水养殖产地环境条件》（NY/T 5361—2016）的要求。

2. 技术要点

其水源水质应符合国家《渔业水质标准》（GB 11607—1989）的规定，养殖用水应符合国家《无公害食品　淡水养殖用水水质》（NY 5051—2001）的规定。品种放养规格与数量见表 2-13，技术要点参照《稻渔综合种养技术规范　第 1 部分：通则》（SC/T 1135.1—2017）。

表 2-13　不同品种放养规格与数量

品种	放养时间	规格/（克/只）	数量（只/亩或尾/亩）
鲤鲫	5—6 月	3~5	200~300
小龙虾	3—4 月	3~5	4 000~5 000
河蟹	5—6 月	5~10（扣蟹）	800~1 000
泥鳅	6 月	2~3	10 000
蛙类	6—7 月	3~4	1.5 万~2 万
乌龟	5—6 月	100~150	500~600
中华鳖	6 月	250~500	200~250

3. 注意事项

①选择抗病虫害、抗倒伏、耐肥性强、米质优、可深灌、株型适中的中稻和粳稻品种等。

②在水稻生长期间不晒田，稻田水深应保持在 5~10 厘米，随水稻长高，可加深至 15 厘米；收割水稻后田水保持水质清新，水深在 50~55 厘米。

③加强病虫害防治。

（九）秸秆离田

长期实施秸秆还田尤其是污染秸秆还田将会增加土壤镉等重金属的积累风险。

1. 应用范围

所有受镉污染的稻田。

2. 应用效果

通过秸秆离田，可逐步减少耕地土壤重金属总量。中国科学院亚热带农业生态研究所科研人员2015—2018年的稻草离（还）田长期定位监测试验结果表明，稻草离田后，土壤全镉量3年内可降低1%左右，稻米镉含量较稻草还田的年均降低10%以上。

3. 注意事项

秸秆离田技术应与秸秆资源化利用技术有效结合，做好秸秆用途管理，严禁露天焚烧、抛沟河、饲料化等，防止污染转移。

（十）水稻降镉VIP+*n*综合技术模式

水稻降镉VIP+*n*综合技术模式（图2-2）是在种植镉低积累水稻品种（variety，V）、采用全生育期淹水灌溉（irrigation，I）方式、施生石灰调节土壤酸碱度（pH值，P）的基础上，增加施用土壤钝化剂、喷施叶面阻控剂、深翻耕改土、科学施肥、稻草离田……（即“+*n*”）等技术。其中，种植镉低积累水稻品种、采用全生育期淹水是目前公认的实现镉污染农田安全利用最简便、经济和有效的方法，是该技术模式的核心。

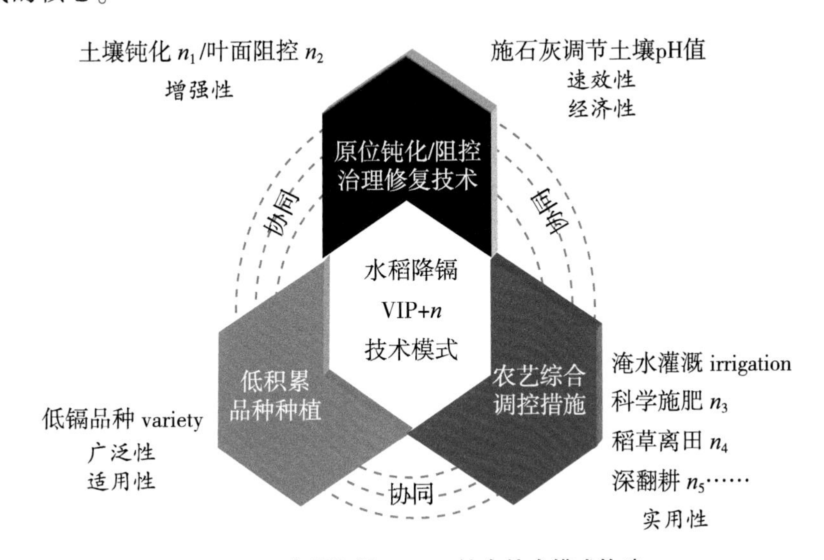

图2-2　水稻降镉VIP+*n*综合技术模式构建

1. 水稻降镉 VIP+*n* 技术模式应用效果

具体如表 2-14 所示。

表 2-14　水稻降镉 VIP+*n* 技术模式应用效果

类别	土壤 pH 值	季别	采用措施	米镉均值/（毫克/千克）	米镉降幅/%	米镉达标率/%
轻度污染（米镉含量 0. 2~0. 4 毫克/千克）	5. 5≤pH 值<6. 5	早稻	I	0. 10	14. 16	86. 46
			P	0. 08	32. 36	91. 67
中度污染（米镉含量>0. 4 毫克/千克、土壤镉含量≤1 毫克/千克）	5. 5≤pH 值<6. 5	晚稻	P	0. 22	34. 11	68. 52
			VP	0. 18	48. 11	73. 15
			IP	0. 18	45. 63	70. 37
			VIP	0. 18	46. 19	75. 00
			VIP+F	0. 07	48. 19	76. 85
			VIP+S+F	0. 13	61. 07	80. 56
		早稻	VIP+F	0. 09	43. 52	88. 89
			VIP+S+F	0. 09	41. 82	89. 91
	pH 值≥7. 5	晚稻	V	0. 03	31. 16	100

注：V 为镉低积累水稻品种；I 为全生育期淹灌管理；P 为施用生石灰；S 为施用土壤钝化剂；F 为喷施叶面阻控剂。

2. 水稻降镉 VIP+*n* 技术模式适用土壤类型与阈值

具体如表 2-15 所示。

表 2-15　水稻降镉 VIP+*n* 技术模式适用土壤类型与阈值

土壤类型	早稻阈值	晚稻阈值
红黄泥	土壤 pH 值<6. 5； 土壤全镉 1. 50 毫克/千克	土壤 pH 值<6. 5； 土壤全镉 0. 74 毫克/千克
黄泥田	土壤 pH 值<6. 5； 土壤全镉 1. 66 毫克/千克	土壤 pH 值<6. 5； 土壤全镉 0. 83 毫克/千克
河潮泥	土壤 pH 值<6. 5； 土壤全镉 0. 72 毫克/千克	土壤 pH 值<6. 5； 土壤全镉 0. 26 毫克/千克
酸紫泥	土壤 pH 值<6. 5； 土壤全镉 1. 27 毫克/千克	土壤 pH 值<6. 5； 土壤全镉 0. 95 毫克/千克

三、替代种植技术

加强对严格管控区耕地的用途管理，要依法将其划定为水稻禁止生产区，并依托新型农业经营主体，全面推行 PPP 模式[①]，开展经过安全评估的镉低积累特色果菜（西甜瓜/葡萄/瓜果类蔬菜）、纤维作物（棉花/蚕桑/麻类作物等）、油料作物（油菜/油葵/油花生/豆类油料等）、饲料作物（玉米/豆类/蛋白桑/象草/饲用苎麻等）、花卉苗木及绿化草皮等的替代种植，发展现代设施（休闲）农业，构建重金属污染耕地安全生产与高效利用技术模式；开展能源作（植）物（生物质高粱/酒用高粱/巨菌草/甘薯/木薯等）等镉富集植物替代种植，配套相关机械设备，促进产业规模化、持续化发展，逐步移除、削减土壤中的镉等重金属，并探讨替代种植的生态补偿模式。

以镉为例，就严格管控区替代种植的合理布局、种植模式、产业链构建等简述如下。

（一）合理布局

1. 根据土壤镉含量分布梯度选择替代种植作（植）物

在土壤镉含量相对较低的严格管控区，可改种经过安全评估的镉低积累特色果菜、油料作物、饲料作物等；在土壤镉含量相对较高的严格管控区，选择种植花卉苗木、绿化草皮、纤维作物、能源作（植）物等，发展现代设施（休闲）农业。

2. 根据地理区位选择替代种植作（植）物

城市周边交通便利，可优先考虑改种花卉苗木、草皮绿化和经过安全评估的镉低积累特色果菜等，发展现代设施（休闲）农业，改善城市周边生态环境，提升城市品位；在交通相对不便的严格管控区，可考虑种植油料作物、饲料作物、纤维作物、能源作（植）物等。

3. 根据地形地势选择替代种植作（植）物

在地下水位较低、容易排水的严格管控区，可考虑“水改旱”，改种油料作物、饲料作物、纤维作物、能源作（植）物等；在地下水位较高、水源充沛、不易排水的严格管控区，可改建成鱼塘，养殖鱼虾鳖龟蟹等水产品，发展设施（休闲）渔业。

（二）种植模式

根据 2014—2020 年长株潭地区各县（市、区）种植结构调整试点的经验、效果和特色食用经济作物安全评估结果，总结出了以下 10 种种植制度调整模式，供各地参考、选择。

1. 种桑养蚕

通过“水改旱”，降低地下水位，抽沟、起垄种植蚕桑，发展传统的种桑养蚕业。

---

① PPP（Public-Private-Partnership）项目又叫公私合营项目，是指政府部门与私人部门为了更有效率地为公众提供公共服务，通过风险共享、收益共享等方式建立的长期合作伙伴关系。

2. 高支纱棉麻生产

通过“水改旱”，降低地下水位，抽沟、起垄种植棉花、苎麻、红麻、黄麻、亚麻等纤维作物，为纺织工业提供原料。同时，抓好轮作套作工作，开展综合利用。

3. 饲用桑麻生产

通过“水改旱”，降低地下水位，抽沟、起垄种植蛋白饲料桑或饲用苎麻，完善机械收获、青贮保鲜等技术，培育新型饲料产业。

4. 花卉苗木及绿化草皮等生产

通过“水改旱”，降低地下水位，抽沟、起垄或利用现代设施种植花卉苗木、绿化草皮，或盆栽植物等，与生态观光休闲农业有机结合，形成农旅融合新业态。

5. 饲用原料及牧草生产

通过“水改旱”，降低地下水位，抽沟、起垄种植玉米、大豆、象草、籽粒苋、黑麦草、蛋白桑、饲用苎麻、紫花苜蓿等饲用原料及牧草。

6. 油料作物及旱粮

通过“水改旱”，降低地下水位，种植油葵、油菜、油用大豆、油用花生、油用芝麻等油料作物。在水土环境条件较好的地方，适度规模改种玉米、马铃薯、甘薯或小杂粮。积极推广“玉米+油菜”模式或“花生（油葵）+油菜”轮作模式。

7. 特色水果

通过“水改旱”，降低地下水位，改种经过安全评估的梨、桃、葡萄、柑橘、蓝莓、杨梅、桑葚、瓜蒌、猕猴桃等特色水果，建成城郊特色水果产业基地。

8. 特色蔬菜

通过“水改旱”，降低地下水位，改种经过安全评估的瓜果类蔬菜等，丰富城市菜篮子。

9. 设施西甜瓜

通过“水改旱”，降低地下水位，利用大棚等设施种植西甜瓜。

10. 设施高效农业

降低地下水位，完善基础设施，发展现代种业、设施观赏农业等。

（三）种苗体系建设

结构调整，种苗要先行。要根据湖南省结构调整任务及各地发展规划，有计划地建设一批蚕桑、蛋白饲料桑、纤维用麻、饲用苎麻、花卉苗木、香料作物、油料作物、高效能源作物、西甜瓜、低镉湘莲、低镉水果、特色蔬菜、旱杂粮、牧草、鱼苗等种子种苗繁殖基地，以满足改种作物的需要。

（四）替代种植作物推荐

可根据土壤污染程度选取调整作物，具体可参照《长株潭严格管控区结构调整推荐目录》（表 2-16）。

表 2-16　长株潭严格管控区种植结构调整推荐目录

作物类别	作物	土壤 pH 值	土镉阈值/（毫克/千克）	备注
旱粮	玉米		1.5	饲用
	高粱		5.0	生物质能源；饲用；酒用
	甘薯		2.0	薯块食用；茎叶饲用
	鲜食甘薯	4.5~7.0	2.0	
	绿豆	5.0~7.0	1.0	食用
油料	油菜		6.0	油用
	大豆		1.5	油用
	花生		2.0	油用
	芝麻		2.0	油用
	油葵		6.1	油用
蔬菜	黄瓜		2.0	食用
	豇豆		2.0	食用；加工
	丝瓜	4.5~7.0	1.0	食用
		5.0~7.0	3.0	食用
	冬瓜	4.5~7.0	1.0	食用；加工
		5.0~7.0	4.0	食用；加工
	中国南瓜	4.5~7.0	1.0	食用；加工
		5.0~7.0	3.5	食用；加工
	印度南瓜	4.5~7.0	1.0	食用
		5.0~7.0	2.0	食用
	苦瓜	4.5~7.0	1.0	食用
		5.5~7.0	2.0	食用
	四季豆	4.5~7.0	1.0	食用
		5.5~7.0	2.0	食用
	叶用番薯	5.0~7.0	1.0	食用
	湘莲	5.5~7.0	2.0	食用；加工
西瓜	西瓜	5.5~7.0	7.0	食用
水果	葡萄	5.5~7.0	5.0	食用；加工
	猕猴桃	5.5~7.0	5.0	食用；加工
	梨	5.5~7.0	5.0	食用；加工
	蓝莓	5.5~7.0	5.0	食用
	枣	不限	5.0	食用；加工

（续表）

作物类别	作物	土壤 pH 值	土镉阈值/（毫克/千克）	备注
桑树	蚕桑	不限	所有受镉污染耕地	
	饲用桑	5.5~7.0	5.7	食用；加工
苎麻	苎麻	不限	所有受镉污染耕地	
棉花	棉花	5.5~7.0	5.0	
能源作物	生物质高粱	不限	所有受镉污染耕地	
苗木花卉		不限	所有受镉污染耕地	

（五）产业链建设

依托产业化企业，采取“公司+合作社①+基地”的经营模式，扶持替代种植基地建设与产后产业链建设，完善产后处理加工、仓储设备，加快形成替代种植产业体系，辐射带动区域农作物种植结构调整及其产业持续发展。

（六）注意事项

①种植结构调整，应根据土壤重金属污染程度，选择具体作物种植，确保改种作物安全生产。

②充分调研市场，优选经济效益较好、产业链较完善的作物，适度规模化种植。

③各县（市、区）应结合本行政区种植区划与农业产业布局，统筹开展种植结构调整，促进农业绿色持续发展。

参考文献

[1] 陈彩艳，唐文帮. 筛选和培育镉低积累水稻品种的进展和问题探讨［J］. 农业现代化研究，2018，39（6）：1044-1051.

[2] 黄道友，朱奇宏，朱捍华，等. 重金属污染耕地农业安全利用研究进展与展望［J］. 农业现代化研究，2018，39（6）：1030-1043.

[3] 黄道友，黄新，刘守龙，等. 湖南省镉铅等重金属污染现状与防治对策［J］. 农业现代化研究，2004，25（专刊）：81-85.

[4] 生态环境部. GB 5084—2021 农田灌溉水质标准［S］. 北京：中国环境出版集团，2021.

① 本书中“合作社”指农民专业合作社，为其简称。

[5] 湖南省农业农村厅. HNZ143—2017 镉污染稻田安全利用 田间水分管理技术规程 [S/OL]. (2021-11-09) [2017-12-31]. https://agri.hunan.gov.cn/agri/ztzl/nyjsgc/gcxz/202111/21026929/files/065aa29858db418b8008fb41efa3413f.pdf.
[6] 湖南省农业农村厅. HNZ141-2017 镉污染稻田安全利用 石灰施用技术规程 [S/OL]. (2021-11-09) [2017-12-31]. https://agri.hunan.gov.cn/agri/ztzl/nyjsgc/gcxz/202111/21026926/files/19cbeb924e4b4436af030482269ed6ad.pdf.
[7] 湖南省农业农村厅. HNZ144-2017 镉污染稻田安全利用 土壤钝化剂质量要求及应用技术规程 [S/OL]. (2021-11-09) [2017-12-31]. https://agri.hunan.gov.cn/agri/ztzl/nyjsgc/gcxz/202111/21026930/files/e265a906689540069c308833e0eb7aa7.pdf.
[8] 湖南省农业农村厅. HNZ140-2017 镉污染稻田安全利用 深翻耕技术规程 [S/OL]. (2021-11-09) [2017-12-31]. https://agri.hunan.gov.cn/agri/ztzl/nyjsgc/gcxz/202111/21026924/files/e2595aaa6e134127b897d3c767329800.pdf.
[9] 湖南省农业农村厅. HNZ145-2017 镉污染稻田安全利用 水稻施肥管理技术规程 [S/OL]. (2021-11-09) [2017-12-31]. https://agri.hunan.gov.cn/agri/ztzl/nyjsgc/gcxz/202111/21026933/files/0c747290bd7b42268a1d383907cfd567.pdf.
[10] 中华人民共和国农业农村部. NY 5116—2021 无公害食品水稻产地环境条件 [S]. 北京：中国标准出版社，2021.
[11] 中华人民共和国农业部. NY 5051—2001 无公害食品　淡水养殖用水水质 [S]. 北京：中国标准出版社，2001.
[12] 中华人民共和国农业部. GB 11607—1989　渔业水质标准 [S]. 北京：中国标准出版社，1989.
[13] 中华人民共和国农业部. SC/T 1135.1—2017 稻渔综合种养技术规范通则 [S]. 北京：中国标准出版社，2017.

第三章　重金属污染耕地第三方治理概述

一、第三方治理的含义

重金属污染耕地治理修复工作推进模式主要有两种：一是政府行政推进型模式，即政府制定实施方案，将耕地治理修复任务分解到所属各级政府及部门，由村及村民小组组织农户或组织施工队伍，按照政府制定的实施方案及污染耕地治理修复技术操作规程，实施污染耕地治理修复的各项技术措施；二是第三方治理模式。

耕地重金属污染第三方治理即引入第三方主体的治理，是政府通过购买服务，委托有重金属污染耕地治理修复资质及实力较强的社会化服务组织，承担一定区域的重金属污染耕地治理修复的方式。

二、第三方治理的作用

（一）转变政府角色

我国政府职能的转变，指的是由管制型政府向服务型政府的转变，要求政府由传统的"官本位、政府本位、权力本位"观念向"民本位、社会本位、权利本位"的理念转变。政府要还权于社会，合理扩大政府购买服务的范围，同时也需建立行之有效的政府购买社会组织服务绩效评估考核机制作为监督手段。现代公共服务型政府的职能定位，简而言之，就是"经济调节、市场监管、社会管理、公共服务"。要充分发挥市场在资源配置中的基础性作用，激发市场主体的创造活力，增强经济发展的内生动力。要正确处理政府和社会的关系，实施政社分离，提高社会治理水平，实现简政放权的政府治理目标，增进社会组织的服务能力与服务比重，充分发挥社会组织的自身优势，实现治理体制由"大政府小社会"向"小政府大社会"逐步转变。政府工作重点是创造良好发展环境、提供优质公共服务、维护社会公平正义。

第三方治理是一种引入了市场竞争机制、价格机制和监督机制的"市场型"治理机制，由专业的社会化服务组织承担重金属污染耕地治理修复，政府从治理修复的具体工作中解放出来，实现从管制型政府向服务型政府的政府角色转变。另外，耕地重金属污染治理修复工程浩大，所需资金多、物资量大。行政管理的目的之一，就是解决有限资源和无限需求的矛盾。合理安排并节约资源，是衡量管理效益的重要标尺。节约资金、物资，用有限的资源办更多的事。同时，也可以节约人力资源，办自己更应该办的事情。政府职能转变，能够节约大量政府的人力、物力和财力。

（二）解决劳动力短缺问题

随着大批“有文化、懂技术、善于经营”的农村劳动力转移到城市务工或者经商，农业劳动力短缺问题变得越来越严重，留守农村的劳动力素质低，出现了明显的“老龄化”和“女性化”趋势。而重金属污染耕地治理修复技术具有技术措施多、复杂且繁重的特点，且有的技术如撒施石灰，如果防范措施不到位还很容易伤害人体。由专业的第三方社会组织承担耕地治理修复，能将农业生产者从复杂的技术体系中解脱出来，解决农村劳动力短缺问题，充分发挥第三方社会化服务组织在重金属污染耕地治理修复与安全利用中的积极作用，推进重金属污染耕地治理修复优质高效进行。

（三）促进重金属污染耕地治理修复社会组织成长壮大

重金属污染耕地治理修复试点区域实施主体发展最快的是环保企业和合作社，实施效果最好的实施主体也是环保企业和合作社。随着政府购买社会组织服务范围的扩大，社会组织将成长为社会公共服务的主要生产者和提供者，社会组织的规模将逐步扩大并深入社会生活的方方面面。因此，环保企业和合作社应成为承担治理修复任务的主要社会组织。政府要加快培育和发展环保企业、合作社等社会组织，加大对社会组织人财物的支持力度，指导社会组织重视人才培养，加快工作人员专业化、职业化进程，督促社会组织不断完善自身能力建设，提升服务能力、治理能力、创新能力，充分发挥功能作用，促使社会组织不断提升服务能力，促进重金属污染耕地治理修复社会组织不断壮大，为试点提供更多高素质的载体，确保承接服务项目工作任务圆满完成。

三、三方关系分析

耕地重金属污染治理修复涉及的核心利益相关者众多，包括各级政府部门、农业企业、合作社、农户等。虽然治理修复由政府主导，但是耕地重金属污染治理修复并不仅仅是政府职能部门的项目，农业企业、合作社、农户等其他利益相关者的行为对治理修复的运行结果也能产生影响，项目的实施应当充分考虑各个利益相关者的利益诉求及其之间形成的利益关系，从而保证项目实施的公平合理。因此，准确梳理重金属污染耕地治理修复三方与三方关系是十分必要的。

（一）三方界定

1. 环境污染第三方治理的三方界定

准确理解“第三方”是分析环境污染第三方治理内涵及治理结构的前提与基础。学界关于环境污染第三方治理中“第三方”的界定有广义与狭义之分[1-2]。

《国务院办公厅关于推行环境污染第三方治理的意见》所定义的“环境污染第三方治理”，是排污者通过缴纳或按合同约定支付费用，委托环境服务公司进行污染治理的新模式。因此，我国当前所采用的环境污染第三方治理相关政策是从狭义上对“第三方”进行界定，把“第三方”界定为环境服务企业、社会非营利组织或者第三部门。此时，在环境污染治理中，第一方是政府，其需要向社会提供环保公共产品；第二方是污染企业，其生产行为产生了大量的环境污染；第三方是提供专业化治理服务的环境服务公司。

但是部分学者认为，在加快生态环境领域国家治理体系与治理能力现代化，积极构建多元参与的环境治理体系大背景下，应从广义上界定“第三方”[2]。这里的“第三方”是指独立于排污企业与政府之外，有意愿且有能力参与环境污染治理的其他企业、公众与社会组织，并不单纯指环境服务企业。此时，污染治理的主体从排污企业、政府，扩展到排污企业、政府以及有意愿参与环境污染治理的其他企业、公众与社会组织。

2. 重金属污染耕地第三方治理的三方界定

重金属污染耕地治理与环境污染治理在污染成因、治理资金来源、治理实施主体等方面均有很大差别，参与重金属污染耕地治理的三方及其内部组成与环境污染治理相比也有其自身特殊性。

（1）第一方

在重金属污染耕地治理修复中，第一方是提供公共服务产品的政府。政府通过购买服务，委托有重金属污染耕地治理修复经验及实力较强的社会化服务组织，承担一定区域的重金属污染耕地治理修复任务。

地方各级人民政府是重金属污染耕地治理修复的责任主体。《中华人民共和国环境保护法》明确规定，地方各级人民政府应当对本行政区域的环境质量负责。土壤环境是基本的环境要素之一，地方各级政府也应当对本行政区域的土壤环境质量负责，《中华人民共和国土壤污染防治法》进一步明确规定，地方各级人民政府应当对本行政区域土壤污染防治和安全利用负责。

地方各级人民政府责任主要是：制定重金属污染耕地治理修复实施方案；负责治理修复资金筹措、分配与管理；负责遴选第三方治理社会化服务组织；负责治理修复工作的协调、指导、检查督促；负责对治理修复进行监督监管；负责组织技术指导与培训；负责治理修复考核与验收。

（2）第二方

由于耕地的重金属污染源具有历史性、广泛性以及难追溯、难量化等特点，并且导致重金属污染的原因不仅有农业生产者不安全的农业生产行为，还有工业“三废”、大气沉降等多种因素，这导致“谁污染谁付费的”中的“谁”难以明确。

2014年中央一号文件的出台标志着我国农村土地所有权、农户承包权、土地经营权“三权分离”的新格局正式形成。在此背景下，土地的承包者是农户，土地的使用者有农户、大户（本书一般指种植大户）、合作社和企业。因此，不同于环境污染治理将第二方简单定义为污染企业，耕地重金属污染治理修复中的第二方包含对受污染耕地具有承包权和使用权的农户、大户、合作社和企业。

农户作为农村土地的权利人，对农地拥有承包权和经营权，是耕地污染治理修复项目最直接的受益者，也是项目中的核心利益相关者，在项目实施的各个阶段都有不同程度的参与。一方面，农户可以与治理修复单位签订劳务合同，从而参与治理修复，投入劳动，并由治理修复单位支付相应的劳务费用。另一方面，农户作为土地的承包者，天然地成为治理修复过程中的监督者。

（3）第三方

重金属污染耕地治理修复第三方主体是指独立于政府、有意愿且有能力参与重金属污染耕地治理修复的、在政府购买服务中承接重金属污染耕地治理修复任务和参与重金属污染耕地治理修复的社会化服务组织。由于参与主体涉及广泛，因此本书所指第三方为广义的“第三方”。承接重金属污染耕地治理修复任务的社会化服务组织主要有工商企业（主要是专业的环保企业）、农业企业、合作社和科研院所。承接重金属污染耕地第三方治理任务的社会化服务组织，根据与政府签订的治理修复合同要求，严格按照污染耕地治理修复实施方案规定的技术路径和相应的技术规程，对规定治理修复区域内单项技术措施或综合技术措施的实施提供服务，并对治理修复效果负责，通过专业的治理修复技术指导、管理经验和高质量的操作，大大提高了治理修复的质量和效率。

（二）三方关系

经典的第三方治理模式（以下简称“经典模式”）下，第三方治理各主体之间存在“‘双重’委托-代理”关系。一是排污企业通过付费购买第三方治理企业的服务，委托第三方企业运用专属知识和专业技术来治理本企业的排污，减少自身排污对环境的破坏作用，从而达到污染排放的标准，满足政府环境保护监管的要求；二是政府与第三方治理企业之间存在“委托-代理”关系，政府委托独立而专业的第三方，运用市场化的途径去实施污染治理工作，从而在政府、排污企业和第三方治理企业之间形成分权、合作与相互制衡的关系。该关系能很好地化解代理双方存在的信息不对称矛盾，从而有效防范第三方治理企业的“偷懒”行为及治理企业与排污企业之间的“合谋”行为。经典模式下第三方治理参与主体及其关系见图 3-1。

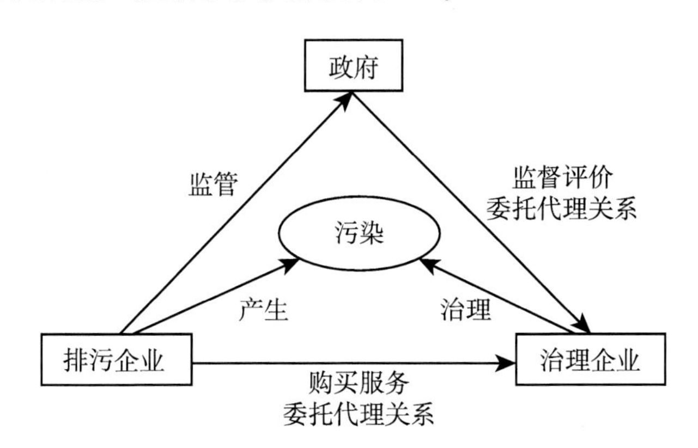

图 3-1 经典模式下治理主体及其“‘双重’委托-代理”关系

与经典模式相比，重金属污染耕地第三方治理模式涉及的利益主体更加广泛，关系更为复杂，具有“‘多重’委托-代理”关系（图3-2）。重金属污染耕地第三方治理参与主体及其关系见图 3-2。

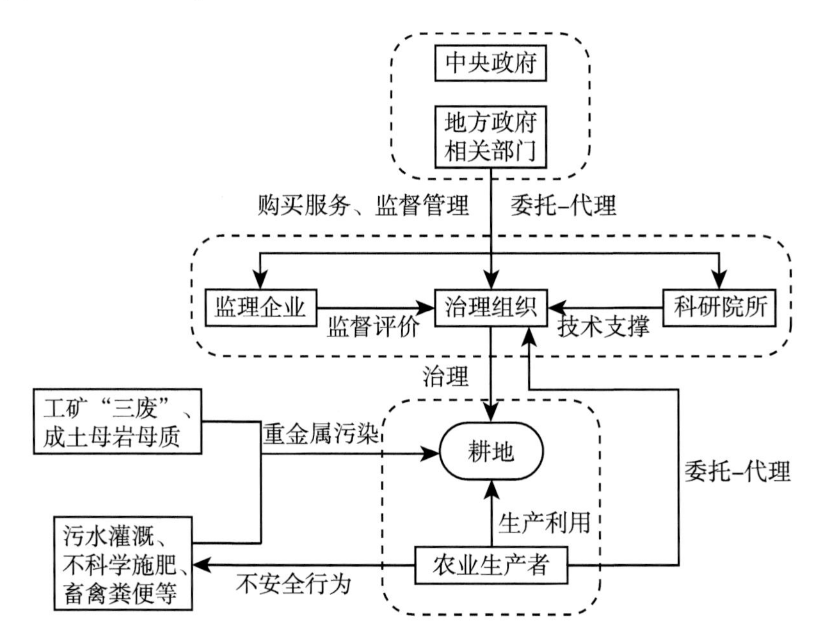

图 3-2　重金属污染耕地第三方治理参与主体及其“‘多重’委托–代理”关系

1. 中央政府与地方政府的委托–代理关系

重金属污染耕地的治理修复问题引起了国家的高度重视，我国相继颁布了《土壤污染防治行动计划》（“土十条”）、《中华人民共和国土壤污染防治法》。然而，国家只是一个抽象的集合，从现实情况看，中央政府代表国家行使各项权能和义务。但是，面对数量巨大的、分布地域广阔的耕地，中央政府不可能直接对耕地实施治理修复，只有将其委托给地方政府来进行，这样一来，中央政府与地方政府之间就形成了一种委托代理关系，中央政府是委托人，地方政府是代理人。

中央政府作为公共利益代表与社会公共事务的核心，承担了具有正外部性的耕地治理修复的责任。中央政府的目标既包括政治目标也包括经济目标。一方面，中央政府要保障国家的粮食安全、维持社会稳定；另一方面，在确保粮食安全为根本的前提下同时要注重耕地治理修复与经济、社会的协调可持续发展。

显然，中央政府与地方政府之间信息不对称，地方政府在耕地数量、质量等方面具有信息资源的优势。同时，地方政府作为一个“经济人”，与中央政府的目标并不总是一致的。中央政府代表国家进行耕地治理修复的行为动机是保障国家粮食安全、生态安全以及保证社会和经济的可持续发展等。而地方政府的主要目标是在不损害中央政府利益的前提下，发展本地经济、增加地方政府官员的收益，包含职务升迁、表彰奖励和其他的隐性收入等[3]。这就是詹姆斯·M. 布坎南提到的地方政府的“内部性”，即公共机构尤其是政府部门及其官员追求自身利益或者组织自身的目标而非公共利益或者社会福利[4]。地方政府的这种“内部性”动机是造成耕地治理修复中出现“政府失灵”的主要原因。我国各级地方政府都是独立的利益主体，其核心利益是追求地方经济增长、增加地方财政收入、提升官员个人政绩。

在重金属污染耕地第三方治理模式中，省、市、县各级政府根据上级政府要求负责制定耕地治理修复相关的规章制度、工作计划；并结合本地实际，制定本级总体实施方案、年度实施方案和各专项工作实施方案，实施方案从目标要求、工作内容、方式方法及工作步骤等方面对当地重金属污染耕地治理修复总体或专项工作做出全面、具体而又明确安排的计划，指导项目顺利进行。省、市、县各级政府将工作责任分解到下级政府，明确各级政府及所属部门职责，层层委托，各级各部门各司其职、各负其责。为防止出现“政府失灵”等情形，省、市、县三级均成立监督督查小组，通过抽查、不定期检查等方式开展对下级工作的监督督查，同时进一步发动农户对治理修复技术措施实施情况进行监督，形成以政府、农户、第三方监理公司为监督主体的“三位一体”监督体系。同时，在评估验收时，省级政府负责制定评估验收实施办法和评价指标体系，负责组织对总体实施效果进行评估，各县（市、区）负责按照省（区、市）制定的评估实施办法和评价指标体系，组织对本县（市、区）试点工作评估验收。

2. 地方政府与第三方主体的委托代理关系

第三方主体主要包括治理第三方、监理第三方和科技第三方。

中央政府将耕地治理修复任务委托给所属各级地方政府及部门，但由于地方政府在耕地治理修复方面技术人员不足，且政府行政推进模式容易导致治理修复计划对实施主体约束力不强、职责混淆，政府部门既是实施者又是监督者，监督效果大打折扣。而引入第三方治理模式能将政府从实施者和监督者的双重身份转变为监督者，地方政府通过购买服务，委托有重金属污染耕地治理修复资质及实力较强的社会化服务组织承担一定区域的重金属污染耕地治理修复任务。地方政府与承接治理修复任务的社会组织签订协议，规定治理修复的数量、质量、完成时间或治理修复效果，因此治理修复任务对实施主体具有刚性约束力，治理修复效果由第三方实施主体负责。

重金属污染耕地治理修复属于生态修复工程，生态修复与传统的恢复原状不同，生态修复不是“一次性”的，而是一个整体的、系统的、长期的工程[5]，持续的修复周期和修复结果的验收势必需要配套相应的监督制度。重金属污染耕地第三方治理中构建了“政府监管+农户监督+第三方监理”的“三位一体”监督体系，其中第三方监理是指地方政府通过招投标等方式委托第三方监理企业作为独立于政府和耕地治理修复实施主体的第三方机构，对实施过程以及实施效果进行监督。第三方监理具备相关专业知识以及项目管理经验，在监督过程中能及时、准确地发现问题并解决问题，协调好各实施主体间的关系，且具有较好的独立性，能保证项目的完成质量。

重金属污染耕地治理修复工作专业性较强，对技术人员的专业素养要求高，地方政府在这方面的专业知识较薄弱，通过定向委托等方式委托科研院所开展技术指导培训，不仅能更好地发挥政府的引导作用及服务功能，发挥市场在资源配置中的决定性作用，还能通过科研院所的培训推进农业高质量发展。

3. 农业生产者与第三方治理企业的委托代理关系

在以家庭承包责任制为主、统分结合的双层经营体制下，农民以及大户、合作社等新型农业经营主体是耕地的直接使用者和耕地治理修复的直接受益者。农业生产者的耕地治理修复意愿、耕地利用方式等都会对耕地治理修复起到促进或阻碍作用。农业生产者作为耕地治理修复的微观主体，他们治理修复耕地可以获得一定的经济收益，如粮食达标后能以更高的价格被收购，但耕地治理修复的社会价值和生态价值等却不能体现在市场价格之中。农业生产者承担治理耕地的全部成本，耕地治理的社会价值和生态价值却被其他社会成员无偿享用，抑制了农业生产者治理耕地的积极性。因此，引入代表市场机制的第三方被认为是提升耕地污染治理修复效果的必然之路，能有效解决耕地污染治理领域因“市场失灵”而长期存在的“公地悲剧”困境[6]。

第三方治理组织较农业生产者而言具有更专业的治理技术与管理经验，能满足耕地重金属污染治理修复对高昂费用、监测设备及治理修复技术的需求，进而提高治污效率。但第三方治理组织作为“经济人”参与耕地治理修复，其根本目标是追求利润最大化，因此第三方治理组织在保证治理效果达标的前提下，会尽可能投入较低的治理成本以实现利润最大化目标。

在重金属污染耕地第三方治理中，农业生产者主要以 3 种方式参与项目的实施。第一种是作为耕地的承包经营者，为第三方治理提供耕地，使得项目能够顺利开展；第二种是通过受托服务的方式参与第三方治理，在治理措施具体实施阶段提供劳动，增加自身收入；第三种是作为监督者。农业生产者是耕地治理的参与者和直接受益者，其对于耕地治理各项措施实施效果的感知是最及时也是最直观的。在重金属污染耕地第三方治理模式构建的“三位一体”的监督体系中，农户是监督体系中最为直接的监督主体，主要是采取现场观察的方法对第三方治理组织的治理方法、治理材料、落实人员的技术以及最终治理效果进行监督。农业生产者作为监督体系中的一方不仅能及时反映各项措施的实施效果，对各个实施主体进行最为直接的监督，有效控制委托代理关系引发的利益冲突，同时也能增强其在耕地治理修复过程中的参与度，增强其对各项措施的认知，为重金属污染耕地第三方治理模式的进一步推广和可持续发展增强群众基础。

4. 三方关系总结

在重金属污染耕地第三方治理模式中，存在着众多利益相关者，不同利益相关者利益诉求各不相同，其在追求各自利益需求时形成了复杂的利益关系。国家治理耕地总战略目标是确保粮食安全，保护耕地资源的可持续利用，以满足我国社会经济发展和人民基本生活需要。中央政府与地方政府在这一点上，具有目标一致性。但是在经济增长目标的实现上，各主体又有着冲突，中央政府是以增加全社会福利水平为出发点，而地方政府则是以地方的经济增长来谋求其向上级的政绩显示，农业生产者与第三方治理承接主体的出发点是个人利益的最大化。由于政府部门、农业生产者、第三方治理承接主体存在上述不同的利益诉求，本书从监督机制、政府购买服务机制、第三方治理绩效评价等多方面进行分析以期协调三者之间由于利益诉求不同而导致的利益冲突，推动重金属污染耕地第三方治理工作有序、规范、高效运行。

四、研究意义

重金属污染耕地第三方治理模式是具有可推广性的大面积重金属污染耕地治理修复项目工作推进模式，该模式是项目实施质量、进度、效果、经费使用和合同执行等方面有效控制和管理的基础，目前国内缺乏对重金属污染耕地第三方治理运行机制的系统性研究，其研究具有重要意义。

第一，有利于完善重金属污染耕地第三方治理运行机制理论体系。迄今为止，国内外学者对第三方治理的研究多基于环境第三方治理，聚焦于重金属污染耕地第三方治理的研究较少。本书以国内重金属污染耕地第三方治理模式为样本，从实施主体类型、第三方治理模式类型、适度规模、多元化监督机制、政府购买服务运作机制、绩效评价体系等多方面进行系统性的归纳、总结和分析，对当前的第三方治理从生态效益、社会效益、经济效益3方面进行评价，剖析发展第三方治理模式的障碍因素，为进一步优化重金属污染耕地第三方运行机制、提升重金属污染耕地管理水平与修复效率提出可行的对策与建议，形成对重金属污染耕地第三方治理运行机制的整体认识，以及第三方治理运行机制理论体系各组成部分功能任务及运作机理和规律的认识，为重金属污染耕地第三方治理运行机制研究不断深化打下坚实基础并提供帮助。这些成果丰富了重金属污染耕地第三方治理运行机制理论体系，填补了第三方治理模式在重金属污染耕地治理修复领域中的空白。

第二，有利于重金属污染耕地第三方治理模式及管理运行经验推广应用。《中华人民共和国国民经济和社会发展第十三个五年规划纲要（草案）》把“开展1 000万亩受污染耕地治理修复”和“4 000万亩受污染耕地风险管控”列入国家“十三五”100项重大项目之一。目前，重金属污染耕地治理修复已在有关省市陆续全面展开。近年来，将第三方治理模式引入重金属污染耕地治理修复取得了较好的效果，有望全面推广。然而，重金属污染耕地第三方治理模式参与主体复杂，涉及政府（中央政府和地方政府）、第三方（治理第三方、监理第三方、科技第三方）、农业生产者（农户和新型农业经营主体）等多个参与主体，存在“‘多重’委托-代理”关系，管理及工作推进组织体系庞大、结构复杂，系统运行及工作组织实施复杂，而借助本书能为全国同类型地区开展重金属污染耕地第三方治理提供可借鉴、可复制、可推广的经验，少走弯路，顺利起步并开展项目实施，确保政府行政命令通达顺畅，各级政府及政府所属各部门权责利清晰，相互之间关系协调、配合默契，污染耕地第三方治理工作有序、规范、高效运行。

第三，有利于提高重金属污染耕地治理修复水平和效率。第三方治理模式的应用源于传统的政府行政推进型模式下技术措施落地率不理想。一方面，通过第三方治理模式下政府购买服务的市场机制作用，能够有效发挥财政资金“四两拨千斤”的功效，即能吸引更多的社会力量参与提供公共服务，充分发挥社会力量提供服务方式灵活、时效性强、竞争充分的优势，有效对接人民群众的多样化、个性化需求，促进多层次、多方式、多元化公共服务供给体系的构建；另一方面，通过引进第三方企业参与治理修复工作，充分发挥企业在管理能力、技术水平、资金实力、工作效率和科技创新能力等方面的优势，从而实现重金属污染耕地治理修复水平和效率的提高。

第四，有利于增强公众参与重金属污染耕地治理修复的意识。一方面，在重金属污染耕地第三方治理模式中，耕地承包权或使用权所有者是农户、大户、家庭农场、合作社等农业生产者。根据西方发达国家的经验，在公共服务供给中，公众参与有多种途径，可以单独参与，也可以通过企业参与。参与的形式分为决策参与、管理参与，其中管理参与又分为过程参与和评估参与。在这一系列过程中，政府职能发生了转变，让出部分权力到公众手中，更加注重公众的心声和建议，大大提高了社会公众广泛参与的积极性，越来越多的人参与到重金属污染耕地的治理修复中，有利于提高公众的耕地治理修复意识。另一方面，农业生产者作为耕地的承包人或直接使用者，在耕地保护中扮演着重要的角色，通过鼓励农业生产者参与监督治理、加强宣传教育，提高农业生产者对重金属污染耕地危害和治理修复的必要性、重要性的认识，提高农业生产者参与重金属污染耕地治理修复的主动性和积极性，从源头进行防范，以期农业生产者能在国家试点结束之后自觉进行污染耕地治理修复，确保污染耕地继续实现安全生产，从而实现重金属污染耕地治理修复的可持续性。

五、研究类型区及技术背景

（一）研究类型区

《土壤污染防治行动计划》要求实施农用地分类管理，保障农业生产环境安全，按污染程度将农用地划为 3 个类别，未污染和轻微污染的划为优先保护类，轻度和中度污染的划为安全利用类，重度污染的划为严格管控类。以耕地为重点，分别采取相应管理措施，保障农产品质量安全。安全利用类耕地集中的县（市、区）要结合当地主要作物品种和种植习惯，制定实施受污染耕地安全利用方案，采取农艺调控、替代种植等措施，降低农产品超标风险。加强对严格管控类耕地的用途管理，依法划定特定农产品禁止生产区域，严禁种植食用农产品；将严格管控类耕地纳入国家新一轮退耕还林还草实施范围，制定实施重度污染耕地种植结构调整或退耕还林还草计划。本书所研究第三方治理农用地类型区为采取农艺调控技术措施的轻度和中度污染的安全利用类耕地，严格管控类耕地由于采取种植结构调整或退耕还林还草措施，不纳入本研究区域。

（二）技术背景

农业农村部 2019 年 3 月 25 日发布《轻中度污染耕地安全利用与治理修复推荐技术名录（2019 年版）》（农办科〔2019〕14 号），推荐技术名录共 4 大类 11 项：农艺调控类技术有石灰调节、优化施肥、品种调整、水分调控、叶面调控、深翻耕 6 项技术，土壤改良类技术有原位钝化、定向调控 2 项技术，生物类技术有微生物修复、植物提取 2 项技术，综合治理技术为 VIP+*n* 技术。农艺调控类技术属于安全利用类措施，土壤改良类技术、生物类技术、综合治理技术属于治理修复类技术。

2014—2017 年在湖南省长株潭地区开展的重金属污染耕地修复治理和种植结构调整试点，在轻中度污染耕地治理修复中采用的是综合治理技术 VIP+n，近几年在全国重金属污染耕地开展治理修复也主要是采取综合治理技术 VIP+n，因此，本课题以 VIP+n 综合调控技术为技术背景研究重金属污染耕地第三方治理。

参考文献

[1] 陈潭. 第三方治理：理论范式与实践逻辑 [J]. 政治学研究，2017 (1)：90-98，128.

[2] 李翠英，毛寿龙. 论中国环境污染第三方治理的结构性障碍 [J]. 环境保护，2018，46 (23)：46-50.

[3] 许恒周. 耕地保护：农户、地方政府与中央政府的博弈分析 [J]. 经济体制改革，2011 (4)：65-68.

[4] 史小忆，朱道林. 浅议耕地保护过程中地方政府的“内部性”问题 [J]. 中国国土资源经济，2008 (4)：32-34.

[5] 吴鹏. 最高法院司法解释对生态修复制度的误解与矫正 [J]. 中国地质大学学报 (社会科学版)，2015，15 (4)：46-52.

[6] 黄杰生，李继志. 重金属污染耕地“第三方治理”模式的现实困境与破解：以长株潭地区为例 [J]. 经济地理，2020，40 (8)：179-184，211.

第四章　重金属污染耕地第三方治理国内外研究动态

一、第三方治理的由来

随着全球生态环境问题的日益凸显，各国在应对环境污染治理的实践方式上也进行了积极的探索。总体来看，主要涉及 3 种应对方式：以行政机关为主导的国家治理方式、以公众参与机制为主导的社会治理方式以及以供求关系调整为基础的市场调节方式。随着世界上各个国家市场经济的快速发展，依靠市场机制对资源节约、污染治理、环境保护等方面提供有效激励与约束已成为各国的主要选择。其中，环境污染第三方治理机制就是环境污染治理市场化的典型实践方式。该机制依靠市场主体追逐自身利益最大化的理念，在污染治理实践中引入第三方市场主体，由具体承担治理任务的中介机构或者单独市场主体集中技术力量和资金投入，建立污染治理经营性实体，向各排污主体提供专门性、有偿性污染治理及管理服务，由此可使得排污者的直接治理责任转化为间接的经济责任，最终实现污染治理行为的社会化、产业化，治理绩效最大化。

总体来看，环境污染第三方治理机制是《中华人民共和国环境保护法》“谁污染，谁治理”原则内容与实践创新性延伸的结果。理论上一般认为，环境污染治理费用理应由生态环境破坏者承担。但国内外学者对于此观点的认识达成一致却经历了一定过程。从国际层面看，相当长的时期内，依据诸多国家的立法规定，生产经营者虽产生环境污染与生态破坏行为，但若没有对特定主体的人身或财产造成直接损害，就无需承担任何法律责任。随着环境问题的日益凸显，各国政府用于环境治理的社会公共财政负担日益沉重，更加剧了“企业利用污染行为赚钱、政府用公共财政治理污染”的不公平社会现象。为了实现使环境污染治理成本内化的目标，1972 年经济合作与发展组织环境委员会首先提出了污染者负担原则，主张环境污染治理的费用及其行为的各种损失不应当由国家和社会分担，而应当由排污者自身承担。从国家层面看，我国环保立法实践中参照该原则的精神，在 1979 年颁布并执行的《中华人民共和国环境保护法（试行）》中首先规定了“谁污染，谁治理”原则。1989 年正式颁布并执行的《中华人民共和国环境保护法》第二十四条规定：产生环境污染和其他公害的单位，必须把环境保护纳入计划，建立环境保护责任制度；采取有效措施，防治在生产建设或其他活动中产生对环境的污染和危害。依据 2014 年新修订的《中华人民共和国环境保护法》第六条，企业事业单位和其他生产经营者应当防止、减少环境污染和生态破坏，对所造成的损害依法承担责任。由上述法律政策变迁的趋势可以窥得，我国对污染治理责任的种类和范畴日益扩大、明确，真正体现了污染者负担原则的理念[1]。

从实践层面看，“谁污染，谁治理”原则的确立有利于促进自然资源的合理利用，有效减轻环境损害。但随着市场发展规模的日益扩张以及与之伴生的污染排放的大幅度增长，单纯地完全要求和依靠排污者自身的环保设施的治污模式愈显乏力，这与市场经济运行要求之间的不一致性日益凸显，因为参与环境治理的市场主体往往是自主经营的企业，企业要承担盈亏的风险，且企业本身存在的目的就是追求利益最大化。首先，企业为了追求一定的经济利益，常常会忽视环境保护的责任，难以从高度站位角度立足自身建立长远的、系统化的有效自我约束机制；其次，由于企业经济实力、技术水平等因素的限制，让每个企业都通过自建污染处理措施来彻底、有效地解决自身排放出的污染物问题，不是一种合适高效的制度安排；再次，对污染者而言，污染治理是纯粹的投入，这就易导致污染治理中的敷衍了事、偷工减料问题；最后，还应看到，目前我国环境保护监管部门人力、财力有限，对污染者分散零碎的环保设施的运营状况也很难做到全面有效监管。因此，尽管我国立法中“谁污染，谁治理”原则早已确立，但经常见到不少企业怠于或者无力修建与其污染行为相匹配的治理设施，已建污染治理设施运行效率低下，追投资金严重缺乏，更有甚者，治污设施时停时开，与监管部门玩“猫和老鼠”的游戏，而监管部门也疲于应付，导致收效甚微。

综上所述，在传统的污染治理关系中引入第三方机构，实现污染治理的专业化、社会化是必然也是应然的选择。让生产企业仅关注公司的运营问题，把产生的污染物治理以付费的方式交与专业化更强的第三方污染治理公司来完成，有助于实现区域治污集约化目标，与此同时，把“谁污染，谁治理”原则中排污者的直接治理责任转化为间接的经济责任，不仅可提高污染治理的效率，还可以带动环保技术、环保基础设施建设等的提升与发展，并培育出新的经济增长点。这样一来，污染治理企业就有了广阔的市场，从而能够蓬勃发展，促使污染治理专门化、专业化并最终走向产业化。

随着党的十八大对于社会主义市场经济改革的进一步推进，我国环境保护与生态文明的市场化建设已被提上日程。2013 年 11 月，党的十八届三中全会通过的《中共中央关于全面深化改革若干重大问题的决定》首次提出了“环境污染第三方治理”这一概念，提出要“建立吸引社会资本投入生态环境保护的市场化机制，推行环境污染第三方治理”。这不仅是我国首次提出这一概念，也是世界上首次提出“推行环境污染第三方治理”。虽然欧、美、日等发达国家和地区早就在环境污染治理中引入第三方机构，但是从未明确提出“环境污染第三方治理”这一概念。因此，可以说这是我国环境污染防治工作中前所未有的理念与制度创新。

二、国外第三方治理的发展进程及研究动态

（一）国外第三方治理的发展进程

1. 美国第三方治理的发展进程

美国是最早推行环境污染第三方治理的国家。20 世纪 70 年代，环保主义的浪潮席

卷全球，以美国为代表的发达国家都纷纷开始重视环境保护。从1970年开始，美国的环保局与环境质量委员会的成立及《国家环境政策法》的出台刺激了美国环保产业的萌发[2]，不久后于1977年美国又通过了《清洁空气法》，该法律规定了排污权交易制度，鼓励公司参与市场买卖排污权。依据该法律，1979年美国制定了影响全球环保领域的环境污染控制政策，即“泡泡政策”，形成了有效控制区域污染物排放总量的排污权交易制度[3]；此外，在环境监测方面，美国采用市场化运作方式，形成了多层级环境监测体系。具体监测工作由国家环保局、环境分析实验室、社会团体、个人等共同参与，其拥有400多个环境监测点，基本由第三方商业机构投资运营。同时，借助环境公益诉讼机制，促进更多涉污企业选择专业化的第三方治理方案，从而有效降低了由于损害环境所带来的公民诉讼。为给环境污染第三方治理提供组织保障，美国成立了相关推进机构，包括从联邦政府到各州的环境保护机构以及环境服务委员会，后者负责监督、管理环境保护机构和第三方治理机构。为激励环境污染第三方治理企业加快技术创新，美国政府出台了研究基金、优惠贷款、专项补贴等多种形式的扶持政策[4-6]。

美国早期的环保产业是在城市供水、污水处理、市政卫生等领域发展起来的，后来，美国的环保产业逐渐升级，并从最初专注于从事大型公共环境项目建设转而向私有行业提供专业化的环境产品与服务，这也意味着排污者与专业污染治理者间的第三方治理模式开始萌芽，并且成为美国环保产业发展的一大趋势。美国通过采用第三方治理的方式解决了大量的地下储油罐泄漏导致的污染问题。从1976年开始，美国逐渐重视并加强对于地下储存罐污染的治理，颁布了《资源保护与恢复法》，授权环保局对地下储存罐的污染工作进行清理。由于种种原因，美国采取了多种措施且花费了大量的经费，但储存罐污染问题仍收效甚微，而第三方环境治理方式为环境治理开拓了新思路，美国采取新治理模式以后，储存罐污染问题受到社会关注并且取得了较好的治理效果[7-8]。美国对环保法律的实施及监管非常重视，因此制定了一系列非常严格的环境标准和法规，也正因美国在开始时奉行以严格的环境立法和执法来推行环境保护工作，从而极大促进了环境污染第三方治理产业的发展壮大，使美国的环境污染状况得到了有效控制，环境质量得到了明显改善和提高。到了20世纪90年代，美国本土的环境治理市场需求开始减少，其环境服务产业也开始拓展海外市场[9]。

2. 日本第三方治理的发展进程

20世纪50年代，日本正处于经济快速发展阶段，由于日本当时不重视环境保护，因此在很长一段时间内被环境污染所困扰，例如受世界广泛关注的“水俣病”事件就反映出了日本当时环境污染状况的严重程度。为了解决环境污染的问题，从20世纪60年代起，日本就开始制定一系列的法律法规，例如1962年颁行的《烟尘排放规制法》、1967年颁行的《公害对策基本法》以及1968年颁行的《大气污染防治法》和《噪声规制法》等，日本严格细致的法律法规构建起了全方位的环保法律体系，为环境污染第三方治理模式的实施提供了强劲有力的法律保障。而从1970年开始，日本开始以治理环境污染和公害为起点，开展了政府、企业等社会广泛参与的全社会性防治污染、循环利用、节能减排等环境保护行动，取得了令人瞩目的成效。在此期间，日本的环境污染第三方治理不仅发展迅速而且对其环保事业的进步起到了很大促进作用。

例如，日本的废物专业处理企业要获得市长和当地知事的认可才能从事废物处理行业。并且，如果废物产生主体是企业，可以自行依法处理废物或委托专业的环保服务企业进行处理；如果废物产生主体是居民或其他一般主体，则可以由当地政府按公共服务的方式将这些废物集中委托给专业环保服务企业进行处理。在此期间，生活废物需要居民亲自进行分类归纳后统一运送到废物处理企业进行下一步操作。一些民间环保协会还可以负责管理相关的废物处理业务的招标、协调等工作。可以看出，日本的环境污染治理事业的发展是全社会共同参与和努力的结果，这对我国的环境污染第三方治理法律规制的完善有很好的参考与借鉴意义[10]。

3. 德国第三方治理的发展进程

除美国和日本外，以德国、英国、法国等为代表的欧洲国家，在环境污染第三方治理方面也进行了许多积极探索。

德国是世界上最早开始重视环境污染问题的国家之一，它的环境保护事业起步较早，环境保护法律制度也非常完善。20 世纪 60 年代末，由于德国国内环境污染的情形日益严峻，政府就污染控制和治理等问题制定了《废弃物处置法》《联邦水管理法》《大气污染控制法》等一系列的环保法规。此后，德国的环境保护法律制度飞速发展，更是接连出台了《能源节约法》《废水纳税法》等环保法律法规，并注重采用经济手段来促进环保事业的发展。

德国关于环境污染第三方治理法律法规建设的发展离不开德国早期环境法律体系的建立和发展。欧盟成员国之间在环境污染治理问题上缔结了严格的环境标准和环保法律法规，与其他欧盟国家一样，德国的环境污染第三方治理也是在此基础上发展起来的。在健全的、可操作性强的环保法律法规及政府的大力投入的前提下，再加上德国本身高水平环保科技的支撑，它的第三方治理行业得到迅猛发展。此外，德国的发展循环经济也是它在环境污染第三方治理法律建设方面的一大特色。德国 1994 年颁行的《循环经济与废物清除法》明确提出："要在德国发展循环经济，促进废物的循环利用和安全清除，最终实现保护自然资源不被浪费和破坏的目的。"该法律的实施让德国的环保事业更加注重从源头上对环境污染进行控制，而不再是被动地在污染产生后再进行治理，并且要求企业、个人和其他组织在从事经济活动时不仅对自身所造成的污染依法进行处理和控制，更要努力在生产时就做到对资源的循环利用和减少废物、污染物的产生，进而形成资源闭合循环和废物再利用的循环经济发展模式[11]。德国大力发展循环经济表面上看似乎是减少了排污者的污染治理需求，不利于环境污染第三方治理的发展，实际上是推动了第三方治理进行产业升级和改造。这也意味着环境污染第三方治理不仅要对排污者产生的污染进行专业化治理，还可以帮助排污企业提供环境服务与建议从而提升该企业对资源的利用率和对产生废物的再利用水平，甚至可以通过自身对废物的回收和利用创造新的经济效益，最终实现环境污染第三方治理产业向着高、精、尖的方向发展的目标[2]。

目前，德国已拥有世界上最完备、最详细的环境保护法律体系，其联邦及各州的环境法律、法规约达8 000部，还实施了约 400 个欧盟的相关法规[12]。

4. 英国第三方治理的发展进程

英国在比较早的时候就陆续制定了一系列单行的环境立法，比如英国 1833 年就颁行了《水质污染法》，以及《制碱业管理法》（1863 年）、《保护野生动物的法令》（1869 年）、《净化大气法》（1956 年）等。1974 年制定了《污染控制法》[13]。

以英国的水务行业的治理为例：英国政府从 20 世纪 60 至 80 年代开始对水务行业进行改革重组；于 1989 年正式开展水务行业第三方治理市场化改革运动，并逐步建立了责任清晰、多主体参与的市场化运作模式；1995 年，英国政府启动出售水务公司股份程序，以最大程度实现水务公司民营化和市场化。通过一系列重组与改革，目前，英国水务治理模式已形成由政府部门、公共管理机构、私有水务公司分别负责宏观引导、监管、市场化运作和社会团体全程参与的一体化运行模式。同年，英国的水务行业市场化改革后取得了良好的效果，过去一年中水务公司的供水水质在 289 万次检验中达标率高达 99.88%，反映出环境质量得到了极大改善[14]。

5. 法国第三方治理的发展进程

法国在环境污染第三方治理方面较为成功，得益于当时的法国政府及当时的立法制度。法国的第三方治理最初是针对水环境污染问题的治理，在市场化治理开始之初，法国政府就意识到顶层立法对水务治理实行市场化运营的重要性，这使法国在水务治理方面的相关法律法规非常完备，比如按照用水的不同用途和性质对水费收取方式进行了细致划分，如规定工农业废水费用的收取方法以废水的排放量及污染程度确定，如达到排放标准则不需付费；家庭用水水费则在水量计费的基础上增加了污水治理费、水资源保护费等与环保有关的类目，而该部分资金会全部用于水污染治理。此外，各级政府还负责相关政策制定及监督、项目立项、水价制定、确定委托企业及水质监测等。

在 1982 年《分权法案》和 1992 年《水法》颁布后，法国正式在水务行业推广委托经营模式，吸引私人资本进入水务行业。该模式是在保持环境设施产权公有的前提下，通过委托经营合同引入私营公司的参与。经过整合，形成了以苏伊士、威立雅和萨尔三家私营水务公司为主的治理格局，承担了全国约 80% 的供水及污水处理业务。其中，苏伊士和威立雅集团还是位居全球财富 500 强的专业环境服务企业[14]。

（二）国外第三方治理研究动态

国外对第三方治理的研究开展较早，进行了大量且深入的研究，取得了丰硕的研究成果。

1. 第三方治理模式类型研究

（1）企业第三方治理模式

生活污水治理领域是日本环境污染第三方治理推广落地最快的领域之一。2002 年随着日本第 7 个生活污水处理设施集中建设五年规划的结束，持续了 30 余年的日本大规模污水处理设施建设进入尾声。行业重点逐步转入已建设施的运营管理及提标改造。近年来，日本政府部门直接管理模式的问题日益突出，第三方治理得到较快发展。日本污水治理领域环境污染第三方治理的业务模式大致有直营、单向委托服务、整体打包委托服务、DBO 模式（设计—建设—运营模式）、PFI 模式（设计—建设—运维一体化企业筹措模式）、特许经营模式等。在日本约2 200座生活污水处理设施中，引入第三方企业开展整体打包服务的设施已超过 400 座，包括污泥处理领域在内的 PFI/DBO 项目已超过 30 项，其中污水处理设施的特许经营模式为近年来新的尝试[15]。

在 20 世纪 90 年代末期，日本生活垃圾处理领域的设施集中建设期基本结束，进入以设施运营为主的阶段，与污水处理领域一样，整体打包委托运营模式得到了较快的推广与应用。此外，随着 2000 年日本的《二噁英类对策特别措施法》的实施，已投运设施的升级改造以及部分新设施的建设需求持续释放。专业企业参与的 BOT（建设—经营—转让模式）、BTO（建设—移交—运营模式）、DBO 等模式下的新项目数量逐年增加，尤其是 DBO 模式，以 2002 年“北海道西胆振地区废弃物广域处理设施建设项目”为开端，近年来陆续在数十个新建项目中得到应用[16]。

（2）园区污水处理第三方治理模式

日本的工业园区规模大多相对较小，但园区数量众多。现阶段仍多以政府部门协调成立的“园区协同组合”（类似于园区管委会）负责园区的综合管理。近年来，园区集中式污水处理设施建设与运营、园区环境监测等领域的第三方服务得到初步发展，在部分园区陆续出现了集中式污水处理设施的第三方托管运营等业务模式的应用[16]。

2. 第三方治理模式特点

（1）美国环境污染第三方治理发展的特点

①美国环境污染第三方治理的法律法规以严格的环保法律体系为基础。

严格的环保法律法规和环境标准既可以对环境污染第三方治理的运行提供具体的法律依据和支持，指导各方主体能够有序地进行污染治理活动，也可以对违反相关法律法规的政府、企业、社会团体和个人进行处罚，让参与环境污染第三方治理的主体能够主动地遵守法律规定[2]。

②特别重视公众参与。

美国在环境污染第三方治理法律规制的建设和发展方面特别重视公众参与，且国民的环保意识极强，拥有浓厚的环保社会氛围。

③重视法律法规的执行与监管。

美国不仅具备完善的环保法律体系，有严格的环境标准，同样也重视对这些规定和标准的具体执行与监管，将环保法律法规的执行与监管责任落实到政府、企业、个人及其他组织的身上，通过动员全社会的力量来推动环保事业前进。

（2）日本环境污染治理发展的特点

①2000 年以前，环境污染治理以垂直式的直接治理模式较为普遍。

日本从 20 世纪 60 年代开始，全面开展环境污染治理相关工作，经过 20 世纪 70 年代的集中工业污染治理、八九十年代的环境公用设施集中建设与升级，至 21 世纪初，日本已经形成了相对健全的环境治理管理体系，环境质量得到全面改善。在此过程中日本结合自身发展实际，形成了具有自身特点的治理模式。其中，垂直式的直接治理方式较为普遍，环境污染第三方治理并未得到广泛应用。如在以生活污水、生活垃圾为代表的环境公用设施领域，多以政府部门直接出资建设，设立专门机构负责设施的运营管理；在工业污染治理领域，大部分排污企业尤其是大型生产型企业都成立了专门的环保部门，直接负责本企业的环保设施的运营管理。

②2000 年以后，环境污染第三方治理得到快速推进。

进入 21 世纪后，日本开始积极推进环境污染第三方治理相关模式的应用与推广，尽管日本并未提出明确的环境污染第三方治理概念，但相关工作在近年来得到切实推进与发展。尤其是在环境公用设施领域，在相关政策以及配套措施的促进下，城乡生活污水治理、生活垃圾焚烧处理领域的环境污染第三方治理相关工作得到快速推进。此外，在工业废物、危险废物的处理处置以及回收利用、工业废水处理等领域，环境污染第三方治理模式的应用也得到加速推广。

3. 第三方治理经验

（1）美国环境污染第三方治理经验

①明确的法律责任主体。

美国的《超级基金法》对环境污染的责任承担者做了相关规定，规定了潜在的责任负担的主体，主要有设施的所有者和运营者、污染治理设施在工作期间的所有者和运营者、通过签订合同或者协议以及其他方式处理环境污染的第三方、特殊污染处置场所的所有者或运营者。根据上述法律规定以及美国的相关司法判例来看，这些责任主体有：污染场地现在的所有者、场地被污染时的所有者；废物处理设施原有的所有者或营运者；产生废物的工业活动操控者；废物运输者和废物商人；参与有害物质处理或有关管理决策的公司官员。这些详细的规定基本上明确了所有的责任承担主体，这样一旦出现了问题，能保证有相关的责任人承担责任[17]。

②明确的归责原则。

依照美国相关法律规定和司法判例的实践，确定相关责任人的责任承担原则有严格责任、连带责任和回溯责任。所谓严格责任，是指如果企业造成了环境污染，不去考虑污染者主观意图如何，必须承担相应的环境责任的一种归责原则；连带责任，是指排污企业和污染治理企业承担连带责任，当出现环境污染的时候，如果存在两个及以上的责任主体，他们承担责任的时候是不分比例和先后顺序的；回溯责任，是指如果某个地方被专业机构确定为污染地块，而且有必要追究有关人员的责任，这个地块现在及以前的拥有者和使用者、污染物质的制造排出者等，无论经过多长时间这些污染损害被发现，也不管当前是否还从事相关行业，都要承担相应的责任[4]。

通过上述近乎苛刻的责任承担原则，可以对涉及的企业给予警示作用，还保证了被污染的环境能够得到及时有效的治理以及充足的污染治理费用，有效地保护了环境。

③详细的污染治理服务合同内容。

美国政府与第三方环境服务企业签订环境治理服务合同，并通过考核环境治理绩效的方式给付相应的报酬。在环境服务绩效合同中，通过完善合同内容，增强合同的可执行性，而获得高标准的环境服务的目的，主要包括明确污染治理服务需达到的目标、环境治理效果的评价方式、环境治理效果的评价标准以及完善激励机制等。

④恰当招投标方式的选择。

美国政府根据治污的种类及治污所要达到的标准向社会公众公布招标信息，凡是符合资质条件的专业治污企业均可以向政府部门投标，治污企业需要制定投标书，并具体介绍自己资质、治理方式、时间进度以及成本报价等参数，政府部门根据第三方企业提供的投标情况最终选定治污企业。治污企业选定以后，其还需向政府部门提供更为详细的治污计划。

⑤政府要承担治理监督的重要一环。

政府与治污企业签订环境服务合同，约定具体的验收及付款节点。在合同的履行过程中，当到达验收时点时，由政府部门或者专门的验收机构对治污效果进行验收，对于验收合格的部分，政府应当按照合同的约定支付治污款项。明确的治污时间以及治污效果，控制治污进度并完成验收任务被认为是美国环境污染第三方治理绩效模式取得成功的关键。

（2）日本环境污染第三方治理经验

①明确的主体责任。

日本对于污染者责任在法律层面有清晰的界定。1993 年颁布实施的《环境基本法》对排污者责任进行了进一步明确，“排污者责任原则”成为实施环境政策的基本原则之一。对第三方委托服务的开展，相关法律也有明确规定，如作为日本固废处理基本法的《废物的处理及清扫相关法律》中对于废物委托第三方处理时污染者在合规第三方选择、过程监督、最终处置监督等环节的责任有明确规定，如污染者方未尽到相关义务将受到相应处罚。

②健全的实施保障机制。

日本已经形成了相对健全的环境管理体系，各相关主体在环境污染治理中的权责明确，资金保障机制较健全。在环境公用设施领域，“受益者付费”相关制度明确，包括农村地区在内的污染物处理费征收体系完善、运行有效；在工业污染治理领域，污染排放企业环保意识普遍较高，“污染者付费”是普遍共识，污染治理的费用成本较清晰。这为环境污染第三方治理模式的落地与推广提供了有效保障。

③高效的资源配置。

已经走过了集中污染治理阶段的日本在近年来开始大力推进环境污染第三方治理，主要推动力来自其所面临的新的治理问题与治理需求。以环境污染治理设施运营与提质增效为主要业务领域的第三方治理是其发展方向。同时大量优秀的环保专业企业为相关模式推广提供了有力支撑，实现了需求导向、市场导向的高效资源配置。

④有效的促进机制。

在环境公用设施领域，以污水处理领域为例，日本政府在相关领域陆续出台了详细的管理办法与操作规程。在 PFI/PPP/特许经营项目实施方面，日本政府对于开展相关业务的地方政府在前期基础调查、规划制定等领域提供技术指导和资金支持；对于开展相关业务的企业，日本政策投资银行会遵照既定标准给予无息或低息贷款支持。以固废处理领域为例，日本政府建立了第三方专业企业信息平台、评价推荐体系，并出台了专项扶持政策。在信息平台建设领域，由日本环境省主导，各地方建设了“产业废物处理企业信息检索系统”，便于排污企业与本区域拥有相应资质的废物处理专业企业开展业务对接。在扶持政策方面，各地方先后设立了如“产业废物回收利用设施整备费用补贴”“产业废弃物处理设施计量器事业费用补助”等针对开展工业废物处理处置及资源回收利用企业的专项支持项目[16]。

⑤环保技术研发与应用的推进。

到20世纪90年代为止，日本针对环保领域设立了涵盖大气污染治理、污水处理再生利用等多项政府研究专项资金，以促进环保技术的研发与普及。近年来，日本政府对环保领域的支持多为对企业及相关研发机构的重点技术研发与产业化的间接支持。

三、我国环境污染第三方治理兴起及发展过程

（一）我国环境污染第三方治理发展的4个阶段

我国环境污染第三方治理发展总体上可以分为萌芽起步、探索发展、逐步深化和当前与规划4个阶段。

1. 萌芽起步阶段

自从1979年《中华人民共和国环境保护法（试行）》颁布以来，环境污染治理从最初的“谁污染，谁治理”原则逐步演化至“谁污染，谁付费”“污染者负担”原则，基于这一原则确立了环境污染第三方治理制度，这是我国环境管理中最为重要的发展之一。从20世纪70年代到20世纪90年代初，我国环境污染防治尤其是工业污染一直走的是“谁污染，谁治理”的分散治污之路。直到1993年第二次全国工业污染防治工作会议提出“三个转变”策略，工业污染防治才开始从分散治理向集中治理转变，工业污染第三方治理的契机由此逐步显现[18]。

20世纪90年代，我国正处于社会主义发展初级阶段，其“人民日益增长的物质文化需要同落后的社会生产之间的矛盾”加剧了我国对经济发展的依赖与渴望。因此，为了经济发展需要，我国经济在相当长的一段时间内保持着粗放增长的模式，尤其是东部沿海一些工业化发展进程较快的省份城市产污排污更为剧烈，对全国生态环境造成了不小的损害。面对高速发展的工业企业化进程，结合政府职能转变改革的关键节点，一些大型的工业企业，因自身治污成本高、要求严，加之治理流程上的一些技术限制，导致他们将目光放在了环境污染第三方治理的渠道上。21世纪初期，环境污染第三方治理模式在我国萌芽起步，各级政府组织开始将环境治理向市场分权，环境污染治理迎来全新突破[19-20]。

2. 探索发展阶段

进入21世纪以来，推行市政公用事业市场化，特别是“十一五”以来，节能减排作为约束性指标，国家采取一系列措施，加大环境治理力度，带动了环境服务业的快速发展，也培育了一大批规模化的环保公司，技术和管理水平不断提升，业务范围逐渐向工业污染治理领域扩展，环境污染第三方治理条件日臻成熟。并且由于生态保护迫在眉睫，第三方治理模式作为一种治污运作新模式，由上至下都被给予了一定的政策支持及法律肯定。

2015 年 1 月，国务院正式颁布《国务院办公厅关于推行环境污染第三方治理的意见》，这意味着酝酿已久的环境第三方治理从国家层面正式破冰。随着市场化机制的引入，第三方治理逐步得到了国家层面的认可，当时第三方治理作为我国的一个新兴事物，在工业固废治理领域尚处于起步阶段，还有很长的路要走。工业污染的种类繁多，尤其是工业固体废弃物，包括一般工业固废和危险固废两种。一般工业固废有废渣、工业粉尘等，危险固废有有毒有害放射性废物、易燃易爆废物等，这些工业固废，轻则对环境造成污染，重则严重危及人体生命健康[8]。

环境污染第三方治理在市场经济机制下，排污企业委托第三方治理企业进行专业化治污。第三方治理作为一个新兴事物，要让排污企业接受“谁污染，谁付费，专业化治理”还需要一个过程。在我国还没有正式出台关于环境污染第三方治理的相关法律法规之前，就出现一些勇于尝试的企业，如上海天成环保、上海申欣环保等，但这些第三方环保服务企业主要集中于北上广一线城市，企业分布零星且数量不多。然而我国当时面临的环境污染问题已由改革开放前的点模式逐步转变为面模式，而且呈现出不断扩大和蔓延的趋势。在这种局面下，现有的第三方环保服务企业完全不足以去支撑第三方治理产业的发展，因此，鼓励投资设立更多新兴第三方环保服务企业在当时是我国的重要一环。

总而言之，我国环境污染第三方治理正处于探索阶段，其中，大气污染防控领域的脱硫脱硝第三方治理、水污染第三方治理发展快速，而工业固废第三方治理进展缓慢。以脱硫脱硝为例，截至 2013 年底，已签订火电厂烟气脱硫特许经营合同的机组容量 9 420.5万千瓦，其中，8 691.5万千瓦机组已按照特许经营模式运营。该阶段我国企业污染治理社会化运营的比例总体偏低，还不足 5%[1]。表 4-1 是我国 2001—2015 年一些重点工业区实施环境污染第三方治理情况，可以看出，2010 年以前的第三方治理多处于探索摸索阶段，2010 年以后的第三方治理逐步得到国家法律法规的保障，业务范围逐渐向二三线城市拓展。

表 4-1　我国典型重点工业区实施环境污染第三方治理情况

年份	分类	地区	实施内容
2001	工业集聚区污染治理	上海化学工业区	上海化学工业区发展有限公司、上海化学工业区投资实业有限公司和法国苏伊士集团下属香港中法水务共同投资建立上海化学工业区中法水务发展有限公司，集中处理园区各企业达标排放后纳管的废水
2007		天津开发区	与第三方环保企业威立雅合作，改制合资开发区污水处理厂，成立天津泰达威立雅水务有限公司负责污水治理
2007		浙江省松阳工业园区	园区与杭州中奇环境公司签订协议，将不锈钢酸洗废水集中处理中心委托其运营，解决工业区块不锈钢拉管企业的污水处理问题
2010		重庆长寿化工园区	苏伊士集团重庆中法水务投资有限公司与重庆长寿化工园区共同组建重庆化工园区中法水务投资有限公司，专营长寿化工园区水处理

（续表）

年份	分类	地区	实施内容
2011	工业集聚区污染治理	苏州工业园区	中法环境技术有限公司在苏州工业园区建成并运营江苏首个污泥干化处置项目
2014		青海格尔木工业园	青岛新天地固体废物综合处置有限公司在格尔木注册成立新公司运营格尔木工业固废处置中心废渣处理项目
2006	重点行业企业污染治理	北京	燕山石化和威立雅公司合作成立了北京燕山威立雅水务有限责任公司，负责运营北京燕山石化基地的工业污水回收、处理和再循环利用设施
2009		河北	河北省政府采取“财政出资、环保委托、社会运营”的管理模式，对全省 24 家 30 万千瓦以上电力企业 83 台（套）自动监控脱硫设施装机实施第三方运营
2011		陕西	国电清新承建神华神东电力公司电塔电厂改建 2×660 兆瓦工程烟气脱硫 BOT 项目
2012		山西	聚力环保集团在山西省投资兴建首家“超市型”环保产业园区，实现污染治理项目“一条龙”服务
2015		山西	北京清新环境技术股份有限公司承建武乡西山发电 2×600 兆瓦机组烟气超低排放改造 BOT 项目
2003	环境公用设施建设领域	安徽合肥	合肥市政府与柏林水务集团共建王小郢污水处置 TOT 项目
2003		广东惠州	惠州市和加拿大瑞威环保公司签约，由瑞威环保公司独自经营 8×100 吨/天的垃圾焚烧发电厂
2009		辽宁大连	大连市政府与天津泰达环境有限公司和中国恩菲工程技术有限公司联合体共建大连市城市中心区生活垃圾焚烧处理 BOT 项目
2011		浙江宁波	宁波市政府采取“政府购买服务、第三方治理”模式，在主要景观河道、一般河道、城中村河道等 3 类 9 条河道上开展水质长效提升试点
2011		湖南长沙	长沙市政府与湖南联合餐厨垃圾处理有限公司共建长沙市餐厨垃圾资源化利用和无害化处理特许经营项目
2014		江西丰城	丰城市政府与东江环保股份有限公司合作，东江环保通过特许经营权承担全江西省工业、社会危险废物的集中处理处置

3. 逐步深化阶段

根据党中央、国务院的政策指引，在“十三五”（2016—2020 年）时期，以环境公用设施、工业集聚区、重污染行业企业等重点领域为主要突破口，加强试点示范，发挥国有企业引领带头作用，增强以点带面推广力度；环境污染第三方治理服务范围进一步扩大，由现有的脱硫脱硝、市政建设治理领域逐步扩大至废水、废气、固废等环境污染治理领域；社会资本更加活跃，资本规模进一步扩大；形成了污染有效治理、产业健康发展的可复制、可推广的制度经验，第三方治理相关法规政策进一步完善；高效、优质、可持续的环境公共服务市场化供给体系基本形成，涌现出一批技术水平高、经营效益好、市场竞争力强的环境服务和污染治理企业。

在党的十八大以后，国务院印发了相关推行意见，正式从国家顶层设计方面对此项污染治理新模式的推行进行了规范和指导。随后，各省级政府也先后颁布了各省的指导意见。根据国家和地方总体目标设定，在2020年前后，在部分行业和领域要初步形成一批可复制可推广的经验，为实现这一目标，各地方推行第三方治理实践进入了快速发展阶段，目前在城市污水治理、耕地重金属污染治理修复等诸多领域和行业，环境污染第三方治理已初具规模。

4. 当前与规划阶段

环境污染第三方治理制度的适用领域较为广泛，但从目前的实践来看，应用最典型、效果最好的主要还是电厂脱硫脱硝治理、工业废水治理和产业园区环境治理等传统领域[21]。从我国某些试点地区实施效果来看，环境污染第三方治理有利于引进社会资本、缓解电力企业环保设施建设资金压力；有利于发挥环境服务公司的专业优势、促进环保服务业持续健康发展。总体来看，环境污染第三方治理制度在部分领域已基本形成了治理路径，但也仅限于“基本形成”，目前我国工业污染治理设施的社会化运营只有5%左右[22]。工业环境污染治理领域存在一定的问题，如治污的第三方的参与程度较小，工作更倾向于提供工程技术服务、设备、设计方案等外围性工作，而污染治理的实际负责者往往仍是排污者。总之，我国第三方治理制度尚不完善，法律法规和制度构建还需进一步补充修订。

在“十四五”（2021—2025年）时期，第三方治理在全国治污领域、重点行业、中小企业中全面推开，第三方治理服务体系全面形成，第三方治理业态和模式趋于完善。公众参与机制和社会共治体系逐步健全，完善的环境公益诉讼机制和社会化的环境监测机制基本形成，一批社会威望高、技术水平好的第三方治理机构、行业协会规范运行，建立行规行约和自我约束机制，加强行业内部监督、能力评估和等级评定等工作，提高行业整体素质。形成排污者负责、第三方治理、政府监管、社会监督的全民共治局面，排污者和第三方治理企业通过经济合同相互制约，使市场运行机制有效运行，环境污染治理水平大幅提升，环保服务业强健发展，环境保护与经济发展形成良性互动[23]。

（二）政策制定与出台情况

1. 国家层面

1979年《中华人民共和国环境保护法（试行）》颁行，环境污染治理承担从最初的“谁污染，谁治理”原则逐步演化至“谁污染，谁付费”“污染者负担”原则，基于这一原则确立了环境污染第三方治理制度，这是我国环境管理中最为重要的发展之一。

2002 年 12 月，住建部出台了《关于加快市政公用行业市场化进程的意见》，提出建立政府特许经营制度，推进市政公用行业市场化进程。

2004 年 11 月，国家环保总局出台了《环境污染治理设施运营资质许可管理办法》，对环境污染治理设施运营活动实行运营资质许可制度。

2005 年 12 月，国务院出台了《关于落实科学发展观加强环境保护的决定》，鼓励排污单位委托专业化公司承担污染治理或设施运营。

2007 年 6 月，国务院出台了《关于印发节能减排综合性工作方案的通知》，提出了推进污染治理市场化的政策措施，鼓励排污单位委托专业化公司承担污染治理或设施运营。

2007 年 7 月，国家发展改革委和环保总局联合颁行了《关于开展火电厂烟气脱硫特许经营试点工作的通知》，提出以企业为主体，以污染治理市场化机制为手段，促进提高烟气脱硫设施建设质量，加快烟气脱硫技术进步。

2007 年 11 月，国家环保总局颁行了《关于加强环境污染治理设施运营管理工作的通知》，提出推动环境污染治理设施的社会化、市场化和专业化运营。

2012 年 5 月，环保部又颁行了《关于加强化工园区环境保护工作的意见》，提出鼓励园区委托有资质的单位对环境污染治理设施进行运营管理。

2012 年 12 月，环保部、国家发展改革委和财政部联合颁布了《重点区域大气污染防治“十二五”规划》，探索在脱硫、脱硝、除尘、挥发性有机物治理等方面开展治理设施的社会化运营。同年，为规范环保服务业试点工作，国家相关部门制定了《环保服务业试点工作方案》，此方案明确了试点申请、试点管理等事项要求，划定了环保服务业的试点关键地区，并要求以总结报告形式对试点地区的污染防治、污染检测、环境监测、保险运行等实施效果开展评估，有效推进了环境污染第三方治理发展进程。

2013 年 7 月，国务院召开了常务会议，提出政府可通过委托、承包以及采购等方式购买公共服务。

2013 年 9 月，国务院出台了《国务院关于印发大气污染防治行动计划的通知》，该通知本着“谁污染、谁负责，多排放、多负担，节能减排得收益、获补偿”的原则，推行激励与约束并举的节能减排新机制。

近年来，由于看到了第三方治理对生态保护的积极效应，中共中央、国务院也相继制定了一系列法律法规，深化扶持环境污染第三方治理企业在试点建立、市场准入、规模建设、技术改造、资金帮扶等方面的发展建设。且随着社会的进步与时代的发展，旧的环境保护法已无法满足某些特定需要。

2013 年 11 月，中国共产党第十八届中央委员会第三次全体会议通过的《中共中央关于全面深化改革若干重大问题的决定》（以下简称《决定》）对“加快生态文明制度建设”作了系统规定，《决定》提出的“推行环境污染第三方治理”是在环境污染治理上前所未有的理念创新，是这一理念的首次提出。同年，国务院印发了《大气污染防治行动计划》。

2014 年 4 月，十二届全国人大常委会第八次会议表决通过了修订后的《中华人民共和国环境保护法》，提出的“损害担责”原则为环境污染第三方治理提供了法律依据，环境代执行制度已初具环境污染第三方治理制度的雏形。同年，环保部对《环境污染治理设施运营资质许可管理办法》予以废止。这意味着对环境污染第三方治理企业开办了“绿色通道”，治理企业事先不再需要预获经营资质便可开展相关治污事项，大大降低了第三方治理企业的准入标准，第三方治理发展的契机逐步显现。同年 12 月，《国务院办公厅关于推行环境污染第三方治理的意见》是我国对环境污染第三方治理进行较为全面系统规定的第一部正式性法律文件。该文件不仅对第三方治理体制的含义与总体要求进行了明确规定，为省、自治区、直辖市的具体实施提供了宏观指导；对完善第三方治理机制、规范第三方治理市场和助推环境公用设施投资运营市场化进行了具体规划；也为第三方治理制度的具体实施操作提供了政策性的支持和引导。

2015 年 1 月，国务院办公厅审批通过了《国务院办公厅关于推行环境污染第三方治理的意见》，意见指出要以环境公用设施、工业园区等领域为重点，以市场化、专业化、产业化为导向，营造有利的市场和政策环境，改进政府管理和服务，健全第三方治理市场。

2015 年 4 月，国务院审议通过了《中共中央　国务院关于加快推进生态文明建设的意见》，提出要推行市场化机制，积极推进环境污染第三方治理，引入社会力量投入环境污染治理。

2015 年 4 月，我国通过了《水污染防治行动计划》，提出要充分发挥市场机制作用，采取环境绩效合同服务、授予开发经营权益等方式，鼓励社会资本加大水环境保护投入。并且于同年 12 月在《关于在燃煤电厂推行环境污染第三方治理的指导意见》中明确提出以污染治理“市场化、专业化、产业化”为导向，吸引和扩大社会资本投入环境污染治理，创新燃煤电厂第三方治理体制机制。该文件是中央层面在第三方治理领域推行的具体实施方案，随后各个省份相继颁布符合自身特点的法律政策，将中央原则性的规定进行了具体的倡导。

2016 年，相关部门印发了《土壤污染防治行动计划》。该行动计划明确了优化生态环境的具体指标与要求，带动了环境服务业的快速发展，诸多第三方治理企业依照计划内容加大对市场的融入力度，不断提升规模建设力度和技术管理水平，规模化逐步凸显，企业环境污染第三方治理条件日臻成熟。

此后，第三方治理在理论和实践研究上进入快速发展期，政治、环保、法律、经济等各界学者开展了什么是环境污染第三方治理，如何推行第三方治理以及如何划分第三方治理中各方法律责任和义务等研究，并对全国部分地区的推行实践进行了介绍，总结经验、查找问题，并探索解决的方向，从而促进第三方治理的进一步推广和发展。

2. 地方层面

2014 年 10 月，上海市人民政府发布了《上海市人民政府关于加快推进本市环境污染第三方治理工作的指导意见》，意见提出要在以下领域逐步开展第三方治理：脱硫脱硝除尘、重金属污染治理、挥发性有机物治理、餐饮油烟气治理等。

2015 年 4 月，安徽省人民政府发布了《安徽省人民政府办公厅关于推行环境污染第三方治理的实施意见》，意见提出要在以下领域逐步开展第三方治理：城镇污染场地治理、区域性环境整治、环境监测服务；火电、钢铁、水泥、石化、化工、有色金属冶炼等高污染行业；造纸、电镀、印染、水泥、制革等重点污染企业。

2015 年 5 月，吉林省人民政府发布了《吉林省人民政府办公厅关于推行环境污染第三方治理的实施意见》，意见提出要在以下领域逐步开展第三方治理：城市（工业园区）污水、垃圾处理设施、城镇污染场地治理和区域性环境整治；工业园区、电力、钢铁等行业和中小企业。

2015 年 5 月，山西省人民政府发布了《山西省推行环境污染第三方治理实施方案》，意见提出要在以下领域逐步开展第三方治理：城市污水、垃圾处理等环境公用设施；工业园区、电力、钢铁、煤炭、焦化等领域；脱硫脱硝除尘、污水处理、有机废气治理、固废处理、污染源自动连续监测等。

2015 年 5 月，河北省人民政府发布了《河北省人民政府办公厅关于推行环境污染第三方治理的实施意见》，意见提出要在以下领域逐步开展第三方治理：城镇污水处理、垃圾资源化处理、集中供热等环境公共服务；工业园区集中治污；钢铁、水泥等重点行业深度治理；农村环境整治。

2015 年 7 月，陕西省发布了《陕西省加快推进环境污染第三方治理实施方案》，意见提出要在以下领域逐步开展第三方治理：城市污水、生活垃圾处理设施、区域性环境整治、生态环境修复，以及城镇污染场地治理；电力、钢铁等行业和中小企业。

2015 年 9 月，黑龙江省人民政府发布了《黑龙江省人民政府办公厅关于推行环境污染第三方治理的实施意见》，意见提出要在以下领域逐步开展第三方治理：环境公用设施；电力、建材、化工等重点行业企业；烟气脱硫脱硝、除尘改造、工业废水深度处理及回用、燃煤锅炉节能环保提升、挥发性有机物污染治理、重金属污染治理。

2015 年 10 月，甘肃省人民政府发布了《甘肃省人民政府办公厅关于推行环境污染第三方治理的实施意见》，意见提出要在以下领域逐步开展第三方治理：工业园区循环化改造；城镇生活污水等环境公共服务；冶金、有色、电力等重点污染行业治理；重大建设项目环境保护与恢复；农村环境综合治理。

2015 年 11 月，青海省人民政府发布了《青海省人民政府办公厅关于加快推行青海省环境污染第三方治理的实施意见》，提出要在以下领域逐步开展第三方治理：环境公共服务领域；工业园区集中治污；火电、钢铁、水泥、有色、化工等重点行业企业治理。

2015 年 11 月，北京市人民政府发布了《北京市人民政府办公厅关于推行环境污染第三方治理的实施意见》，提出要在以下领域逐步开展第三方治理：餐饮、汽车修理等量大面广的“小散”企业；流域治理、农村环境治理；城镇污水、生活垃圾处理；发电、供暖、石化、建材等重点行业；污染治理设施竣工验收监测、污染源监督监测、重点区域环境质量监测、机动车排放监测等。

2015 年 12 月，河南省人民政府发布了《河南省推行环境污染第三方治理实施方案》，提出要在以下领域逐步开展第三方治理：城镇污水处理、中水回用、集中供热等厂网一体化以及垃圾收运、处置和综合利用；城镇污染场地治理和区域性环境整治；电力、钢铁等行业和中小企业。

2015年12月，四川省人民政府发布了《四川省人民政府办公厅关于推行环境污染第三方治理的实施意见》，提出要在以下领域逐步开展第三方治理：城镇污水、垃圾处理环境公用设施；园区集中治污、高污染行业和重点减排企业的企业环境污染治理。

2015年12月，福建省人民政府发布了《福建省人民政府办公厅关于推行环境污染第三方治理的实施意见》，提出要在以下领域逐步开展第三方治理：城镇污水处理、垃圾处理、区域和流域环境综合整治，农村环境综合整治、畜禽养殖面源污染治理、土壤修复；工业园区、钢铁、水泥、电力、玻璃、有色金属、化工等重点行业企业。

2016年1月，海南省人民政府发布了《海南省推行环境污染第三方治理实施方案》，提出要在以下领域逐步开展第三方治理：大气污染、水污染处理；固体废弃物处置、城乡垃圾处理和收运体系建设；国土生态整治、生态修复；医疗垃圾等危险废弃物收集和处置；餐饮业油烟整治；污染物在线监测，海湾等海域环境治理及湿地治理。

2016年1月，云南省人民政府发布了《云南省人民政府办公厅关于推行环境污染第三方治理的实施意见》，提出要在以下领域逐步开展第三方治理：环境公共服务；重点行业深度治理；工业园区集中治污；区域水环境综合整治；重金属污染综合治理和农村环境综合整治。

四、我国工业环境污染第三方治理研究进展

自2014年开始，我国学者关于第三方治理的研究论述呈现大幅增长，研究多聚焦于第三方治理模式的理论研究和法律责任的划分。随着《环境保护部关于推进环境污染第三方治理的实施意见》出台，这一问题有了较为权威的解释。随后，第三方治理再次成为研究热点，这期间的研究重点转为各地推行第三方治理的实践经验、部分行业或领域（如水污染防治、土壤污染防治修复、农业废弃物收集处置、生活垃圾收集处理等）的治理经验以及实践中存在问题与解决思路等。研究重点的转变在一定程度上反映了环境污染第三方治理的逐步推广与实践成效，同时也表明环境污染等第三方治理模式的日渐成熟，对第三方治理的定义也有了更清晰的认识。

（一）企业环境污染第三方治理模式类型

骆建华[18]提出我国企业环境污染第三方治理主要采用委托治理服务型和托管运营服务型两种模式。

1. 委托治理服务型

指排污企业以签订治理合同的方式，委托环境服务公司对新建、扩建的污染治理设施进行融资建设、运营管理、维护及升级改造，并按照合同约定支付污染治理费用。在合同期内，环境服务公司通过运营确保达到合同约定的减排要求，并承担相应的法律责任。有的是排污企业委托专业环保公司从治理方案设计、工程施工、调试到建成后的运营管理提供一条龙服务，并确保达到治理效果；有的是污染治理设施管理同原企业剥离，进行企业化的运作和独立核算。

2. 托管运营服务型

指排污企业以签订托管运营合同的方式，委托环境服务公司对已建成的污染治理设施进行运营管理、维护及升级改造等，并按照合同约定支付托管运营费用。在合同期内，环境服务公司通过运营确保达到合同约定的污染减排要求，并承担相应的法律责任。有的是环境服务公司承担企业污染治理设施的运营，有的是环境服务公司同时参与排污企业的环境管理。

两种模式的区别在于环境服务公司是否拥有治污设施的产权，前者拥有或者部分拥有；后者不拥有产权，只接受排污企业托管，负责其治污设施运营管理。

（二）工业环境污染第三方治理的特点及问题

近年来我国工业污染主要由排污企业自行治理，受到经济实力、技术水平、政府监督等因素制约，现如今第三方治理集中式专业化的治理方式可大大降低治污成本，政府环境保护部门的管理成本也因治污者的集中而降低。第三方治理是政府环境保护部门推动多年的治污模式，然而现实中工业污染第三方治理发展缓慢，出现"政热社冷"的现象。造成这种现象的原因主要是第三方治理发展的激励方式倾向于即时性和一次性，缺乏长期性及过程性的激励制度[24]。

此外，在第三方治理市场发展过程中，从事第三方治理的环境服务公司需要负责污染治理设施的投资、建设和运营，但由于环保投入具有资金需求总量大和回收周期长的特点，第三方治理企业普遍存在缺乏抵押品、收费权质押难、融资期限错配、融资成本偏高等问题。同时，从事工业污染第三方治理企业还面临着工业污染物成分复杂、处理难度大、技术成本高，工业污染点源单体规模小、位置分散、运营成本难降低等问题。为了满足复合性的环境污染问题和重点环境领域的治理需求，适应新兴环境产业的发展需要，环保行业应持续开展技术管理升级和产业模式创新。融资服务模式创新包括设施租赁模式、财政和银行联合式"环保贷"、环保 PPP 项目资产证券化（ABS）等；技术和服务模式创新包括挥化性有机物（volatile organic compounds，VOCs）治理行业"监测+监管+治理"模式，大气治理行业"工程建设+远程诊疗"模式等；产业模式创新包括土壤修复+地产开发模式、河道修复+旅游模式等[25]。

虽然第三方治理企业持续开展了各类模式创新，但 90%以上的第三方治理企业都是轻资产的小微企业，依靠其自身力量很难从根本上缓解融资困境。此外，工业污染第三方治理发展还面临着环保治理需求未完全释放、第三方治理收益保障不足、整体行业发展有待进一步规范等制约性问题，亟须研究制定相关帮扶和引导性政策，助力工业污染第三方治理平稳、有序、健康发展。

（三）工业环境污染第三方治理的经验总结与启示

1. 进一步拓展第三方治理企业融资渠道

中央和地方筹措资金设立环保专项基金，为环保企业提供优惠贷款；鼓励商业银行创新抵押贷款运作方式，增加中小型环保企业的抵押贷款规模。对于承担工业第三方治理项目的环境服务公司，鼓励银行实行应收账款、收费权质押贷款，并在贷款额度、贷款利率、还贷条件等方面给予优惠[26-27]。

2. 进一步完善绿色税收和收费政策

建立产污企业的环境领跑者制度，对于行业污染防治水平高的领先企业，给予税收减免的正向激励。对于从事污染防治的环境企业，加大企业所得税和增值税的支持范围和力度，缩短增值税退税周期，完善“不得享受增值税即征即退政策”相关细则。

3. 继续加大环境执法力度，释放第三方治理潜在市场

在中央及地方财政环保投入有限的情况下，通过加强环境监管执法，倒逼排污企业维持基本的环境治理支出，推动工业企业实现绿色发展。对于环境污染排放严重不达标的工业企业，地方环境主管部门应强制企业开展第三方委托治理，产污企业承担相关环境服务费用。

4. 督导地方政府按合同及时支付第三方治理企业费用，避免拖欠

加大公共基础设施服务费用的支付监督和追缴力度，将环境设施运营支付情况纳入环保督察问责范围。

5. 逐步健全环境服务价格体系

增强财政专项资金对于飞灰处理的激励和补贴。

五、我国农业环境污染第三方治理及经验总结

（一）农业废弃物收集处置

农业废弃物第三方治理模式，是新时代社会经济发展要求下全面加强农业农村污染治理后推进农业废弃物污染治理模式转变的重要切入点。农业废弃物污染治理涉及乡镇政府、乡镇企业、合作社及农民等主体。

从农业废弃物污染治理发包主体看，政府委托的农业废弃物第三方治理项目集中于畜禽养殖与沼气工程集中治理等领域[28]。政府与第三方治理企业委托-代理关系的建立基础是签订农业废弃物委托治理服务合同或服务协议，理想状态即政府与第三方专业治理企业依据委托治理服务合同各司其职，合作治理农业废弃物。实际上各种不确定因素、信息不对称及服务契约漏洞的客观影响，容易引发政府与第三方治理企业委托代理关系扭曲、责任推诿及逆向选择等问题，导致地方乡镇政府与第三方专业治理企业间协同合作不稳定，地方乡镇政府作为公共事务代理人所代表的广大农民利益会遭受损失。若农业废弃物污染治理激励机制无法有效解决此问题，则无法推广第三方治理模式，农业废弃物缺乏高效整治与有效利用，还可能造成二次污染。农业废弃物污染治理的道德风险具有客观隐蔽性，导致治理工作处于责任与风险无法准确界定的灰色地带。因此，制定务实与高效、准确与合理的积极引导第三方治理企业的激励契约是规制治理责任与规避治理风险的关键。

基于利益最大化原则增加第三方治理企业潜在收益，是推进第三方治理模式的重要

切入点。第三方治理工作为一项系统工程，如何建立第三方治理显性激励机制，形成完整“激励链”，是第三方治理创新发展面临的重要挑战。

（二）农村生活垃圾治理

第三方治理模式在我国农村生活垃圾治理领域还处于发展初期，环境污染第三方治理的法律法规不够健全，导致法律监督力度不够、法律救济不足、环境执法效果较差等法律问题[29]。我国当前环境污染治理呈现出市场治理不规范、政府治理碎片化、社会治理发育不良等结构性障碍[30]，这种状况在农村生活垃圾治理领域表现得更加明显。因而，在政府主导下，引入第三方环境企业，有利于实现农村生活垃圾治理的专业化和高效率。在第三方治理模式下，虽然强调第三方企业的治理责任，但为社会提供宜居的生活环境是政府的公共职能，因此需要明确划分政府、第三方企业等参与主体的环保责任[31]，政府在第三方治理中扮演“引导员”“服务员”“裁判员”的角色[32]，利用财税手段对第三方治理企业进行鼓励和扶持，提升其环境污染治理能力以及调动环境服务企业治理的积极性[18]。农村生活垃圾“第三方治理”模式具有先天优势，不仅可以提升环境污染治理效率，还能促进环保产业发展和创造更多的就业机会，形成新的经济增长点[33]。但是，由于农村生活垃圾排放的分散性与最终处理的规模经济性之间存在着矛盾，企业进入动力不足[18]，因此需要通过设立治理基金，给治理企业提供贷款优惠、财政补贴等方式来引导企业进入农村生活垃圾治理领域[34]。

从已有的研究成果来看，学者们普遍认为在农村生活垃圾治理领域应推广第三方治理模式，但是在农村治理方式多为移植的城市与工业领域的治理方式的应用，较少考虑到我国农村区域异质性和农村生活垃圾治理的阶段性特征。

（三）农业环境污染第三方治理的经验总结与启示

1. 形成了多方参与实现环境污染治理

当前，市场、政府和第三方治理形成农业环境污染治理的 3 条主要途径，农业环境污染第三方治理是促进环境保护设施有效运行、实现治理专业化和产业化的重要途径。如何实现政府和市场的完美融合，实施环境污染建设的产业化和专业化建设，是政府、专家学者值得深思的一个重要问题，它可以在一定程度上促进环境建设的有序进行，克服政府和市场各自为政的治理弊端，有利于形成各个治理主体之间权责明晰、相互合作的良好模式。

2. 改变了已有主体单一、效果不明显的现象

基于单一治理主体的情况，无论政府单一治理还是市场单一治理都很难取得良好的治理效果，单一治理主体最大的弊端是效率极其低下，限制了自主创造能力，正因为政府、市场单一治理模式存在弊端，如何克服这种弊端引起了大家的重点关注、广泛思考。在此特殊背景下，应用第三方治理模式被提上议事日程。它主张的参与多元化、权力分散化、主体制衡化、模式多样化被大家逐步接受。实践证明，第三方治理模式得到

了专家、学者、企业、市场等各方的高度认可，成为行之有效的科学治理模式。

3. 治理价格体系需要改进

农业环境污染第三方治理作为一种多元治理、多中心治理模式，虽然取得了一定的成绩，但也有不足之处。特别是治理价格体系方面有待完善，如在农业废弃物收集处置、农村生活垃圾治理等方面，尚未形成明确的市场价格，这不利于推动农业第三方治理模式的发展。环境服务企业进入市场的资金门槛较低，葛察忠[35]认为这很容易导致第三方治理的产品质量、技术水平和服务等方面无法达到治理环境的实际需求。无序的价格战带来了企业间的恶性竞争，对企业的良性、科学、可持续发展造成了极大的伤害，如招投标时候过分地实施低价中标，没有充分考虑技术、产品、服务和质量等因素。

4. 监督服务体系有待改进

推动农业环境污染第三方治理模式科学前进，需要完善的监督服务体系。第三方治理模式的有效实施需要法律监督，只有这样，农业废弃物才不会乱排乱放、农村生活垃圾才不至于“随处可见”[36]。当前，对于农村环境尤其是农业耕作环境的监测、监督主体相对较弱，需要加强相关立法工作。此外，在实施第三方治理模式后，环境保护部门应对第三方治理企业实施科学有效的监督、监管等措施，这才能避免监管不到位、管理分散等现象的出现[37]。

六、我国重金属污染耕地第三方治理及研究现状

（一）我国重金属污染耕地第三方治理发展阶段

我国重金属污染耕地第三方治理到目前为止，经历了“萌芽尝试”“探索发展”“全面推广”3个阶段。

1. 萌芽尝试阶段（2014—2015年）

在2014年之前，重金属污染耕地修复基本上还是处于科学试验和小规模示范性阶段，故对于区域性大面积镉污染耕地修复运行机制的研究，还未见全面系统的报道。

2014年我国在湖南省长沙、株洲、湘潭三市启动“重金属污染耕地修复治理与结构调整试点”项目，试点覆盖长株潭三市21个县市区156万亩耕地，是我国乃至全世界第一个大规模重金属污染耕地治理修复项目。

长株潭试点工作推进模式采取的是政府行政推进模式，即由政府主导，各级政府层层推动，最终由农户等农业生产者具体实施耕地重金属修复各项技术措施的工作推进模式。政府行政推进模式利用各级政府强大的工作推进和农业技术推广网络，能将任务比较迅速地落实到基层，迅速启动项目。但政府行政推动型模式也暴露出治理机制下固有的“政府失灵”问题：政府层层推进导致政策从制定到具体实施的层次过多，地方积极性不高，政策执行成本高，治理效率较低；同时，在青壮年劳动力外出务工较多的地方，留守在家的老年和妇女劳动力难以承担对体力和技术要求较高的石灰和土壤调理剂

等治理修复物资的施用。因此，个别县在石灰的施用中自主尝试采用由石灰供应商承包全县的从石灰供应、运输到施用的全过程服务，尝试取得了预期效果。

2015 年开始尝试由第三方对一定区域的治理修复实行综合技术措施总承包。望城区将新康等 3 个乡镇6 000亩耕地全部 4 项修复技术措施及所有环节的全程服务，采取政府购买服务方式，由永清环保股份有限公司承接，按照合同规定的修复方案要求实施。

2. 探索发展阶段（2016—2018 年）

在两年小面积和单承包模式尝试的基础上，2016 年，长株潭试点区以及其他省市综合防治先行区等重金属污染耕地治理修复区，开始进行更大面积和多种承包模式的第三方治理探索。在长沙市望城区，将 23.6 万亩重金属污染耕地治理修复工作，分成 2 个部分按不同承包模式实行第三方治理：1 万亩效果总承包区和 22.6 万亩技术措施承包区。1 万亩效果总承包区采取化学钝化、叶面阻控、水分管理及深翻耕技术，22.6 万亩技术措施承包区采取施用生石灰、种植镉低吸收种子和优化水分管理。同时第三方治理公司在工作推进中探索不同的工作推进方式，包括“企业+合作社”“企业+大户”“企业+村+专业队”“企业+村+组+农户”4 种模式。

2017—2018 年，生态环境部在长株潭试点区以及全国其他地区继续探索不同承包模式下的第三方治理，同时探索在专业环保企业之外增加其他工商企业和合作社作为第三方治理承接主体，以期培育更多的第三方治理实施主体，满足更大规模的重金属污染耕地治理修复需求。

通过 4 年的尝试和探索，初步摸清了重金属污染耕地第三方治理的优势、作用、适应范围、运作机制及值得注意的问题，为下一步更大规模推广奠定了理论基础。

3. 全面推广阶段（2019 年以后）

2016 年 5 月，国务院印发了《土壤污染防治行动计划》，通过 10 条 35 款 231 项具体措施，从 10 个方面提出了一个时期内土壤污染防治的“硬任务”，指出：到 2020 年，受污染耕地安全利用率达到 90%左右，污染地块安全利用率达到 90%以上；到 2030 年，受污染耕地安全利用率达到 95%以上，污染地块安全利用率达到 95%以上。2018 年中央一号文件《中共中央　国务院关于实施乡村振兴战略的意见》提出：推进重金属污染耕地防控和修复，开展土壤污染治理与修复技术应用试点。2019 年 1 月 1 日，《中华人民共和国土壤污染防治法》开始实施，要求将农用地划分为优先保护类、安全利用类和严格管控类，建立农用地分类管理制度。2019 年 4 月 3 日，农业农村部办公厅、生态环境部办公厅发布《关于进一步做好受污染耕地安全利用工作的通知》，要求确保到 2020 年底，完成“土十条”规定的“421”任务，受污染耕地安全利用率达到 90%左右。

2019 年开始，湖南省长株潭以外市、州以及其他省市陆续开展受污染耕地安全利用，第三方治理模式开始全面推广，并在前一阶段的基础上，不断改进完善，逐步成为治理修复工作推进的主要模式。

第三方治理是一种引入了市场竞争机制、价格机制和监督机制的“市场型”治理机制，它转变了政府角色，吸引社会资本参与重金属污染耕地治理和乡村生态文明建设，同时也将农业生产者从复杂的技术体系中解脱出来，降低了政策实施的交易费用，在重金属污染耕地治理与安全利用中发挥了积极作用。

（二）我国重金属污染耕地第三方治理研究现状

由于大规模重金属污染耕地治理修复开始时间不长，第三方治理在重金属污染耕地治理修复的应用较晚，国内对其开展的研究也是最近几年才刚刚起步，为数不多的研究成果主要体现在“重金属污染耕地第三方治理参与主体”“第三方治理模式类型”“第三方治理特点”“第三方治理的现实困境及破解对策”等方面。

1. 参与主体

黄杰生等[38]提出：重金属污染耕地修复治理参与主体有“政府”“第三方”“农业生产者”，并研究了这些主体参与重金属污染耕地修复治理的目标、行为和行为特征。

（1）政府

包括中央政府、地方政府（包括部门），政府参与重金属污染耕地修复治理的目标包括生态文明、粮食安全、绿色生产、财政收入、政绩考核；行为包括制定和发布政策、实施方案、拨付资金、组织实施、资金与采购管理、技术培训、监督评价、项目验收；行为特征主要是严格要求地方政府加强污染治理，尽可能基于地方经济利益需要减少政策实施成本。

（2）第三方

包括治理企业、监理企业、科研院所。治理企业参与重金属污染耕地修复治理的目标是利润最大化和实现企业社会责任；行为是通过招标参与治理措施落地；行为特征是利用信息不对称获取最大化利益。监理企业参与重金属污染耕地修复治理的目标是利润最大化和实现企业社会责任；其行为是通过招标对治理企业进行监督，行为特征是利用信息不对称获取最大化利益。科研院所参与重金属污染耕地修复治理的目标是解决粮食生产重金属威胁，为政府决策提供帮助，提升学术影响；行为是研发和推广耕地污染治理技术与低积累品种；行为特征是为应对同行竞争和确保项目按期结题，可能会降低技术的要求。

（3）农业生产者

包括农户和新型农业经营主体两大类。农户参与重金属污染耕地修复治理的目标是耕地治理不增加额外成本，确保收益不降；行为是监督治理企业，配合治理行为；行为特征是在不承担治理成本的情况下不关心企业的治理行为，不担心粮食销售问题，规避种植结构调整风险。新型农业经营主体参与重金属污染耕地修复治理的目标是获取规模经济收益；行为是监督治理企业，通过受托服务的方式参与第三方治理；行为特征是争取深度参与耕地治理，获得治理收入和通过规模化种植降低技术实施成本。

2. 第三方治理模式类型

林泽建等[39]认为重金属污染耕地第三方治理模式存在 2 种类型。

（1）修复措施承包

政府以修复技术措施有效落地为目标，采取政府购买服务方式，由第三方即环保企业等社会化服务组织承接污染耕地修复任务。社会化服务组织严格按照规定的技术路径和相应的技术规程，对承包区域内修复技术措施的实施提供服务承包。治理修复措施承包包括单项技术措施承包和多项技术措施承包 2 种。

（2）修复效果承包

政府采取政府购买服务方式，以修复效果为目标，由第三方采用自主的技术路径，对承包区域内重金属污染耕地修复效果提供承包服务。

3. 第三方治理模式特点

林泽建等[39]认为第三方治理模式具有 4 个方面的特点：一是政府通过购买服务方式与承接修复任务的社会组织签订协议，规定修复的数量、质量、完成时间或修复效果；二是修复任务对实施主体具有刚性约束力；三是政府从实施者和监督者的双重身份转变为监督者；四是修复效果由第三方实施主体负责。

4. 污染耕地修复第三方治理的困境分析与破解对策

黄杰生等[38]分析了受污染耕地第三方治理的困境，并提出了破解对策。受污染耕地第三方治理的困境，一是治理政策不稳定，政策效果可持续性差；二是决策耗时长，贻误农时；三是信息沟通不顺畅，监督评价难以发挥实效；四是第三方企业实力弱，第三方市场发展不成熟。破解受污染耕地第三方治理困境的对策包括：遵循耕地治理客观规律，科学设计相关治理政策、明确参与主体责任，实现耕地重金属污染多元共治、加强数据库建设与信息公开，让监督评价更加准确有力、规范第三方市场，推动耕地污染第三方治理健康发展。

迄今为止，重金属污染耕地第三方治理研究还不够系统，不够深入。对重金属污染耕地第三方治理适度规模、承接主体选择机制、第三方治理监管机制、第三方治理绩效等一些重大问题的研究尚处于空白状态，对实施主体类型、第三方治理模式类型、第三方治理特点等方面虽然进行了研究，但是其广度和深度还不够，还有待进行更深入研究。

参考文献

[1] 范战平．论我国环境污染第三方治理机制构建的困境及对策［J］．郑州大学学报（哲学社会科学版），2015，48（2）：41-44.

[2] 邓婕．我国环境污染第三方治理法律规制问题探析［D］．成都：四川省社会科学院，2016.

[3] 郭训成，方德东．推进第三方环境污染治理 促进生态文明建设［J］．山东经济战略研究，2014（8）：34-37.

[4] 李何蓓．环境污染第三方治理法律研究［D］．武汉：华中科技大学，2016.

[5] 周珂，史一舒．环境污染第三方治理法律责任的制度建构［J］．河南财经政

法大学学报，2015，30（6）：168-175.
［6］ 林阳阳．环境污染第三方治理契约研究［D］．郑州：郑州大学，2016.
［7］ 王理．环境污染第三方治理的法律规制［D］．重庆：重庆大学，2017.
［8］ 周颖异．我国环境污染第三方工业固体废弃物治理机制完善［D］．昆明：云南大学，2016.
［9］ 国冬梅．美国环保产业发展战略分析与启示［J］．环境保护，2004（6）：54-58.
［10］ 任维彤，王一．日本环境污染第三方治理的经验与启示［J］．环境保护，2014，42（20）：34-38.
［11］ 骆建华．荷兰、德国的环境保护法制建设［J］．世界环境，2002（1）：15-18.
［12］ 蒋文武．环境污染第三方治理［N］．中国社会科学报，2017-12-06（004）.
［13］ 刘俊敏，李梦娇．环境污染第三方治理的法律困境及其破解［J］．河北法学，2016，34（4）：39-49.
［14］ 黄晔．我国环境污染第三方治理制度研究［D］．苏州：苏州大学，2016.
［15］ 常杪，杨亮，张天航，等．日本环境污染第三方治理的最新实践与启示［J］．中国环保产业，2021（2）：17-22.
［16］ 藤吉秀昭，PFI（BTO）によるごみ処理施設建設・運営事業の特徴と今後の課題［J］．廃棄物資源循環学会誌，2012（2）：146-153.
［17］ 陈建梅．论美国《超级基金法》对中国的启示［D］．济南：山东师范大学，2014.
［18］ 骆建华．环境污染第三方治理的发展及完善建议［J］．环境保护，2014，42（20）：16-19.
［19］ 李创，孟祥辉．浅析我国环境污染第三方治理现实困境及机制优化［J］．中国集体经济，2021（29）：65-66.
［20］ 孟昭翰．山东省气象灾害分析与对策研究［J］．自然灾害学报，1993（1）：37-38.
［21］ 郭志达．环境污染第三方治理中的道德风险与防范措施研究［J］．环境科学与管理，2016，41（2）：1-4.
［22］ 王颖．河北省环境污染第三方治理的问题分析及对策建议［J］．中国环境管理干部学院学报，2016，26（1）：28-31.
［23］ 国务院办公厅关于推行环境污染第三方治理的意见［J］．中华人民共和国国务院公报，2015（3）：28-31.
［24］ 申鑫，郭伟．基于第三方治理模式的工业污染治理过程激励［J］．天津城建大学学报，2018，24（6）：418-422.
［25］ 韵晋琦，徐宜雪，陈坤，等．我国环境污染第三方治理发展探析［J］．环境保护，2019，47（20）：51-53.

[26] 闫兰玲，叶敏．环境污染第三方治理实践研究［J］．环球市场信息导报，2016（20）：27-32.
[27] 赖运东，刘清云．珠三角典型制造工业区环境污染第三方治理现状研究［J］．环境科学导刊，2019，38（3）：32-36.
[28] 王翠霞，丁雄，贾仁安，等．农业废弃物第三方治理政府补贴政策效率的SD仿真［J］．管理评论，2017，29（11）：216-226.
[29] 陈小燕，冉旺．公众参与农村生活垃圾治理的法治保障研究［J］．江汉大学学报（社会科学版），2016，33（4）：35-40，126.
[30] 李翠英，毛寿龙．论中国环境污染第三方治理的结构性障碍［J］．环境保护，2018，46（23）：46-50.
[31] 张成福，聂国良．环境正义与可持续性公共治理［J］．行政论坛，2019，26（1）：93-100.
[32] 王琪，韩坤．环境污染第三方治理中政企关系的协调［J］．中州学刊，2015（6）：72-77.
[33] 任维彤，王一．日本环境污染第三方治理的经验与启示［J］．环境保护，2014，42（20）：34-38.
[34] 杜焱强，吴娜伟，丁丹，等．农村环境治理PPP模式的生命周期成本研究［J］．中国人口·资源与环境，2018，28（11）：162-170.
[35] 葛察忠．环境污染第三方治理问题及发展思路探析［N］．中国财经报，2019-10-19（002）.
[36] 万江华．种养结合循环农业污染第三方治理系统发展反馈研究［D］．南昌：南昌航空大学，2019.
[37] 周建军，周桔，冯仁国．我国土壤重金属污染现状及治理战略［J］．中国科学院院刊，2014，29（3）：315-320，350，272.
[38] 黄杰生，李继志．重金属污染耕地“第三方治理”模式的现实困境与破解：以长株潭地区为例［J］．经济地理，2020，40（8）：179-184，211.
[39] 林泽建等．重金属污染耕地修复运行机制研究［M］．长沙：湖南科学技术出版社，2020：78-80.

第五章　重金属污染耕地第三方治理实施主体

一、第三方治理实施主体含义

（一）行政许可实施主体的含义

行政许可实施主体是行政许可行为的实施者，是指基于相对人的申请，对相对人的申请进行审查从而决定是否准许或者认可相对人所申请的活动或资格的行政机关和法律法规授权的组织。它的设置状况不仅直接关系到行政许可的实施效力和公民、法人或者其他组织的合法权益，而且关系到行政许可活动的效率。行政许可的实施主体主要有3种：法定的行政机关、被授权的具有管理公共事务职能的组织和被委托的行政机关[1]。

（二）第三方治理实施主体的含义

环境污染第三方治理制度，是指排污企业和独立的专业环保公司之间建立的，由专业环保公司负责治理和保障排污企业环境安全，排污企业对其支付报酬的制度。这种制度安排充分体现了“市场化的环境治理”理念，是对传统的“谁污染，谁治理”的环境法原则的突破，现在已成为世界各国流行的污染治理方式[2]。

重金属污染耕地第三方治理是指政府以治理修复技术措施有效落地为目标，采取政府购买服务方式，由第三方即环保企业等社会化服务组织承接污染耕地治理修复任务。社会化服务组织严格按照污染耕地治理修复实施方案规定的技术路径和相应的技术规程，对规定治理修复区域内单项技术措施或综合技术措施的实施提供服务承包。

重金属污染耕地第三方治理模式中，第一方是政府，政府通过购买服务方式，将重金属污染耕地治理修复委托给社会化服务组织实施；第二方是耕地的承包者农户；第三方实施主体是指在政府购买服务中承接重金属污染耕地治理修复任务、负责并参与重金属污染耕地治理修复实施的社会化服务组织。

二、研究第三方治理实施主体的意义

2016年9月22日，国家发展改革委和环境保护部联合发布《关于培育环境治理和生态保护市场主体的意见》，提出培育环境治理和生态保护市场主体是适应引领经济发展新常态，发展壮大绿色环保产业，培育新的经济增长点的现实选择，也是环境治理由过去的以政府推动为主转变为政府推动与市场驱动相结合的客观需要[3]。第三方治理在重金属污染耕地治理修复中的应用是一个新生事物，对重金属污染耕地第三方治理实施主体开展理论探讨有利于丰富第三方治理理论体系、明确第三方治理实施主体责任和推动多元化实施主体协同发展。

（一）有利于丰富第三方治理理论体系

迄今为止，对重金属污染耕地第三方治理缺乏系统的、全面的、深入的理论探讨，研究重金属污染耕地第三方治理实施主体的类型、特点，探索明确第三方治理实施主体的相关方责任，界定不同实施主体的适用范围和条件，可以丰富第三方治理理论体系，既有利于培育壮大第三方治理实施主体，又能够指导重金属污染耕地第三方治理技术措施更高效、精准落地，推动重金属污染耕地治理修复向纵深发展。

（二）有利于明确第三方治理实施主体责任

2016 年 5 月 28 日，国务院发布《土壤污染防治行动计划》后，全国各地陆续开展重金属污染耕地治理修复，为确保治理修复有序推进并实现既定目标，各地积极探索实行第三方治理。第三方治理实施主体通过政府购买服务获得并承接重金属污染耕地治理修复任务，在政府规定范围内，为农户提供重金属污染耕地治理修复技术措施实施服务，或在流转土地实施重金属污染耕地治理修复技术措施。但是重金属污染耕地第三方治理实施主体市场选择机制发育不健全，专业化社会服务组织力量薄弱，实施主体职责不明确，阻碍了实施主体成长壮大，影响实施主体在第三方治理中充分发挥作用，进而影响治理修复成效。对实施主体进行深入研究，厘清其职责，有利于解决以上问题。

（三）有利于推动多元化实施主体协同发展

重金属污染耕地治理修复成效取决于各实施主体间合作关系的稳定性。由于市场和参与治理修复主体庞杂，要在稳定中寻求其合作的关键在于利益的交互与共赢。其中，政府依据环保法对耕地质量负责，委托第三方治理实施主体进行连片治理修复，委托环境监理监测机构进行治理修复质量监督和耕地环境数据监测。厘清多元主体的职能架构，探索多元主体的参与动力机制和合作互动机制，将有利于推动多元化实施主体协同发展，有利于推动重金属污染耕地治理修复有序高效发展。

三、第三方治理实施主体类型

重金属污染耕地治理修复是一项专业性、技术性很强的工作，在这种情况下，重金属污染耕地第三方治理组织应运而生，并发展迅速。第三方治理实施主体类型多样，根据在重金属污染耕地治理修复中的参与方式和参与程度，可以分为承接主体和参与主体两大类。

（一）第三方治理承接主体

重金属污染耕地第三方治理承接主体，是指承接政府购买重金属污染耕地治理修复服务项目的实施主体。

1. 政府购买服务承接主体类型

一是依法在民政部门登记成立的社会团体、基金会、社会化服务机构等社会组织，以及经国务院批准免予登记但不由财政拨款保障的社会组织；二是依法在工商或行业主管部门登记成立的企业等从事经营活动的单位，以及会计师事务所、税务师事务所和律师事务所等社会中介机构；三是按事业单位分类改革的政策规定，划为公益二类的事业单位或从事生产经营活动的事业单位；四是法律、法规规定的其他主体。考虑一些县乡农村基层地区组织型承接主体不足，以及政府采购法允许自然人作为供应商等因素，某些情况下，也可以由具备服务提供条件和能力的个体工商户或自然人承接政府购买服务。

2. 重金属污染耕地第三方治理承接主体类型

根据笔者2020年对湖南、广东、广西等省（区）调查了解到，近几年在重金属污染耕地第三方治理实践中，承接主体基本上只有合作社和工商企业2类。2020年，抽样调查湖南省采取第三方治理的7个县49个乡镇，合作社承包40个乡镇，企业承包9个乡镇，合作社占比81.63%。

（1）合作社

合作社通过竞标承接重金属污染耕地第三方治理项目，按照政府制定的实施方案，组织合作社社员或本村、本村民小组身体较好、对重金属污染耕地治理修复技术有一定了解、乐意承担重金属污染耕地治理修复技术措施实施的村民组成技术措施实施队，负责治理修复技术措施的实施。目前，在南方水稻产区参与重金属污染耕地治理修复的农业企业与合作社在经营内容、生产组织、生产规模等方面基本相似，且多数情况下同一主体既是农业企业也是农业合作社。同时，参与重金属污染耕地治理修复的农业企业数量也不多。因此，本书在分析重金属污染耕地第三方治理承接主体时，将农业企业归于合作社类型。

（2）工商企业

工商企业是指项目区域之外的专业环保、工商企业。工商企业通过竞标承接重金属污染耕地第三方治理项目，按照政府制定的实施方案，组织技术措施实施专业队，或与当地合作社、村、组合作，开展治理修复技术措施的实施。

3. 合作社和工商企业成为第三方治理承接主体原因

（1）工商企业和合作社的优势

合作社的优势是拥有大型农业机械，组织管理能力强，熟悉当地情况，有一定技术能力，像翻耕改土及施用石灰、土壤调理剂、有机肥等，合作社实施具有明显优势。

工商企业的优势是资金雄厚、技术能力强、组织管理能力强。

（2）社会组织力量薄弱

近年来，农业环境工程领域社会组织虽然发展迅速，但是与需求相比，在数量、规模、装备及技术能力上还非常薄弱，远达不到污染耕地治理修复需求。施用石灰招标时，有的县由于报名者少，选择余地小，中标者因为能力有限而实施质量达不到要求，有的县甚至因为符合条件的报名者太少而流标。因此，在部分地区和部分污染耕地治理修复技术措施，只能由政府组织农户或专业队实施。

（3）劳动力老龄化

农村劳动力大量向城市和非农产业转移，从事农业生产的劳动力老龄化、妇女化趋势明显。农村劳动力身体素质相对较差，中国社会科学院城市发展与环境研究所的统计表明，农村居民中，残疾人口占比约为 6.0%，弱智儿童占比约为 15.0%。此外，农村劳动力中还有少数人格不健全、有心理疾病等。很多农户没有劳动力承担耕地治理修复或难以承担撒施石灰等重体力活，因此，撒施石灰等技术措施适宜拥有大型农业机械或经济实力强的社会化服务组织承担。

（二）第三方治理参与主体

重金属污染耕地第三方治理参与主体是指在承接主体承接的重金属污染耕地治理修复项目中，参与治理修复的实施主体。

1. 政府购买服务的公众参与

政府购买公共服务引入有效的公众参与机制，既有利于增加政府购买公共服务的透明度，尊重公众的选择权，监督公共服务承接主体，也有利于实现政府购买公共服务的目标。就当前公众参与政府购买公共服务的实践来看，在广度和深度方面均存在问题，难以对政府购买公共服务形成有效的程序规制。从节约财政资金并为公众提供优质、高效的公共服务的角度而言，只有建立有效的公众参与制度，才能拓展公众参与政府购买公共服务的广度和深度。

2. 重金属污染耕地第三方治理参与主体类型

根据近几年笔者对湖南、广东、广西等省（区）调查了解到，在重金属污染耕地第三方治理实践中，参与重金属污染耕地治理修复的第三方实施主体主要有：农户、村组专业队、合作社、大户、工商企业、农业企业和科研院所 7 种类型。

（1）农户

我国人多地少，部分地区农田较为分散，且实行家庭联产承包责任制，农户作为耕地利用的第一主体，其对重金属污染耕地治理修复的认知、参与治理修复意愿、参与治理修复行为等都会对重金属污染耕地治理修复起到促进或阻碍作用。

在重金属污染耕地第三方治理中，治理修复任务的承接主体虽然只是工商企业和合作社，但是在治理修复技术措施实施中，无论是工商企业还是合作社，都得依靠农户的参与，农户是重金属污染耕地治理修复不可或缺的参与者。

农户参与重金属污染耕地治理修复的形式主要有以下 3 种。一是工商企业或合作社承接治理修复任务后，组织所在村或村民小组的农户，负责自己责任田的治理修复技术措施的实施。在外出务工劳动力较少、劳动力比较充裕的地方，这种方式采用较多。种植镉低积累品种这种技术措施在没有推行集中育秧的地方，只能由分散农户实施。农户负责自己责任田治理修复技术措施实施的优势在于，对自家责任田污染进行治理修复，承接主体给予劳务补贴，而且施用石灰、有机肥等技术措施能够改良土壤、提高土壤肥力和作物产量，所以农户积极性较高。二是工商企业或合作社组织所承接治理修复任务区域的农户组成专业队，负责一定区域的治理修复技术措施的实施，优化水分管理最适合采用这种形式，施用石灰、土壤调理剂、叶面阻控剂、有机肥也适用采取这种形式。三是工商企业或合作社委托当地大户负责自己承包耕地的治理修复技术措施的实施，大户还带动周边地区农户负责自己责任田的治理修复技术措施的实施，这种形式也适用于外出务工人员较少、劳动力比较充裕的地方。在湖南省长株潭试点之初的 2014 年和 2015 年，农户是占比最大的参与主体[4]。

因此，了解农户的参与意愿，充分尊重农户选择，关注农户在重金属污染耕地治理修复项目中的参与角色与作用，剖析其行为响应，有助于治理修复项目的顺利实施，有助于发现目前重金属污染耕地治理修复政策的不足和实施过程中存在的问题。基于对农户参与治理修复项目行为的研究结果，可以进一步研究不同补偿规则下农户选择不同治理修复技术、方案情况及其影响因素，有助于建构多元化的重金属污染耕地治理修复方案和有效的激励机制，促进重金属污染耕地治理修复项目的持续推进。

（2）村组专业队

村组专业队是指承接主体委托村民委员会或村民小组组织重金属污染耕地治理修复技术措施的实施，村民委员会或村民小组与治理修复任务承接主体签订包括治理修复面积、治理修复时间、治理修复费用、治理修复效果等内容的协议书，组织本村或村民小组中身体较好、对重金属污染耕地治理修复技术有一定了解、乐意参与重金属污染耕地治理修复的村民组成技术措施实施专业队，按照政府制定的实施方案和技术规程，专门实施治理修复技术措施。承接主体负责具体治理修复计划的制订、专业队员培训、技术指导。专业队的优势是熟悉当地情况，且技术、体力较好，优化水分管理、撒施石灰措施适合由专业队实施。在外出务工人员多、缺乏劳动力、不适于机械施工的地方，多采用专业队实施污染耕地治理修复。

（3）合作社

即农民专业合作社，是指在农村家庭承包经营基础上，农产品的生产经营者或者农业生产经营服务的提供者、利用者，自愿联合、民主管理的互助性经济组织（《中华人民共和国农民专业合作社法》，2018 年 7 月 1 日起施行）。合作社通过为小农户提供各项农业服务，打破农产品与市场之间的阻隔，提高了农民收入，尤其在组织带动小农户、汇聚优势资源、提高生产效率、引领乡村振兴与发展等方面发挥了重要的作用[5]。因此，合作社不仅是小农户和现代农业发展有机衔接的中坚力量，也可以是重金属污染耕地第三方治理的重要参与主体之一。

承接主体委托当地合作社实施重金属污染耕地治理修复技术措施，合作社与治理修复任务承接主体签订包括治理修复面积、治理修复时间、治理修复费用、治理修复效果等内容的协议书，按照政府制定的实施方案和技术规程实施治理修复技术措施。合作社实施治理修复技术措施主要采取 2 种方式：一是组织合作社社员或本村、本村民小组身体较好、对重金属污染耕地治理修复技术有一定了解、乐意参与重金属污染耕地治理修复技术措施实施的村民组成技术措施施工队，负责治理修复技术措施的实施；二是组织本合作社成员各自负责自己责任田的治理修复技术措施的实施。合作社的优势是拥有大型农业机械，组织管理能力强，熟悉当地情况，有一定技术能力。对实施翻耕改土及施用石灰、土壤调理剂、有机肥等措施，合作社具有明显优势。

（4）大户

大户有一定的经营规模，采用新的生产经营方式，产业选择和产品定位符合市场需求，产品科技含量较高、销售渠道较稳定，是新型农业经营主体的重要成员，是建设和发展现代农业的主力军，也可以是重金属污染耕地治理修复的重要参与主体之一[6]。《第三次全国农业普查方案》中对规模农业经营户的定义标准是：种植业，以商品化经营为主，一年一熟地区露地规模 100 亩及以上，一年二熟及以上地区露地 50 亩及以上，设施农业设施占地 25 亩及以上。

大户按照政府制定的实施方案，负责自己承包耕地治理修复技术措施的实施，有部分大户还负责带动周边农户一起实施治理修复技术措施。大户实施的主要优势是，由于是对自己的承包田进行治理修复，其效果与自己的作物产量及产品质量直接相关，而政府还给予实物和工资补贴，可以减少自己的成本支出，所以大户一般参与积极性都较高，技术措施实施质量都比较好。

（5）工商企业

工商企业是指项目区域之外的专业环保企业，包括在环境污染控制和减排、污染治理以及废物利用等方面提供产品和服务的企业。在重金属污染耕地治理修复项目中，工商企业按照政府制定的实施方案，组织技术措施实施专业队，或与当地合作社、村、组合作，开展治理修复技术措施的实施。

我国土壤污染治理的任务艰巨，同时，重金属污染耕地治理修复市场有着巨大的成长空间。实现连片重金属污染土壤的清洁与安全生产，需要相关技术的工程化、规模化和产业化。尤其还需大力提高技术装备、产品、服务水平，特别在土壤中重金属稳定与固化技术、受污染土壤的低成本、高效率的生物修复技术、治理修复工程化设计、二次污染处理与资源化利用等方面。工商企业的优势是资金雄厚、技术能力强、组织管理能力强。

（6）农业企业

农业企业是指从事种植业、养殖业、农产品生产、加工、销售紧密结合的联合企业等与农业生产相关的私营企业，通过或松散或紧密的方式与农户联结，在一定程度上增强了农户抵御市场风险的能力，有效地克服小规模经营的弊端，提高了农业的组织化程度，对农村经济的发展具有较大的促进作用[7]。农业企业的优势是资金较为雄厚，拥有大型农业机械，组织管理能力强，熟悉当地情况，有一定技术能力，是推进农业产业化的核心载体，也可以是重金属污染耕地第三方治理的重要参与主体之一。

（7）科研院所

科研院所参与重金属污染耕地治理修复的方式，主要是承接主体邀请科研机构作为科技支撑单位参与重金属污染耕地治理修复，科研机构一般为承接主体编制实施方案，提供技术指导、科技难题解答、技术培训、问题分析及解决方案。

四、第三方治理承接主体变化趋势

对湖南省长株潭试点的跟踪调研结果显示，从承包区域占比和采用工作推进模式状况两方面分析重金属污染耕地第三方治理承接主体总的变化，呈现合作社逐渐成为第三方治理主要承接主体的趋势。

（一）从承包区域占比看

2014 年，长株潭试点区只有株洲市茶陵县的施用石灰 1 项技术措施尝试采取第三方治理模式，承接主体均是企业。

2017 年，长株潭试点区 10 个县（市、区）全面推行第三方治理，试点区 129 个乡镇中有 8 个乡镇的治理修复任务的承接主体是合作社，占试点区乡镇总数的 6. 20%。

2020 年，抽样调查湖南省 7 个采取第三方治理的县，实施区域 49 个乡镇，合作社承接 40 个乡镇治理修复任务，企业承接 9 个乡镇治理修复任务，合作社承接治理修复占任务乡镇总数的 81. 63%。

（二）从第三方治理企业采用工作推进模式总体状况看

2017 年，笔者调研了参与长株潭试点区重金属污染耕地治理修复第三方治理承接主体采用工作推进模式状况，89 家承接主体共采用了“第三方 + 专业队”“第三方 + 农户”“第三方 + 合作社”“第三方+ 合作社 + 农户”“第三方 + 村组 + 专业队”“第三方 + 村 + 组 + 农户”“第三方 + 大户”7 类工作推进模式，对 7 类工作推进模式进行统计分析，结果显示：“第三方 + 专业队”占比 14. 91%，“第三方 + 农户”占比 4. 63%，“第三方 + 合作社”占比 53. 98%，“第三方+ 合作社 + 农户”占比 4. 63%，“第三方 + 村组 + 专业队”占比 13. 88%，“第三方 + 村 + 组 + 农户”占比 6. 43%，“第三方 + 大户”占比 1. 54%（表 5-1）。说明：89 家第三方承接主体有 59 家实行效果承包，实施 6 项治理修复技术措施，30 家第三方承接主体实行治理修复技术措施承包，实施 6 项技术措施中的 3 项。51 家第三方承接主体的镉低积累品种由政府组织实施。在 7 种工作推进模式类型中，“第三方 + 合作社”占比排第一，达到 53. 98%，超过一半，“第三方 + 专业队”占比排第二，“第三方 + 村组 + 专业队”占比排第三，“第三方 + 村 + 组 + 农户”占比排第四，“第三方 + 农户”和“第三方 + 合作社 + 农户”占比排第五，“第三方 + 大户”占比排最后一位。“第三方 + 合作社”和“第三方 + 合作社 + 农户”2 种模式，实际上是企业与合作社合作，将治理修复技术措施交给合作社组织实施，这 2 种模式占比达到 58. 61%。

表 5-1　技术措施工作推进模式类型统计

推进模式类型	第三方+专业队	第三方+农户	第三方+合作社	第三方+合作社+农户	第三方+村组+专业队	第三方+村+组+农户	第三方+大户	合计
数量/个	58	18	210	18	54	25	6	389
占比/%	14.91	4.63	53.98	4.63	13.88	6.43	1.54	100

（三）合作社成为第三方治理主要承接主体的意义

1. 有助于激发农民保护耕地的内生动力

农民专业合作社以“人的联合”维护和保护普通农民的利益，合作社承接耕地治理修复任务，既解决了因部分农户外出务工而使耕地治理修复劳动力短缺的困境，又能使合作社成员这一受污染耕地的利益主体通过耕地治理修复而提高耕地质量，生产优质产品，获得好的收成效益，得到实实在在的利益。这有助于提高广大农民参与耕地治理修复的积极性、自觉性，激发农民保护耕地的内生动力。

2. 有助于提高耕地治理修复质量

合作社承接其成员所承包耕地重金属污染的治理修复任务，参加治理修复技术措施实施的也是合作社成员，治理修复技术措施实施质量影响治理修复效果，影响农产品质量，影响经济效益，与农户的健康息息相关，促使其注重技术措施实施质量，提高技术措施的实施效果。

3. 有助于实现耕地治理修复的可持续性

重金属污染耕地的治理修复具有复杂性、长期性的特点，实现治理修复的可持续性是重金属污染耕地治理修复的一大难点。合作社成为第三方治理的主要承接主体有助于实现重金属污染耕地治理修复的可持续性。一是如前所述，合作社成为第三方治理主要承接主体有助于激发农民保护耕地的内生动力；二是通过承接并实施重金属污染耕地治理修复，可以掌握治理修复技术，从技术上确保治理修复成为可能；三是能解决单个农户开展重金属污染耕地治理修复的资金、劳动力短缺的难题。因此，在开展耕地治理修复时一般都注重技术措施实施质量。同时，也可以在很大程度上避免项目结束和技术措施停止的弊端，有利于治理修复的可持续性。

五、第三方治理参与主体变化特点

2014—2020 年，课题组对“湖南省重金属污染耕地修复及农作物种植结构调整试点（2014—2017 年）”“湖南省长株潭种植结构调整及休耕治理（2018—2020 年）”“湖南省农田污染综合管理”等多个项目进行跟踪调研，选择 2014 年、2017 年、2020 年 3 个时间节点，对参与主体数量及其变化进行了对比分析。

（一）参与主体数量

1. 2014 年参与主体数量

2014 年，湖南省开始长株潭试点，工作推进方式采用的是政府行政推进模式，即重金属污染耕地治理修复由政府组织实施。只有株洲市茶陵县的施用石灰任务尝试采用第三方治理模式，茶陵县项目主管部门采用政府购买服务方式，将全县重金属污染耕地治理修复95 500亩面积的施用石灰任务，从石灰供应到运输再到撒施，全部委托给 2 家石灰供应企业承担。2 家企业将石灰撒施委托给村组进行，村组组织本村组范围内的合作社、大户、农户承担自己耕种田块的石灰撒施任务，采取了“第三方 + 村组+合作社”“第三方 +村组+农户”“第三方 + 村组+大户”“第三方 + 村组+合作社+农户”、“第三方 + 村组+大户+农户”5 类工作推进模式。参与石灰撒施的实施主体有企业、村组、合作社、大户、农户共29 781个，参与主体数量及占比见表 5-2。其中，企业 2 个，占参与主体总数的0. 01%；村组 706 个（村 56 个、组 650 个），占参与主体总数的2. 37%；合作社 35 个，占参与主体总数的 0. 12%；大户 38 个，占参与主体总数的0. 13%；农户29 000个，占参与主体总数的 97. 38%。农户数量最多，在实施主体总数中占比最大，其他 4 类实施主体数量及占比依次为村组>大户>合作社>企业。

表 5-2　2014 年参与主体数量统计

县（市）	技术措施	农户		大户		合作社		村组		企业		合计	
		数量/个	占比/%	数量/个	占比/%	数量/个	占比/%	数量/个	占比/%	数量/个	占比/%	数量/个	占比/%
茶陵县	施用石灰	29 000	97. 38	38	0. 13	35	0. 12	706	2. 37	2	0. 01	29 781	100

2. 2017 年参与主体数量

2017 年，湖南省开始在长株潭试点区全面推行第三方治理，在试点区 10 个县（市、区）89. 55 万亩耕地实施污染治理修复，其中由第三方承担治理的占比 71. 08%。课题组调研了长株潭试点区的长沙市宁乡市、株洲市醴陵市和湘潭市湘潭县 3 个县（市）采取第三方治理的试点区域，共 19 个乡镇，治理修复面积83 500. 5亩，由 15 家工商企业通过政府购买服务方式承接治理修复任务。15 家企业采取了“第三方+合作社”“第三方 + 村组”“第三方 +村组+农户”“第三方 +农户”“第三方 + 村组+合作社”5 类工作推进模式。按种植重金属低积累水稻品种、优化水分管理和施用石灰 3 项技术措施分项统计，参与治理修复技术措施的实施主体有企业、村组、合作社、大户、农户共7 839个，参与主体数量及占比见表 5-3。其中企业 45 个，占参与主体总数的0. 57%；村组 518 个，占参与主体总数的 6. 61%；合作社 124 个，占参与主体总数的1. 58%；大户 159 个，占参与主体总数的 2. 03%；农户 6 993个，占参与主体总数的89. 21%。农户仍然数量最多，在实施主体总数中占比最大，其他 4 类实施主体数量及占比依次为村组>大户>合作社>企业。

表 5-3　2017 年参与主体数量统计

县（市）	技术措施	农户		大户		合作社		村组		企业		合计	
		数量/个	占比/%	数量/个	占比/%	数量/个	占比/%	数量/个	占比/%	数量/个	占比/%	数量/个	占比/%
醴陵市	低镉品种	1 420	92.99	21	1.38	15	0.98	67	4.39	4	0.26	1 527	66.19
	淹水灌溉	610	94.14	20	3.09	14	2.16	—	—	4	0.62	648	28.09
	施用石灰	114	86.36	6	4.55	8	6.06	—	—	4	3.03	132	5.72
	小计	2 144	92.94	47	2.04	37	1.60	67	2.90	12	0.52	2 307	100
湘潭县	低镉品种	2 622	92.78	44	1.56	23	0.81	129	4.57	8	0.28	2 826	71.51
	淹水灌溉	441	67.33	44	6.72	23	3.51	139	21.22	8	1.22	655	16.57
	施用石灰	411	87.26	13	2.76	19	4.03	20	4.25	8	1.70	471	11.92
	小计	3 474	87.94	101	2.56	65	1.65	288	7.29	24	0.61	3 952	100
宁乡市	低镉品种	1 115	92.61	7	0.58	9	0.75	70	5.81	3	0.25	1 204	76.20
	淹水灌溉	214	73.54	—	0	4	1.38	70	24.06	3	1.03	291	18.42
	施用石灰	46	54.12	4	4.71	9	10.59	23	27.06	3	3.53	85	5.38
	小计	1 375	87.03	11	0.70	22	1.39	163	10.32	9	0.57	1 580	100
合计	醴陵市	2 144	92.94	47	2.04	37	1.60	67	2.90	12	0.52	2 307	29.43
	湘潭市	3 474	87.91	101	2.56	65	1.65	288	7.29	24	0.61	3 952	50.42
	宁乡市	1 375	87.03	11	0.70	22	1.39	163	10.32	9	0.57	1 580	20.16
	合计	6 993	89.21	159	2.03	124	1.58	518	6.61	45	0.57	7 839	100

3. 2020 年参与主体数量

2020 年，湖南省在全省开展重金属污染耕地治理修复，课题组选择 3 个不同区域、不同地貌类型的县（市）调研第三方治理实施主体状况。在东部丘陵地区选择浏阳市，在中部平原地区选择衡阳市，在西部山区选择中方县。调研区域涉及 13 个乡镇，治理修复面积35 120亩，由 5 家工商企业、2 家农业企业和 11 家合作社共 18 家主体通过政府购买服务方式承接治理修复任务。18 家承接主体采取了“第三方+大户”“第三方+专业队”“第三方 +村组+专业队”“第三方 +农户”“第三方 + 村组+农户”“第三方 +合作社+专业队”6 类工作推进模式。按种植重金属低积累水稻品种、优化水分管理和施用石灰 3 项技术措施分项统计，参与治理修复技术措施的实施主体有企业、村组、合作社、大户、农户共2 891个，参与主体数量及占比见表 5-4。其中企业 21 个，占参与主体总数的 0.73%；村组 97 个，占参与主体总数的 3.35%；合作社 74 个，占参与主体总数的 2.56%；大户 278 个，占参与主体总数的 9.62%；农户 2 421个，占参与主体总数的 83.74%。农户仍然数量最多，在实施主体总数中占比最大，其他 4 类实施主体数量及占比依次为大户>村组>合作社>企业。

表 5-4　2020 年参与主体数量统计

县（市）	技术措施	农户		大户		合作社		村组		企业		合计	
		数量/个	占比/%	数量/个	占比/%	数量/个	占比/%	数量/个	占比/%	数量/个	占比/%	数量/个	占比/%
浏阳市	低镉品种	750	87.93	26	3.05	—	0	72	8.44	5	0.59	853	76.37
	淹水灌溉	68	57.63	26	22.03	—	0	19	16.10	5	4.24	118	10.56
	施用石灰	103	70.55	17	11.64	15	10.27	6	4.11	5	3.43	146	13.07
	小计	921	82.45	69	6.18	6	0.54	97	8.68	15	1.34	1 117	100
衡阳市	低镉品种	180	74.07	58	23.87	5	2.06	—	0	—	0	243	41.61
	淹水灌溉	77	51.43	58	41.43	5	3.57	—	0	—	0	140	23.97
	施用石灰	138	68.66	58	28.86	5	2.49	—	0	—	0	201	34.42
	小计	395	67.64	174	29.79	15	2.57	—	0	—	0	584	100
中方县	低镉品种	663	95.40	23	3.31	7	1.01	—	0	2	0.29	695	58.40
	淹水灌溉	49	60.49	23	28.40	7	8.64	—	0	2	2.47	81	6.80
	施用石灰	385	92.77	21	5.06	7	1.69	—	0	2	0.48	415	34.85
	小计	1 097	92.11	67	5.63	21	1.76	—	0	6	0.50	1 191	100
合计	浏阳市	921	82.45	65	5.82	19	1.70	97	8.68	15	1.34	1 117	38.64
	衡阳县	403	68.07	154	26.01	35	5.91	—	0	—	0	592	20.48
	中方县	1 097	92.81	59	4.99	20	1.69	—	0	6	0.51	1 182	40.89
	合计	2 421	83.74	278	9.62	74	2.56	97	3.35	21	0.73	2 891	100

（二）参与主体数量变化特点

2014 年、2017 年、2020 年参与主体数量及占比统计如表 5-5 所示。

表 5-5　2014 年、2017 年、2020 年参与主体数量及占比

年份	农户		大户		合作社		村组		企业	
	数量/个	占比/%	数量/个	占比/%	数量/个	占比/%	数量/个	占比/%	数量/个	占比/%
2014	29 000	97.38	38	0.13	35	0.12	706	2.37	2	0.01
2017	6 993	89.21	159	2.03	124	1.58	518	6.61	45	0.57
2020	2 421	83.74	278	9.62	74	2.56	97	3.36	21	0.73

1. 农户占比持续下降

农户占实施主体比例从 2014 年的 97.38%下降到 2017 年的 89.21%，到 2020 年再

下降到 83.74%，呈持续下降的态势。但是农户占比依然达到 80%以上，仍然是重要的实施主体，说明农户仍然是重金属污染耕地治理修复不可或缺的重要力量。

2. 企业、农民专业合作社、大户占比持续上升

企业占实施主体比例从 2014 年的 0.01%上升到 2017 年的 0.57%，到 2020 年再上升到 0.73%；合作社占实施主体比例从 2014 年的 0.12%上升到 2017 年的 1.58%，到 2020 年再上升到 2.56%；大户占实施主体比例从 2014 年的 0.13%上升到 2017 年的 2.03%，到 2020 年再上升到 9.62%。3 类实施主体均呈持续上升的态势，企业、合作社、大户前期上升幅度都很大，后期上升幅度呈现差异，企业和合作社上升幅度有所减弱，而大户仍保持强劲的上升势头，说明 3 类实施主体在重金属污染耕地治理修复中发挥越来越重要的作用，其中大户重要性越来越突出。

3. 村组占比波浪式上升

村组数量占实施主体总数的比例 2014 年为 2.37%，2017 年为 6.61%，2020 年为 3.36%，先升后降，总体呈波浪式上升趋势。说明村组在重金属污染耕地治理修复中的作用也是非常重要的。

（三）参与主体数量变化的原因分析

由以上对参与主体的类型、数量及变化特点的分析研究可见，合作社、企业、大户、村组在实施主体中所占比例不断上升，在重金属污染耕地治理修复中的重要作用日益凸显，农户虽然在实施主体所占比例持续下降，但仍是数量最多、所占比例最大的实施主体，在重金属污染耕地治理修复中仍具有不可替代的重要地位。此变化存在以下 5 个原因。

1. 工作推进模式转变

2014 年主要采用政府行政推进型模式，绝大部分治理修复任务由农户实施，因此农户数量显著多于其他类型的参与主体。2017 年开始，政府全面推行第三方治理，企业和合作社相继成为重金属污染耕地治理修复任务的主要承接主体，其数量快速增加；企业、合作社承接治理修复任务，与村组合作，依托、发挥村组的组织功能，组织农户组成专业队或组织本村本组农户实施治理修复措施，村组在第三方治理模式背景下，在重金属污染耕地治理修复中仍然发挥了不可替代的作用，作为参与主体，数量虽有所减少，但所占比例仍有所上升；而农户则因工作推进模式转变，企业、合作社承接治理修复任务，采取以机械化和组织专业队伍实施治理修复技术措施为主的工作推进方式，农户参与数量及在实施主体中所占比例则大幅减少。

2. 劳动力转移

由于种粮比较效益低，大量农村劳动力向发达地区转移，向非农产业转移，从事粮食种植的农户大量减少，参与重金属污染耕地治理修复的农户随之减少。

3. 治理修复技术措施实施复杂

由于农村劳动力向外转移，务农劳动力中老龄化、妇女化趋势明显，且治理修复技术实施劳动强度大，施用石灰等技术措施实施复杂且容易伤身体，因此影响农户参与积

极性，这都是造成参与农户减少的原因。

4. 土地制度改革

随着承包地“三权”分置改革不断深化，耕地经营权流转速度加快，规模不断扩大，耕地加快向种田能手集中，土地流转率越来越高，大户越来越多，因土地流转和相关政策支持等原因，合作社成为当前推广农业科技的重要载体[8]，根据笔者调研的衡阳市5个乡镇12个村16 270亩重金属污染耕地治理修复区域统计，土地流转率接近80%，参与重金属污染耕地治理修复的大户和合作社也就越来越多。

5. 合作社、企业具备其他显著性优势

合作社方面：一是面积大，数量少，有利于政府、企业减少与当地参与主体的对接工作量，直接与种植规模较大的合作社进行项目合作，也有利于技术培训、宣传和监管；二是合作社在农业机械数量较其他参与主体多，可通过改装、组装等方式提高治理修复的机械化施工水平。企业方面：一是参与治理修复的企业多为环保型企业，在技术方面更具有专业性，无需对企业花费较多时间和金钱进行培训；二是企业在管理方面更有经验，对于项目的台账记录、资料收集、问题处理、项目日常监督管理等工作更加熟悉，能有效保障治理修复工作顺利开展；三是可以实现政府更简便管理，更好把控工作质量。

六、第三方治理实施主体培育困境

从我国市场来看，环境污染第三方治理发展仍普遍存在责任转移困难、价格体系缺失、实施主体选择机制不健全、标准和技术规范缺乏等一系列亟待解决的问题。重金属污染耕地治理修复中也存在法律制度缺失、社会化服务组织发育不健全、承接主体选择机制不健全、治理资金技术缺乏、引导机制不健全等问题，从而造成第三方治理实施主体市场发育不全。

（一）法律制度缺失

重金属污染耕地第三方治理在实践中应用越来越广泛，专业化组织在重金属污染耕地治理修复中发挥的主导性作用越来越明显。然而，由于自身缺陷以及法律制度和成长环境的因素，中国的重金属污染耕地治理修复组织的发育和成长缓慢而又艰难，无法依照社会组织的管理法律、法规、制度进行运作和监管，参与重金属污染耕地第三方治理也不得不遭遇法律和制度层面的困境。第一，第三方治理承接主体资格认证制度尚不完善，尽管社会组织能够依据《中华人民共和国公司登记管理条例》《社会团体登记管理条例》《民办非企业单位登记管理暂行条例》进行公开登记，但是由于缺乏重金属污染耕地治理修复社会组织准入条件，社会组织的资格认证管理仍然举步维艰。第二，第三方治理的监管制度建设相对滞后，监管机构缺位，缺乏对重金属污染耕地治理修复第三方机构的准入、运行和退出监管机制，部分机构以降低耕地治理修复标准为代价，刻意压低耕地治理修复服务价格以抢占市场，政府通过购买服务遴选受污染耕地治理修复机构时缺乏有效的判断依据，低价中标屡见不鲜，扰乱和破坏了行业秩序，不利于国内重金属污染耕地治理修复服务市场的健康发展。低价中标机构往往通过偷工减料，甚至使用劣质治理修复物资降低成本，不仅达不到治理修复的效果，反而会加大耕地二次污染的风险，同时也加大了监管难度。第三，第三方治理效果的评价标准和体系不明确。第三方治理的效果评判是根据评价标准和评价体系来进行的，如果没有完整可行的评价标准和体系，那么第三方治理的效果将难以显现，就会导致一些非专业化的第三方治理机构进入第三方治理市场，从而影响受污染耕地治理修复水平和效果，不利于第三方治理组织的良好发展，所以建立一套完整的评价标准和体系是重中之重。

（二）社会化服务组织发育弱

目前，第三方治理主体仅集中在少数大型环保企业，还不能满足我国第三方治理市场的发展需求。我国农村环境问题情况复杂，土壤重金属污染等问题交叉，且政府在环境决策、标准制定和监督管理方面具有绝对主导权，导致市场层面权力边界受限；缺乏合理规制造成市场运行障碍，如市场准入门槛较低，导致企业环保技术更新与跟进吃力，甚至无力承担环境保护与污染耕地治理修复的必要费用；缺乏必要激励机制，导致企业及其他生产经营者的合作积极性不高，比如生态补偿机制由于市场激励不足，限制了经营者对生态环境治理的积极参与；重金属污染耕地具有污染源头多、治理修复技术复杂、周期长、投入大、效果不稳定、效益不理想等特点，造成社会化服务组织投入积极性不高，兼具重金属污染治理修复和农业生产技术的专业化服务组织不多，政府选择面窄，承接重金属污染耕地治理修复的社会化服务组织往往能力弱，影响治理修复效果。

（三）承接主体选择机制不健全

2014 年，环境保护部废止《环境污染治理设施运营资质许可管理办法》及《环境污染治理设施运营资质分类分级标准（第 1 版）》中 8 项标准规范，从行政审批角度降低了污染治理专业主体进入相关业务领域的门槛，促进了第三方治理的发展。环境治理服务市场涌现了大量从事环境污染第三方治理服务的环保企业。基于短期利益驱动，一些没有较高治理技术水平和融资能力的中小微环保企业参与环境污染第三方治理服务市场竞争，以较低服务价格获得环境污染第三方治理项目，但项目常因环保企业采用的治理技术水平较低和自身融资能力有限而搁浅，有些项目的治理绩效难以保证，最终导致第三方治理服务合同终止。环境污染治理服务市场这种低价无序竞争造成了治理服务供需的不匹配，也导致了优质环境治理服务资源的浪费。重金属污染耕地治理修复承接主体选择机制不健全主要表现在以下两个方面。一是承接主体准入资格不规范。承接主体准入条件畸高或畸低，如有的需要投标人具有农田治理修复方面的专利、具备类似业绩、承担并通过验收的农田治理修复项目，项目实施团队人员具有环境保护、农业、水利专业的正高级职称，承担并通过验收的农田治理修复项目；有的规定合格投标人的资格要求，必须是国内注册且具有独立企业或事业单位法人资格；有的规定不接受联合体投标等。这些准入条件有的对投标人技术职务的要求过高，有的对机构性质限制过严，有的不接受联合体投标，这些条件失之过严，符合条件的承接主体并不多，政府购买服务的选择面过窄，难以遴选到符合条件的承接主体。有的则对承接主体的准入条件要求过低，在技术能力、资金实力、设备设施等方面要求过低，造成治理修复能力弱的社会组织承接治理修复任务，增加治理修复效果不佳的风险。二是评标方法欠科学。合理低价中标是国际通用的一种评标方式，它能最大限度地节约建设资金，使招标人获得最大投资收益。但在重金属污染耕地治理修复的实践中，由于种种原因，最低价中标法的应用往往走形变样，背离初衷，产生了一系列问题：最低价中标法演变成简单的、原始的、绝对的最低价中标，偷工减料、以次充好时有发生；恶性竞争导致“劣胜优汰”，治理修复技术措施实施质量无法保障，致使重金属污染耕地治理修复市场潜伏重大危机。

（四）科研院所单独作为实施主体的难度较大

重金属污染耕地治理修复技术复杂，开展此项工作，既需要具备重金属污染耕地治理修复技术，也需要具备农业生产技术，而同时具备 2 个方面技术的专业治理修复机构并不多，这也是重金属污染耕地治理修复市场发展的一大制约因素。目前，国内外科研院所开展了大量与耕地重金属污染治理修复的相关理论与技术研究工作，并以成熟技术成果的规模化工程示范为切入点，开展了一定规模的连片治理修复试点工程，为我国耕地重金属污染治理修复提供了治理示范。但是，重金属污染耕地治理修复不同于试验研究，面积一般都较大，除了具备相应的技术，还需要具备项目管理以及现场施工等各环节的完整工作体系，缺一不可，而科研院所由于业务及机构性质的定位，缺乏项目管理和现场施工体系，另外，某些治理修复项目在招标时设定的具有工商管理等级和不允许联合体投标等条件将科研院所排除在投标范围之外，科研院所单独作为实施主体参与重金属污染耕地治理修复项目难度较大。

（五）第三方治理服务组织融资难、融资贵

重金属污染耕地治理修复投入大，而农业生产周期长，投资回报期长，治理修复效果不确定、不稳定，政府项目资金到位时间滞后，承接主体往往在前期投入资金量较大，但由于农业项目效益低、回收期长，既没有物权抵押，又没有收费权抵押，导致重金属污染耕地治理修复第三方承接主体融资方面存在较大的困难，而且目前我国仅对国家鼓励发展的第三方治理重大项目，在贷款额度、贷款利率、还贷条件等方面给予优惠，数量众多的小规模环境污染第三方治理项目，尚享受不到贷款优惠政策。当前重金属污染耕地治理修复，投融资渠道仍然单一，主要依靠中央和地方政府按照比例进行投入。资金的投入不足，已经严重制约我国重金属污染耕地治理修复的市场化进程，迫切需要寻求多渠道融资方式来解决资金问题。

七、培育壮大第三方治理实施主体方略

（一）明确各级政府部门职责

在土壤重金属污染治理修复中政府部门主要承担倡导、规制、协调、监管和服务等职能，应该正确处理好放管关系，明确各层级政府职责和工作重点，平衡推进重金属污染耕地治理修复项目简政放权和放管结合，注重发挥整体指导和服务作用。中央层面主要负责顶层设计、区域统筹、监测监管、制度建设等宏观政策措施的制定和把握；省级政府对重金属污染耕地治理修复项目负总责，主要按照区域发展战略并结合区域土地利用特点明确区域治理修复重点和方向，负责相关制度政策的制定和对口指导，研究制定解决治理修复过程中出现的重大、具有共性问题的办法；市（州）级政府主要负责项目立项、设计、审查预算、设计变更审批、项目监管及验收等审批性工作，以及重金属污染耕地治理修复项目资金整合方案的制定等；县（市、区）级政府是重金属污染耕地治理修复项目的责任主体，主要负责项目立项、设计、预算的初审和项目监管、设计变更审查、报批、项目初验等初审性工作，以及资金的整合拨付和项目前期的指导实施工作；乡（镇）政府主要负责督促动员工作，使第三方治理实施主体按规定和要求维护施工环境，监督项目实施，对项目实施中出现的纠纷和矛盾进行协调解决，做好整个项目实施工作。充分发挥市场配置资源的决定性作用，培育和壮大第三方治理实施主体，提高环境公共服务效率，形成政府、企业、社会三元共治的重金属污染耕地治理修复体系。

（二）加强法制保障

建立完善重金属污染耕地治理修复法律制度，明确对造成耕地重金属污染的各类行为的处罚规定，倒逼排污者参加第三方治理或者主动自行治理，并规范第三方治理主体行为。另外，由于第三方治理机构和环境检测机构良莠不齐，还应该规范其准入和退出。第三方治理制度法律责任的建构中首当其冲的应当是政府角色的转变，由“专职的管理指挥者”变为“中立的组织协调者”，政府的行政管制模式应当转变为三方的互动模式，由控制型思维模式转变为指导和监督机制。明确第三方治理制度中三方具体的环境民事法律责任和环境行政法律责任，以及具体责任之间三方的责任边界，填补立法空白和法律漏洞，从而更好地落实第三方治理制度中法律责任的追究机制。要建立约束和监督机制，及时发现第三方治理中存在的违法违约行为。重金属污染耕地引入第三方治理仍然应遵循市场原则，由市场来决定，但是政府要去创造市场、规范和发展市场。

（三）规范承接主体的选择机制

1. 完善服务承接主体选择标准

服务承接主体选择标准关乎政府购买服务机制中相关参与主体的质量。承接主体选择标准，一是承接主体所具备的条件，主要包括主体类型、人员数量及素质、主体规模

及主营业务、业绩与经验、技术水平以及资金、设备、诚信等情况。主体类型要与购买服务内容相适应，目前在国内进行第三方治理购买服务中，地方政府一般都要求承接主体具备耕地重金属污染治理修复相关资质，实际上具备这些资质的一般都是专业环保企业，这就将合作社、大户排除在了承接主体之外，但是在第三方治理中，承接主体还是与当地合作社和大户合作，将一些治理修复服务交给合作社、大户承担。所以，对服务承接主体选择标准要完善，适当放宽选择范围，让合作社、大户也进入承接主体选择范围。应注意条件宽严要适度，条件过低，社会组织参与者过多，加大政府购买服务难度；条件过高，影响社会组织参与积极性，阻碍政府购买服务机制顺利进行。二是承接主体所提供污染耕地治理修复方案的质量。高质量的治理修复方案，是高质量完成治理修复任务的基础。政府向社会力量购买服务过程中，应该明确公共服务质量的标准，对每一阶段的服务做出可量化的衡量标准。对于社会组织所提供的公共服务进行专业标准化的评估，是对社会组织重要的激励与行为约束[9]。重金属污染耕地治理修复政府购买服务运作机制中，要重视完善承接主体选择标准，要对承接主体所具备的条件和提供公共服务方案的质量进行评估。

2. 完善评审体系

规范意义上的政府购买公共服务评审主体应包含内部评审和第三方评审，只有两者相辅相成、共同配合，才能切实保障政府购买公共服务的高效运转。重金属污染耕地治理修复项目中，可建立独立的政府购买服务第三方评审体系，将具有丰富评审经验、专业知识、运作良好的社会评估机构纳入到评审主体中，运用科学的评估体系和评估方法。

（四）大力培育重金属污染耕地治理修复社会化服务组织

国内外实践证明，发展成熟的大量社会组织是有效开展政府购买公共服务的前提，公共服务市场化成效如何在很大程度上取决于社会组织的发育程度。重金属污染耕地第三方治理实施中对专业化的治理修复社会化服务组织的需求迅速增加，但是与需求相比，目前这类社会化服务组织在数量、规模、装备、技术能力、管理能力及实施大规模耕地污染治理修复经验上，还远远无法满足污染耕地治理修复需求。因此，要创新社会组织培育管理机制，加快培育和发展一批数量充足、类型齐全、依法诚信、自律自治的社会化服务组织。

第一，要加大对社会组织的扶持力度，坚持监管和扶持并重，认真落实社会组织发展税收优惠政策，完善财政支持政策，推进社会组织培育孵化基地建设，强化社会组织发展人才支持和保障，促进社会组织重视人才培养，加快工作人员专业化、职业化进程。

第二，增强社会组织的能力建设，向其征求意见，搜集培训需求信息，制订有针对性的计划。督促社会组织不断完善自身能力建设，提升服务能力、治理能力、创新能力，为重金属污染耕地治理修复提供更多高素质的载体。根据重金属污染耕地治理修复的特点，需要加快培育以下几类社会化服务组织：生态环保类社会化服务组织、依托政府涉农部门形成的社会化服务组织、村集体基础上形成的社会化服务组织、农民专业合作社基础上形成的社会化服务组织，以及其他社会化服务组织。

（五）合作社应成为第三方治理主要承接主体

国内实践表明，合作社（尤其是粮食生产合作社）已经成为第三方治理的主要承包主体，其原因，一是合作社具有耕地治理修复内生动力，实施效果好。合作社及其成员是所承包受污染耕地的利益主体，耕地治理修复的成效与其利益息息相关，具有搞好耕地治理修复、提高耕地质量、生产优质产品、获得好的收成效益的内生动力。因此，在开展耕地治理修复时一般更注重技术措施实施质量，同时，也可很大程度上避免项目结束、技术措施停止的弊端，有利于治理修复的可持续性。二是合作社具有开展重金属污染耕地治理修复的优势条件。合作社拥有可以撒施生石灰、土壤调理剂、有机肥和深翻耕的机械设备；具备一定技术力量，合作社一般都熟悉水稻施肥、灌溉、防虫治病等技术，与重金属污染耕地治理修复技术结合，既能确保治理修复技术措施落地，又能确保水稻优质高产；合作社熟悉当地情况。合作社都是当地的农业生产服务组织，长期为当地各种农业生产开展服务，对当地劳动力状况、生产习惯、灌溉水源、道路交通状况、耕地排灌沟渠等基础设施状况、大型农业机械分布以及风土人情都了如指掌，而且合作社与农民语言相通，便于交流。

合作社的劣势是技术人才和技术能力不能满足耕地治理修复需求。因此，加大对合作社人财物的支持力度，加大对合作社人才培养、技术培训，提升合作社服务能力、治理能力、创新能力，使其成长为完全能够承接重金属污染耕地治理修复的实施主体。

（六）鼓励科研院所参与重金属污染耕地治理修复项目

耕地重金属污染治理修复技术复杂，需要具备对应全污染链条各环节的完整技术体系，科研院所是科学研究和技术开发的基地，也是培养高层次科技人才和促进高科技产业发展的基地。目前，国内外科研院所开展了大量与土壤重金属污染治理修复相关的理论与技术研究工作，并以成熟技术成果的规模化工程示范为切入点，开展了一定规模的连片治理修复试点工程，为我国耕地重金属污染治理修复提供了治理示范。目前相当部分社会化服务组织技术人才和技术能力不能满足重金属污染耕地治理修复需求，是制约重金属污染耕地治理修复取得好的可持续效果的重要因素。

因此，要采取切实可行措施，充分发挥科研院所的技术、人才优势，考虑到科研院所单独作为实施主体参与重金属污染耕地治理修复项目难度较大，应允许并鼓励科研院所与企业、合作社等实施主体以组成联合体等形式承接或参与治理修复项目，科研院所主要负责治理修复试点示范和区域重金属污染耕地治理修复技术指导。鼓励科研院所的重金属污染耕地治理修复相关科技成果在实际应用中的转移转化，有利于促进污染耕地治理修复产业的培育和发展。

（七）构建多主体参与的共享环境治理绩效分配机制

通过建立招投标阶段引入外部第三方咨询机制，识别公共服务项目全生命周期中的风险，平衡各方风险分担比例，推动风险承担程度与收益对等，可以有效发挥政府资金的杠杆作用。同时，采取投资奖励、补助、担保补贴、贷款贴息等多种方式，调动社会资本参与重金属污染耕地治理修复的积极性，构建以政府为主导、企业为主体、社会组织和公众共同参与的耕地治理修复体系，使共享治理修复绩效机制成为多主体对第三方治理模式的统一认同，且成为挖掘第三方治理模式潜在治理修复绩效的动力。同时，使多方参与治理主体与对象按照一定比例共享治理绩效，从而分散第三方治理模式的经营风险，保证承接主体的经济可持续性，使第三方治理模式的整体环境绩效在时间上可持续。

参考文献

[1] 杨新民. 中国行政法学原理［M］. 北京：中国政法大学出版社，2002.

[2] 李静. “谁污染谁治理” 思路受挑战第三方治理正当其时［N］. 经济参考报，2014-05-19（7）.

[3] 国家发展改革委环境保护部关于印发《关于培育环境治理和生态保护市场主体的意见》的通知［EB/OL］.（2016-09-29）［2016-09-29］. https://www.wndrcgovcn/fggz/hjyzy/hjybh/201609/t20160929_1164216html

[4] 童星星，夏卫生，林泽建，等. 重金属污染耕地不同修复主体的实施效果研究［J］. 中国环境管理，2020，12（1）：121-129.

[5] 刘欣. 乡村振兴战略下农民合作社社会化服务功能提升路径研究［J］. 南方农业，2021，15（21）：112-114.

[6] 李容容，罗小锋，薛龙飞. 种植大户对农业社会化服务组织的选择：营利性组织还是非营利性组织？［J］. 中国农村观察，2015（5）：73-84.

[7] 马少华. 中国农业企业：发展历程、运行特征及新时代使命［J］. 农业经济，2020（12）：23-25.

[8] 蒋和平. 粮食安全与发展现代农业［J］. 农业经济与管理，2016（1）：13-19.

[9] 董杨，句华. 政府购买公共服务质量保障问题研究［J］. 中国行政管理，2016（5）：43-47.

第六章　重金属污染耕地第三方治理适度规模

一、研究背景、意义及国内外研究进展

（一）研究背景

2005年4月至2013年12月，我国开展了首次全国土壤污染状况调查。根据2014年《全国土壤污染状况调查公报》数据显示，全国土壤镉点位超标率达7.0%，全国土壤环境整体情况不太乐观。有资料表明，中国镉、砷、铬、铅等重金属污染的耕地面积近2 000万公顷，约占总耕地面积的1/5[1]。从污染分布情况看，南方土壤污染重于北方。耕地重金属污染威胁到农产品质量安全和耕地生态健康[2-3]，成为制约我国农业可持续发展的重要因素。

国家对这一问题高度重视，《全国农业可持续发展规划（2015—2030年）》中将"保护耕地资源，防治耕地重金属污染"列为未来时期农业可持续发展的重点任务；《中华人民共和国国民经济和社会发展第十三个五年规划纲要（草案）》把"开展1 000万亩受污染耕地治理修复和4 000万亩受污染耕地风险管控"列入100项重大项目之一。国家于2014年启动重金属污染耕地治理修复，并先期在湖南省长沙、株洲、湘潭三市开展试点（简称长株潭试点），试点采取边修复治理边生产的技术路径和VIP+n技术模式，到2015年，试点取得较好效果（治理修复区域的稻米平均降镉率达到60%①）。伴随着长株潭试点取得较好效果，政府增加试点数量，多地也相应出台污染防治政策，采用低镉积累水稻品种或者进行种植结构调整减少农作物的重金属含量，同时对耕地进行施用石灰、有机肥等措施修复土壤[4]。

《中共中央关于全面深化改革若干重大问题的决定》在我国环境政策系统中首次提出了推行环境污染第三方治理[5]，以污染治理专业化、产业化、市场化为导向的环境污染第三方治理，不仅是环境污染治理能力现代化和推动生态环保市场发展的结合点，也是吸引社会资本积极参与城市环境污染治理的切入点[6]。当前在重金属污染耕地的治理修复中，"第三方治理"模式应用面积也越来越大。

目前，我国农业生产经营主体类型多，加之工商企业参与重金属污染耕地治理修复，导致在重金属污染耕地治理修复中，实施主体类型呈现复杂格局，且我国生态修复领域仍存在适格生态修复主体不明确的问题[7]，不同实施主体治理能力也不一样，这

① 资料来源：《湖南耕地污染修复试点取得成功》，https://hn.rednet.cn/c/2015/12/30/3876755.htm。

给政府日常的工作管理带来了难处。在第三方实施主体治理修复规模的确定上，当地政府借鉴耕地适度规模经营经验，主要是考虑耕地流转情况、当地的劳动力情况、基础设施等条件是否足够支撑实施主体进行治理修复，或者是否存在资源冗余而得不到充分利用的情况，亦或者实施主体在自身素质方面是否具备相应的治理能力等问题，而重金属污染耕地治理修复所采取的 VIP+n 等技术措施对实施主体治理修复规模的影响及受中国人情关系的影响[8]则较少衡量，治理修复规模的确定难免被其影响。在此背景下，第三方治理的适度规模的确定问题值得关注。

（二）第三方治理适度规模的内涵与特征

1. 内涵

立足于规模经济相关理论基础和当前长株潭地区的治理修复实践情况，将“重金属污染耕地第三方治理适度规模”定义为以现有生产力水平、资源承载力和制度环境等因素为基础，以落实各项治理修复技术为原则，第三方治理实施主体通过对劳动、土地、资本、技术等治理修复要素的合理配置，取得最佳经济效益①时所对应的重金属污染耕地第三方实施主体治理修复规模。

（1）理性经济人假设

采用理性经济人假设，第三方实施主体作为理性经济人，可通过对重金属污染治理修复规模的抉择来追求自身经济利益最大化。

（2）第三方实施主体重金属污染耕地治理修复投入与效益的关系假设

通过借鉴农业生产中投入与产出的关系，重金属污染耕地治理修复投入也可分为土地、劳动力、资本 3 类，各投入要素间存在一定替代关系，各要素的不同组合可实现不同的项目资金收益，这种替代可以在一定范围内促进实施主体合理确定重金属污染耕地治理修复规模，从而提高治理修复的效率。

其中，关于重金属污染耕地治理修复的投入核算，因重金属污染耕地治理修复作为生态项目，首先应立足于生态效益，因此在核算其投入时，有一部分投入是具有必要性的，例如：按照实施方案②，必须实施多少项治理修复技术、每项治理修复技术在物资等方面最少投入量是多少（如每公顷必须撒施足量的生石灰才能达到治理修复效果）、治理修复物资质量是否合格（政府为保证实施效果，会对第三方治理实施主体的治理修复物资进行化学元素、有效成分等方面的检测，达标物资才允许进行下田撒施）等，而这些必要投入也是政府在对实施主体进行项目考核与验收时的必查点，以避免实施主体过度追求经济利益而缩减成本，从而保证项目的实施效果。其他方面的投入，如劳动力雇用、机械设备租赁、物资购买的价格、培训费用、人员管理费用等，则因不同实施主体的治理能力、治理规模等因素而不同。

---

① 考虑到数据的可获得性，以及简化相关问题的研究，实施主体经济效益专指在满足因参与重金属污染耕地治理修复所获的项目资金收益，不涉及治理修复带来的其他方面效益。

② 在实施重金属污染治理修复前，会根据对治理区域重金属污染程度的检测结果，制订相应的治理修复方案，例如采用何种技术，每项技术的使用情况等（如撒施生石灰技术中，实施方案就要明确规定 1 公顷耕地内撒施多少千克石灰），从而保证达到治理修复效果。

2. 特征

重金属污染耕地第三方治理适度规模具有以下特征。

（1）面积规模化

即区别于分散农户治理修复和大、小田长期定位试验等小区域的治理修复，治理修复区域为成片的农田。

（2）资源节约化

即有效调节各项投入的数量，如治理修复物资数量投入、劳动力投入、机械设备投入等，在保障治理修复效果的基础上，集约节约利用资源，提高治理修复技术措施实施的效率。

（3）实施主体效益化

即第三方治理实施主体作为理性经济人，应当结合治理修复区域的条件选择可承受的治理修复规模，来追求自身经济利益最大化。

（4）农业生产同步化

即在进行重金属污染耕地规模化治理修复的同时，农业生产经营活动同步进行。

（5）管理统一化

即治理修复技术种类的统一化、治理修复技术实施的统一化、监督统一化，以及其他管理工作的统一化。

（6）生态环境优化

即将治理修复技术对环境的负面影响降低到最小，如撒施生石灰时减少扬尘，机械撒施时尽量减少对田间基础设施的破坏等，并通过优化技术进一步提升土壤生态的环境承载力和自我修复能力。

（三）研究意义

1. 有助于节约国家资源

从当前重金属污染耕地治理修复项目实施情况来看，其资金来源主要依靠国家财政资金。对第三方治理适度规模的研究，能有效地减轻政府财政资金的压力，其主要表现为：一是通过确定适度的治理修复规模，能在保证治理修复效果的前提下有效控制实施主体的数量，使得对实施主体的投入能达到合理程度，有限财政投入获得最大效益；二是通过从成本收益角度来研究适度治理规模，切实掌握实施主体的成本投入与经济收益的情况，可为制定重金属污染耕地治理修复项目实施方案提供参考依据，从而确定合理的投入预算。

2. 有助于提高政府行政管理效能

重金属污染耕地治理修复属于社会公益性项目，政府通过购买服务，遴选第三方治理承接主体，研究第三方治理适度规模，有助于提高政府行政管理效能，主要体现在：一是政府在招投标时，可依据承接主体治理修复的适度规模，根据项目实施地的具体情况（如治理修复面积、当地经济情况、机械设施使用条件等），提前确定好合理的实施主体参与数量，一定程度上避免参与实施主体数量过多而造成资源浪费，或者实施主体数量过少导致实施主体项目实施压力大影响工期；二是通过治理修复适度规模确定合理范围的第三方治理实施主体数量，有助于政府在项目实施过程中进行更加有效的监督，保障行政管理高效且有序进行。

3. 推动重金属污染耕地治理修复项目的可持续发展

为促进重金属污染耕地规模化治理的高效实施，更好地推动重金属污染耕地治理修复项目的可持续开展，实现更好的生态效益，本研究从经济效益角度出发，以实施主体的投入收益为研究视角，研究不同实施主体的适度治理规模，对于调动实施主体参与积极性、推动重金属污染耕地治理修复项目的可持续发展具有重要意义。

4. 有助于提高治理修复组织化程度

通过确定各实施主体的合理的治理规模，有利于防止出现实施主体治理修复面积过大或过小的现象，更加有利于政府、参与主体对项目的管理与监督，从而提高重金属污染耕地治理修复的整体组织管理水平。

5. 有助于提高治理修复效率

通过理论研究确定实施主体的适度治理规模，一方面有利于在项目一开始时确定各参与主体的治理修复范围，提高项目启动效率；另一方面也有利于在项目开展过程中帮助各实施主体有效地进行治理修复技术的实施，避免因面积过大导致施工速度缓慢。此外，也有利于政府以及第三方监理对项目的监管等，提高项目的实施效率。

6. 有助于确保治理修复效果

根据重金属污染耕地治理修复实施区域的自然条件、经济条件，以及实施主体自身的硬件条件和软性条件，综合考虑多项因素，确定适度的第三方主体治理修复规模，一方面可以保障实施主体在治理修复过程中避免出现资源不足或冗余的情况；另一方面也有利于确保在实施主体的治理修复能力范围内，实现治理修复效果最优化。

7. 有助于提高农业生产经营者收入

根据当前国内重金属污染耕地治理修复项目实施情况，能够真正落实治理修复技术的实施主体多为合作社、家庭农场等农业生产经营者，因此确定合理的治理修复规模，合理评估其投入与产出水平，也有利于保障他们的收入，促进他们更理性地进行项目投入。

（四）国内外研究进展

1. 耕地重金属污染研究

国内外对重金属污染耕地的研究内容颇多，国内研究主要集中在以下 4 个方面。

一是耕地重金属污染源研究。穆莉等[9]利用空间插值法和条件推理树模型发现湖南某县农田 Cd 污染程度与距离企业远近有关；尚二萍等[10]基于地积累指数，结合区位环境污染，研究得出中国粮食主产区耕地土壤重金属主要为人为污染，矿业、工业、污灌水是主要的污染源；曾希柏等[11]通过相关调查发现农业主产区农田重金属累积趋势明显[11]。

二是耕地重金属污染修复技术研究。当前修复技术主要有以下几类。第一，植物修复技术，如米艳华等[12]研究了蜈蚣草、板蓝根等植物对重金属复合污染土壤的治理效果；王英丽等[13]研究得出产铁载体根际菌在重金属污染土壤环境下，具有保护植物生长、加强植物累积重金属等利用潜质。第二，农艺修复技术，如冯英等[14]提出调整农业生产经营结构、选用低积累水稻品种、调整水肥管理等技术是当前中轻度污染耕地安全利用的重要农艺举措。第三，土壤钝化技术，如吴烈善等[15]利用腐殖质、硫酸铵、石灰等物质可对重金属元素快速钝化；邢金峰等[16]研究发现纳米羟基磷灰石能实现弱化水稻籽粒对重金属的富集等。此外还有 Li 等[17]、王进进等[18]对当前普遍采用的耕地重金属污染修复技术进行了综合对比研究。

三是耕地重金属污染评价研究。国内耕地重金属污染评价研究内容丰富，但主要是评价土壤和农作物的不同重金属元素含量，以此判断研究区域的重金属污染水平和生态风险。例如，钟雪梅等[19]在广西南丹进行空间分布特征分析和风险评估，评价矿业活动对该地区耕地土壤重金属含量的影响；吕悦风等[20]利用浙江省某县 267 个农田土样，测量其 As、Hg、Cr、Cd、Pb 元素含量，进行污染评价。评价方法多为优化赋权模糊综合评价法[21]、单因子污染指数和综合污染指数法[22-23]、内梅罗综合指数[24]以及 ArcGIS 分析[25]等。

四是重金属污染耕地修复相关政策制度的构建研究。例如，郝亮等[26]从风险、资本、政策工具和成本的角度，构建耕地重金属治理政策框架；李颖明等[27]从农户视角出发，探究农民治理技术采用特点和影响机制；黄圣男等[28]研究了农户对耕地重金属污染治理的认知与满意度。

国外对重金属污染耕地的研究在以下几个方面与国内研究一致。

一是对重金属污染的评价。例如，Midhat 等[29]对摩洛哥南、中部的 3 个废弃矿区进行实地调查，评估土壤中的金属污染程度和植物的积累潜力；Rachwał 等[30]通过磁化率和原子吸收光谱法（AAS）对萨克森自由州（德国）境内土壤的多种重金属元素含量进行分析，以评估具有特定潜在毒性元素（PTE）的土壤污染程度；Qian 等[31]运用地质积累指数（Igeo）方法，对从新泽西州自由州立公园（纽约市）22 个地点收集的土壤样品进行了重金属富集和潜在的生态风险评估。

二是相关政策构建。例如，Forton 等[32]对喀麦隆有关环境管理特别是土地污染的现有政策框架进行分析发现，该地区严重缺乏土地污染的全面信息，法律体制框架不健全，执法能力弱以及各利益相关者在可持续土地管理实践上协调不足；Ronchi 等[33]对欧盟成员国的土地保护政策进行分析，发现缺乏土壤框架指令削弱了欧盟成员国之间在土壤保护方面进行强有力协调的可能性；Brombal 等[34]评估了中国受污染场地环境管理系统的进展，根据欧盟的相关经验确定其瓶颈和需要提升的领域。

此外，国外学者还重点研究了重金属元素污染影响，但主要集中在动植物以及微生物领域，例如，Kapusta 等[35]研究发现肠球菌对重金属污染能产生负面的反应，可用作金属毒性的衡量指标；Arimoro 等[36]调查研究发现 Chironomid 幼虫的口部畸形与尼日利亚 Shiroro 湖中的重金属沉积物污染有关；Galal 等[37]通过研究距高速公路不同距离的车前草植物体内的重金属生物累积因子（BF），提出该植物可用作交通相关重金属的生物指示剂和生物监测器。Wajdzik 等[38]通过测量波兰南部的野兔不同器官内的多种重金属元素积累数据，发现野兔的器官和组织可用作重金属污染环境的生物指标。

2. 耕地适度规模经营研究

（1）耕地适度规模经营内涵

在耕地适度规模经营内涵研究方面，国内学者比较经典的研究结论是：张海亮等[39]认为规模经营应以集约化管理和生产为基础；王贵宸[40]提出其内涵为立足生产力水平，有效利用生产要素，以取得最佳效益为目标，从而确定土地经营规模；刘秋香等[41]则从生产能力承受程度的角度出发，认为农户的耕地经营规模在与农业生产能力承受程度相匹配时，即为适度规模经营；齐城[42]认为土地经营规模应从生产要素角度考察规模经营。Deolalikar[43]、Helfand 等[44]通过研究印度和巴西农场发现，因现代农业科技的广泛利用，农场规模与土地产出率呈现正向关系。由此可见，学术界普遍认为耕地的适度规模经营在于各生产要素既要得到合理开发利用，同时又不对各生产要素造成压力。

（2）耕地适度规模经营研究方法

在耕地适度经营规模的确定和研究方法方面，当前不少学者立足于调研样本通过一定的计量方法对耕地的适度经营规模进行了研究。例如，辛良杰[45]基于收入均等化测算法，以全国地级市为研究尺度，针对不同的区域研究出不同的适度规模范围，如华北平原约为 10 公顷，西南山地约为 6 公顷等；张心怡等[46]以河南省为例，运用实地调研数据和 DEA 模型，从投入产出视角研究出普通种粮大户的适度规模为 3. 67～4. 67 公顷，大规模种粮大户为 66. 67～100 公顷；李文明等[47]利用 Translog 生产函数对 22 个省 134 个村 1 552个水稻种植户的调查数据进行分析，研究得出规模在 80 亩以上时，可实现水稻单产最大，水稻生产利润最大化则应在 80 亩以上等。此外，通过查看更多文献资料发现，在目标上多以稳定粮食生产、农民增收、机会成本、投资与经营能力、劳均负担耕地法等作为适度规模的判断标准，在耕地适度经营规模研究方法方面，多采用计量模型对实地调研数据进行分析，计量模型常用的有 DEA 模型、SBM-Undesirable 模型、C-D 生产函数、二次回归模型等，研究方法呈现多样化。

（3）影响耕地规模经营因素

在影响耕地规模经营因素研究方面，张兰等[48]认为影响因素有村庄经济水平、村庄非农就业水平、农地产权等；赵京等[49]以湖北省为研究对象，研究发现农户农地经营规模受到农地整理的影响；张忠明等[50]以农户为视角，研究得出农业劳动力老龄化、农业经济效益不高、收入途径多样化等削弱了农民规模经营意愿，推动农业流动资本投入则能提升其意愿。Moore 等[51]提出影响农户适度规模经营的因素有很多，如自然灾害、机械化水平等。在耕地规模经营影响因素研究方法方面，多采用 Binary Logistic 模型分析法[52-54]、Tobit 模型估计法[48]、基于 RS 和 GIS 技术平台的计量地理模型分析法[55]等。

通过对耕地适度规模经营的内涵、经营规模的确定和研究方法、影响因素等方面的文献了解，得到的启示有：重金属污染耕地的适度规模治理，也在于将各治理要素进行有效组合，这对于既保证达到生态治理效果，又促进经济投入更合理可行，从而推动重金属污染耕地治理修复可持续发展均具有必要性和有效性。目前，我国耕地适度经营规模的研究内容、研究方法、研究理论等已较为成熟，且重金属污染耕地治理修复本身以耕地为基础，与农业生产经营息息相关，因此通过借鉴耕地适度经营规模相关研究，为重金属污染耕地适度治理规模研究提供参考。

3. 重金属污染耕地适度治理规模相关研究

当前关于重金属污染耕地第三方治理适度规模的研究相对较少，仅在全国污染土地治理修复总规模、大规模治理土壤重金属污染完善及建议、第三方治理模式的困境等方面进行了初步研究。有关学者指出，全国粮食面积为20.27亿亩，有待修复的污染耕地约3.9亿亩，修复成本4万亿~10万亿元[56]。周静等[57]以江西贵溪市贵冶地区2012年实施的规模化治理土壤重金属污染技术工程为案例，提出我国大规模治理土壤重金属污染仍有许多地方需完善，提出可在全国范围内，以区域、类型等为依据进行划分，建立规模化治理示范区等建议。黄杰生等[58]以湖南省长株潭地区耕地重金属污染“第三方治理”模式为研究对象，指出在治理过程中存在治理政策不稳定、主体利益协调难度大、信息沟通与监督难，以及第三方和第三方市场不成熟等困境，制约着耕地治理预期效果的实现，探讨如何破解该模式下耕地治理存在的困境。

由此可见，重金属污染耕地规模化治理任重而道远。

（五）理论基础

1. 制度变迁理论

制度变迁，是指制度的替代、转换和交易过程。关于制度的研究，最早起源于19世纪末20世纪初。1898年，凡勃伦在《为什么经济学不是一门演进科学》一书中，将制度看作动态变量，改变了新古典经济学中“制度不变”的假设，称为制度经济学始祖[59]。在凡勃伦的理论中，其核心内容是认为制度阻碍技术进步，制度的变革则是不断克服困境的历程[60]。并且凡勃伦还提出制度改变的每一个阶段都是由之前的状况所左右，即“累积因果论”[61]。

对当前学术界影响较为广泛的，是新制度经济学派的制度变迁理论[62]。在制度变迁理论中，有3个基本假定，一是“经济人”假定；二是主体期望获得最大利润假定；三是由于某些因素的新出现或改变使得效益、成本变动，从而产生潜在利润，最终潜在利润导致制度的变迁。诺斯认为，制度的非均衡状态是推动制度变迁的动力。所谓制度非均衡，就是在外部性、规模经济、风险、交易成本等影响下，潜在收益上升，使制度变迁收益比变迁成本高，由此诱发制度变迁，这时可确立新制度，达到新的制度均衡[63]，而在这一变迁过程当中，政府往往起决定性作用。

理论启示是：在我国多年的重金属污染耕地治理修复实践探索中，实施主体类型及其数量不断变化，反映了制度变迁的相关规律，即政府在第三方治理实施主体的选择上，往往具有决定性作用，政府的选择偏好影响着实施主体在类型、数量及治理规模上的变化趋势。

2. 规模经济理论

规模经济，简单来讲就是某一时期中，当生产的产品绝对量增加时，每一单位产品的生产成本降低，通俗来讲就是通过规模化生产可降低生产成本，从而提高利润。著名的古典经济学家亚当·斯密是最早研究规模经济的学者，他在《国富论》中提到，一定规模的批量生产中，会出现劳动分工，最终导致劳动生产率的提高。在亚当·斯密提出规模经济的雏形后，马歇尔提出规模经济的数学表达形式为“U”型，对亚当·斯密的研究进行了深化和修正。规模经济理论的提出与发展与两次工业革命息息相关，是工业化时代的产物。

目前，规模经济理论多用于企业的生产、经营管理领域[64-66]，或其他商业领域[67-70]。也有部分研究集中在农业生产方面，其研究的主要思路为：由于劳动、土地、投资、机械等农业生产要素的不可分性，地块规模通过作用于这些要素，从而影响农业生产规模经济[71]。当前学术界多从利润和成本的角度出发，测算不同规模农地的农业生产效率，确定农业生产适度规模的范围，从而实现农地资源与农业生产效益的最佳匹配[72-73]。

理论启示是：基于地块规模研究的规模经济理论，是对土地生产经营各要素之间相互关系的综合性分析，以此作为重金属污染耕地第三方治理适度规模的理论基础，有助于规范认识重金属污染耕地第三方治理的地块规模性。

3. 交易成本理论

交易成本理论又名交易费用理论，科斯曾在《企业的性质》中说到，只要财产权是明确的，并且其交易成本为零或者很小，则开始时无论将产权赋予谁，市场均衡的最终结果都是有效率的。然而科斯也提出在实际生活中，交易成本为零几乎不存在，因为在交易过程中始终存在成本，即交易费用，例如有相对价格发现、谈判及签约费用等[74]。基于该研究思路，后续研究者在此基础上做了进一步分析。

威廉姆森认为交易活动的进行有赖于契约关系的建立，而签订合同是需要成本的，主要原因有：第一，人的理性是有限的，即在签订合同时不可能在短期内考虑到全部因素；第二，人的投机性、未来的复杂性以及合同自身的漏洞，会使得合同的执行效果打折扣[75-76]。

理论启示是：该理论对重金属污染耕地第三方治理适度规模的发展具有重大的指导意义。一方面，政府在与第三方治理实施主体签订合同时，政府和实施主体会利用自己在治理修复中的地位和优势使自己的利益最大化，例如政府对实施主体的实施效果提出更高的要求，通过竞标等方式使成交价格保持合理水平，以减少治理成本，而实施主体则希望合同价格尽可能高，或者通过压缩治理成本实现更多经济效益，这将导致政府与实施主体的冲突。因此，在签订以及履行合同时，应综合考虑治理效果和实施主体的利益，尽可能地减少交易成本。另一方面，政府在减少交易成本上也做出了很多努力，例如政府对社会化服务的扶持力度较大，如为实施主体统一采购低镉积累品种、病虫害防治、与合作社衔接、农机服务、专业培训等，甚至组建专家组，直接到田间亲自进行技术指导或追踪服务，从而直接或间接减少了实施主体在治理过程中的投入成本，较大地激发了实施主体的热情以及扩大治理规模的欲望。

4. 可持续发展理论

在当前的为提供公共产品或服务、实现特定公共项目的公共利益而建立的项目中，PPP模式成为基础设施投资、建设和经营的重要方式。在该模式中，合作主体有：一是“公共部门”，如政府及其管理部门、公共事业管理部门等；二是“私人部门”，如公司、企业或者个人等主体；三是“监督方”，如公众、第三方独立监督机构、政府监管部门[77]。

PPP 项目的三方主体具有以下关系特征。一是目标一致性，即实现公共利益与经济总目标的双达成。对于政府而言，该项目首先是为实现公众需要，侧重公益性和社会、生态等效益，其次是注重经济效益，私人部门则更注重经济效益。因此衡量好两者目标的一致性具有奠基作用。二是合作长期性，即 PPP 项目持续时间长，稳定的合作关系有利于节约资源、提高效率。三是平等协调性，即公共部门、私人部门、监督方需建立完善的沟通机制，以平等为原则，积极、有效、畅通地进行信息沟通、协调管理[78]。Reinikainen 等[79]以芬兰为研究案例提出，对于促进受污染土地管理的可持续性，明确一致的政策目标、可靠信息、政治和技术可行性以及利益相关者的积极参与均是非常重要的因素。特别是作为生态修复中的重要内容，Braun 等[80]也提出，可持续性是重金属污染耕地治理修复的强大总趋势，还提出治理修复的可持续性在发达国家比在发展中国家更为明显。

理论启示是：重金属污染耕地第三方治理，应重点形成政府部门、第三方治理实施主体、监督主体之间的目标一致性、合作长期性、平等协调性关系，从而实现项目的资源有效利用、治理修复实施高效，最终实现重金属污染耕地治理修复项目的可持续性发展。

二、重金属污染耕地第三方治理适度规模分析

（一）内容、方法与技术路线

1. 研究内容

（1）重金属污染耕地第三方治理适度规模研究

立足于长株潭重金属污染耕地第三方治理的实际情况，以合作社、工商企业为研究对象，选择 DEA 模型分析法，从治理规模区间的角度对研究区域的重金属污染耕地第三方治理适度规模进行确定，从而分别形成合作社、工商企业的重金属污染耕地适度治理规模，以体现合作社、工商企业各自的特性，使测算出来的适度治理规模更具有针对性、可行性。

（2）重金属污染耕地第三方治理适度规模影响因素分析

基于 DEA 测算所得各样本的综合技术效率值，从样本个体因素（内因）、项目区基础条件（外因）两方面选取影响因素，采用 Tobit 模型，分别对合作社、工商企业进行影响因素的分析，从而帮助合作社、工商企业在后续的重金属污染耕地治理修复中更高效开展治理修复工作。

2. 研究方法

（1）文献研究法

利用 CNKI 和 Web of Science 文献数据库，搜集关于重金属污染耕地、耕地规模经营等方面的国内外相关文献，通过整理分析，了解重金属污染耕地的污染源、技术、污染评价、政策构建方面，以及重金属污染耕地适度治理规模方面的研究动态、发展趋势、可利用的研究方法等，总结需要解决的问题，为开展后续研究奠定基础。

（2）问卷调查法

为了得到实证数据，设计初步问卷调查表，并通过预调查对问卷调查表进行修改完善，调查问卷详见附录。以入户调查、政府访谈的方式，收集大量的第一手资料，为第三方治理实施主体治理规模研究提供基础数据。

（3）计量经济模型分析法

首先采用 DEA 模型对调查数据进行适度治理规模的测算，分析不同治理规模下的效益问题，判断其规模是否有效；利用 Tobit 模型，以 DEA 计算所得的综合技术效率为因变量，从样本个体特征、项目区基础条件两个维度严格筛选影响因素为自变量，建立回归模型，对适度治理规模的测度结果进行分析与讨论。

3. 技术路线

技术路线如图 6-1 所示。

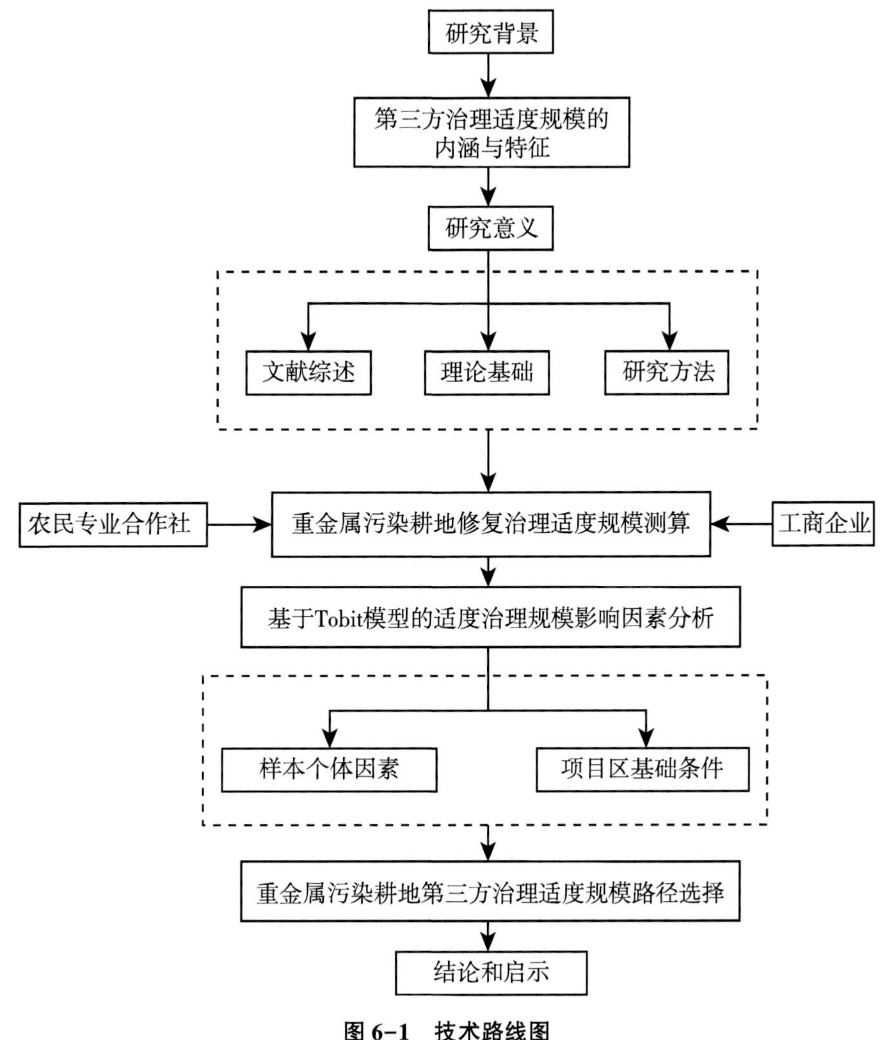

图 6-1　技术路线图

（二）数据来源

1. 研究区域概况

（1）自然条件

长株潭城市群，位于中国湖南省中东部，由长沙市、株洲市、湘潭市组成，是湖南省的核心经济动脉。长沙、株洲、湘潭三市沿湘江呈“品”字形分布，两两距离 40 千米以内，地理位置优越，各区域之间联系紧密。长株潭城市群地域辽阔，地势低平，气候优越，降水足，资源丰富，森林覆盖率 54.7%，具有较强的环境承载力。

（2）社会经济条件

根据《湖南统计年鉴 2020》数据，该地区常住人口 1 530.45万人，三市城镇化率分别为 79.56%、67.91%、63.81%，均在 60%以上，三市平均城镇化率为 70.43%，城镇化水平较高。2019 年实现地区生产总值（GDP）16 834.98亿元，其中农林牧渔业生产总值达 725.32 亿元，占比为 4.31%，人均 GDP 为 11.00 万元。

表 6-1 展现了长株潭三市的部分社会经济条件平均水平与湖南省、全国的平均水平的对比情况。由表 6-1 可知，长株潭三市的平均城镇化率均要高于全国和湖南省的水平，城镇化发展水平较高，农林牧渔业 GDP 占比略低于全国和湖南省的水平，人均 GDP 要显著高于全国和湖南省的水平。总体来看，长株潭三市经济较为发达，这也为大力推动湖南省重金属污染耕地治理修复提供了较有力的财政保障。

表 6-1　全国、湖南省、长株潭三市的社会经济条件对比

区域	平均城镇化率/%	农林牧渔业 GDP 占比/%	人均 GDP/万元
全国	60.60	7.42	7.09
湖南省	57.22	16.11	5.75
长株潭三市	70.43	4.31	11.00

数据来源：《湖南统计年鉴 2020》和《中国统计年鉴 2020》。

（3）农业生产条件

根据《湖南统计年鉴 2020》数据，长株潭三市 2019 年农村劳动力为 581 万人，约占常住人口的 37.96%，约占全省农村劳动力的 16.98%；有效灌溉面积为 53.883 万公顷，占全省有效灌溉面积的 16.97%；机耕面积达 102.472万公顷，占全省总机耕面积的 16.14%，具体情况分别见图 6-2、图 6-3、图 6-4。粮食每公顷产量分别为 6 883千克、7 136千克、7 224千克，远超全省平均水平。总体来看，长株潭地区的农业生产条件较好，有利于农业的生产和发展，为推动长株潭地区重金属污染耕地治理修复在农业生产条件方面打下了良好的基础。

（4）长株潭地区耕地重金属污染概况

长株潭地区作为湖南经济发展的核心地区，其有色冶金、机械制造、化工原料等传统制造工业在产业结构中占据相当大的比重，是当地 GDP 的重要组成部分，而这些传统制造工业正是重金属污染的主要来源之一。

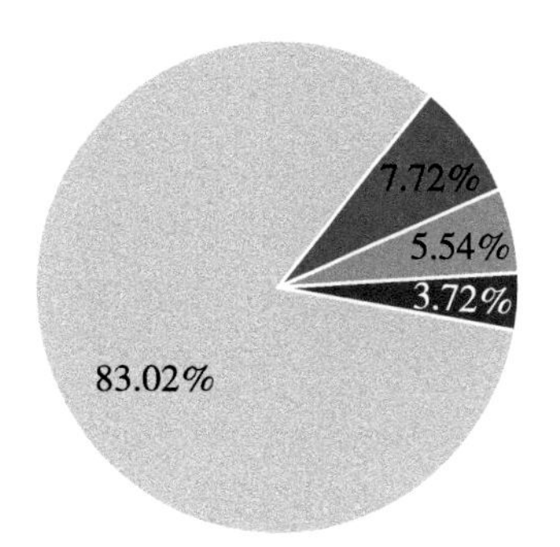

图 6-2　农村劳动力占比

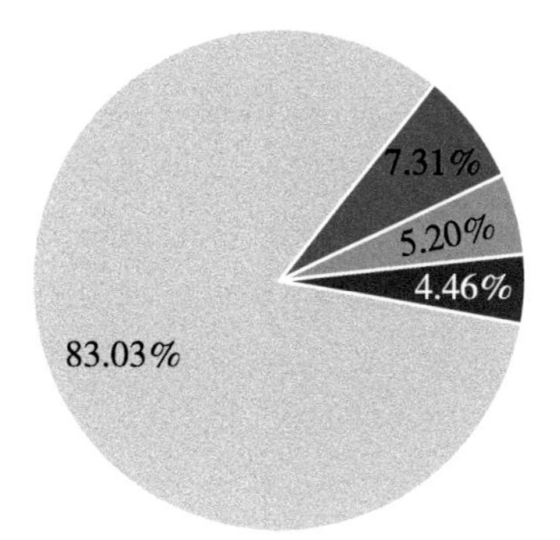

图 6-3　有效灌溉面积占比

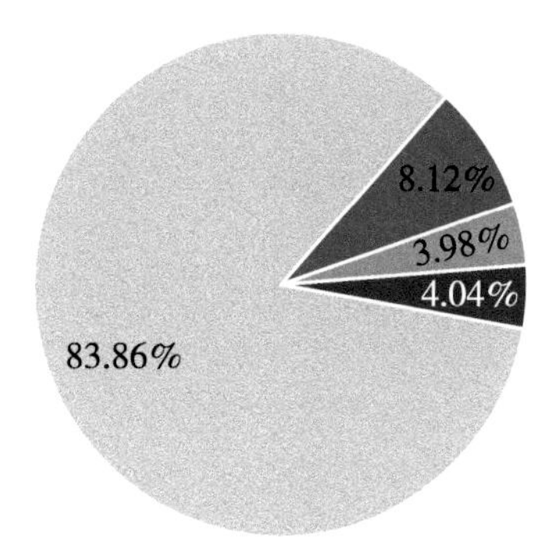

图 6-4　机耕面积占比

近年因对重金属污染耕地关注度提高，相关领域学者以长株潭地区为研究区域，对其重金属污染程度进行了研究。有学者通过采集农业土壤样品检测发现，长株潭地区的农业土壤主要重金属污染元素为 Cd、Cu、Pb 和 Zn，其中株洲和湘潭两地的污染较为严重[81]。针对长株潭段的湘江流域，有关学者通过采集湘江底泥研究发现，对照全国土壤环境Ⅲ级质量标准和长株潭土壤背景值，湘江长株潭段底泥中重金属复合污染较严重，污染物主要是Cd、Zn、As、Pb，尤其以Cd最严重[82]。而从矿山角度，有学者研究发现长株潭矿区的Cd、Pb、Mn、Cu、Zn含量均显著偏高，以Cd污染最为严重[83-84]。通过众多学者研究发现，长株潭地区重金属污染物类型多样，部分区域污染程度较高，因此以该地区为研究区域，具有典型性和重要性。

2. 调查设计

基于研究目标，在已有文献研究的基础上，问卷调查内容包括调查对象基本特征、项目区基本特征、投入情况、效益情况等，并通过预调查多次对调查问卷进行修正完善，从而更好地获得更优质数据。问卷内容及其具体含义如下。

（1）调查对象基本特征

包括姓名、年龄、受教育程度、从事治理修复工作经验年数等。

（2）项目区基本特征

包括项目区地址、治理修复面积、耕地质量（是否便利于人工或机械下田施工）、交通便利度（如道路数量、质量、硬化程度，是否便利于运送治理物资至施工现场）、距离灌溉水源远近程度、当地适合实施治理修复技术的劳动力充足程度、项目区政策完善程度（如资金发放、监管、村镇政府配合、政策信息公示、宣传培训等）、组织技术培训或知识普及次数、作业机械台数、当地群众对重金属污染耕地治理修复认知以及配合关心程度等。

（3）投入情况

包括镉低积累种子①、优化水分管理、石灰三项治理修复技术的单位面积投入（公顷）；劳动用工投入（劳动力用工天数）；直接投入（每公顷治理修复面积的购买物资费用、租赁机械费用、技术服务费、雇工费用等平均投入费用）；间接投入（管理费、保险费、其他间接费用等每公顷治理修复面积的平均投入费用，如购买口罩、手套等防护物资，施工人员的劳务保险，项目管理人员的日常吃住行费用，项目办公场所的租赁费用②等）等。

（4）效益情况

主要指通过重金属污染耕地治理修复项目的实施，合作社或工商企业所获得的每公顷平均收益价格（招投标价格或合同协议价格）。

设计了《长株潭重金属污染耕地治理修复规模情况调查问卷》（见附录），调查不同地区的实施主体基本特征、项目区基本特征以及治理修复技术实施的投入情况和产出情况。

3. 数据概况

2020年5—12月课题组组建专门的调研队伍，采取随机抽样法和分层抽样法相结

---

① 水稻种植环节较多，为合理计算其投入情况，调查时以镉低积累种子购买、运输、发放、育苗、播种、水分管理环节为计算依据。

② 重金属污染耕地治理修复项目施工周期较长，持续3~6个月，企业为便于进行日常项目的管理，一般会在当地租赁民宅作为企业的项目部，一方面开展日常工作，督导落实治理修复工作，另一方面也作为项目负责人的临时居住场地。

合方法，在10县（市、区）① 中选取1~2个镇，每镇选2~3个村，每村随机抽取5~10名实施主体进行一对一访谈式问卷调查。其中对合作社、工商企业的调查，分别以合作社总数、工商企业总数的一定比例进行抽样，以保证合作社、工商企业的数量均达到调查要求。调查前对调查员进行了培训，使之清晰了解本次调查的目的、问卷的内容及调查应注意的事项等，为高效获取真实数据奠定了基础。调查共获取260份样本数据，整理完整有效问卷244份，问卷有效率为93.85%。

4. 第三方治理适度规模理论分析

之所以从实施主体的经济收益角度来研究重金属污染耕地第三方治理的适度规模，其原因主要有以下几点。

第一，重金属污染耕地的治理修复是一个涉及经济、生态、社会等多方面的生态修复，污染面积大，治理环节多，政府在此方面的财政投入也相当大，例如在2014—2017年的长株潭170万亩试点中②，中央财政拨款11.5亿元，湖南省配套财政资金达14亿元，这也给政府财政带来了较大压力。Espana等[85]提出，对于受污染土地的管理而言，资金筹集无疑是最具挑战性的。特别是当前我国土壤重金属污染修复资金存在财政投入不足、立法缺失、资金来源单一、追责体系不完善等问题[86-87]，因此政府在财政投入制度建设方面亟待完善。实施主体作为治理修复中最关键的参与主体，数量明显多于其他类型的参与主体（如政府监管者、第三方监理单位、检测机构、第三方评价机构等），是财政投入占比相当大的重要部分，因此合理衡量实施主体的投入与收益情况，对于合理评估重金属污染耕地治理修复的财政投入具有重要参考价值。

第二，实施主体参与重金属污染耕地的治理修复，虽承担了一定的生态环境保护责任，但作为理性经济人，实施主体也需衡量参与其中能否实现经济收益。特别是长株潭重金属污染耕地治理修复试点部分项目具有PPP项目性质，可持续性是该类项目成功的关键因素，需多方衡量它的项目利益相关方[88]。因此，研究实施主体在不同治理规模上的投入与收益情况，确定适度治理规模，对于合理选择实施主体、充分调动实施主体积极性均具有重要作用，可利用经济激励的手段实现全民共建良好生态。

综上，生态效益应当成为重金属污染耕地治理修复的第一原则，但从生态治理修复项目的可持续发展角度来看，对经济效益的分析是有必要的。

为了对实施主体重金属污染耕地适度治理规模进行有效测算，此处借鉴孔令成[75]、黄永莹[89]、窦畅等[90]的研究成果，利用系统聚类法对样本进行治理规模分组，运用DEA数据分析方法对各组规模的技术效率进行测算，以选择技术效率最优的治理规模。

该方法中，投入指标有土地投入（治理修复面积）、劳动投入（劳动力用工天

---

① 10个县（市、区）分别为长沙县、望城区、浏阳市、宁乡市、渌口区、茶陵县、醴陵市、攸县、湘潭县、湘乡市。

② 2014年湖南省启动了“长株潭170万亩重金属污染耕地修复治理和种植结构调整试点”项目。

数）、直接投入（每公顷治理修复面积的购买物资费用、租赁机械费用、技术服务费、雇工费等平均投入费用）、间接投入（管理费、保险费、其他间接费用等每公顷治理修复面积的平均投入费用），产出指标为实施主体所获项目收益，其中项目收益是指合作社与工商企业或政府签订合同，或者工商企业与政府签订合同的协议价格（元/公顷），即合作社、工商企业进行重金属污染耕地治理修复的每公顷收益。

在对实施主体适度治理规模测算基础上，采用 Tobit 模型探究适度治理规模的影响因素，以便提供相关措施调节治理修复规模，从而在整体上提高长株潭重金属污染耕地的治理修复效率。

对于微观实施主体而言，保证其参与积极性，可为重金属污染耕地治理修复提供坚实的人力、物力等基础；从宏观经济社会来看，实施主体作为治理修复的关键主体，其治理积极性越高，项目的可持续发展就越有保障。

（三）模型选择

重金属污染耕地第三方治理适度规模的计算采用数据包络分析方法。数据包络分析方法（简称 DEA）是属于管理学和运筹学领域的研究方法。其方法原理和模型框架最早由美国著名运筹学家 Charnes、Rhodes、Cooper 三人于 1978 年共同提出，是一种基于投入产出数据的相对有效性评价方法，也是当前计算投入产出情况下决策单元（简称 DMU）相对效率和规模效益应用最为广泛的方法之一[91]。它以凸分析和线性规划为研究手段，通过测算多个投入和效益，比较同类型单位之间的不同效率，判断 DMU 是否处在有效生产前沿面，从而来评价每个 DMU 的相对有效性。落在前沿面的 DMU 被认为是有效率的，否则就被判断为无效率的，同时可以根据某些特定的有效率的 DMU 判断其他 DMU 的相对效率。DEA 模型依据规模报酬是否可变分为 CCR 模型（基于规模报酬不变）和 BCC 模型（基于规模报酬可变）。但由于实际中规模报酬不变情况微乎其微，因此选择 BCC 模型进行分析。

BCC 模型的具体表示如下。

$\min \quad \theta$

$$s.t.\begin{cases}\sum_{j=1}^{n}\lambda_j x_j + s^{+} = \theta x_0 \\ \sum_{j=1}^{n}\lambda_j x_j - s^{-} = y_0 \\ \sum_{j=1}^{n}\lambda_j = 1 \\ \lambda_j,\ s^{+},\ s^{-} \geqslant 0\end{cases} \tag{6-1}$$

式中，$s.t.$ 表示“在……的条件下”；θ 为 DMU 的效率值；n 为决策单元总个数；y 为输出变量；x 为输入变量；λ 为权重变量；j_x、j_y分别表示第 j 个决策单元的输入和输出总量；s^+、s^-则为产出和投入的松弛变量。

通过软件计算，可得最优解 λ^0、S^{-0}、S^{+0}、θ^0，对其有效性分析如下。

当 $\theta^0=1$ 且 $S^{-0}=S^{+0}=0$ 时，DMU 有效，纯技术效率（简称 PTE1）和规模效率（简称 SE1）均为有效，资源配置最优。

当 $\theta^0=1$ 且 $S^{-0}\neq 0$、$S^{+0}\neq 0$ 时，DMU 弱有效，SE1 小于 1，但 PTE1 有效。若 $S^{-0}>0$，则表明要素投入存在冗余；若 $S^{+0}>0$，则要素产出存在不足，应需要进行产出量和投入量的调整。

当 $\theta^0<1$ 且 $S^{-0}\neq 0$、$S^{+0}\neq 0$ 时，DMU 有效，PTE1 与 SE1 同时非有效，有资源浪费和产出不足现象，应适当调整。

DEA 的优势在于：第一，适用于对多投入和多产出的社会经济系统进行有效性评价；第二，无需对所选指标进行无量纲化处理；第三，无需任何权重假设，所有权重均由决策单元的实际数据求得，避免了主观赋权造成的误差，能够较好地反映实际情况。

（四）样本数据分析

1. 样本投入特征分析

本研究抽取的工商企业样本全部为承接主体，合作社样本全部为参与主体样本。表 6-2、表 6-3 分别表示合作社、工商企业在重金属污染耕地治理修复中的投入情况，由表中数据可得如下结论。

第一，面积、劳动用工、直接费用、间接费用 4 项投入情况，工商企业大多数比合作社高，大部分投入中工商企业是合作社的 2~4 倍（参与主体只有劳动投入，治理修复物资由承接主体提供），只有种植镉低积累水稻种子的劳动用工天数要比合作社的低。

第二，劳动用工天数中，合作社与工商企业的优化水分管理技术投入均是最多的，这与技术特性有关。该技术要求水稻的全生育期都需要灌溉足够的水，特别是在水稻的孕穗期、抽穗期和灌浆期等需水量大的生长阶段。

第三，直接费用中，合作社以种植镉低积累水稻种子费用最高，其原因在于镉低积累水稻种子部分地区以自行购买为主，其他治理修复物资则由承接主体工商企业发放给合作社；工商企业则以施用石灰的直接费用投入最高，其原因在于相较于其他几项治理修复技术，石灰的每公顷平均撒施量较大，导致每公顷平均直接费用较高。

第四，间接投入费用中，合作社、工商企业的各项治理修复技术投入均不大，合作社各项治理修复技术的间接投入费用为 38.7 元/公顷，工商企业的各项治理修复技术间接投入费用则差距较大，在 50~150 元/公顷的区间，且远高于合作社。其原因：一方面，工商企业相较于合作社，在作业机械租赁和技术培训上花费较多；另一方面，工商企业因为是外地的，需要在项目地租赁场地进行日常的项目管理，同时项目管理人员的吃住行需要一定的花销，因此整体来看，工商企业的间接投入费用要高于合作社。

表 6-2　合作社重金属污染耕地治理修复投入情况

项目	种植镉低积累水稻种子	优化水分管理	施用石灰
面积/公顷	86.87	86.87	86.87

（续表）

项目	种植镉低积累水稻种子	优化水分管理	施用石灰
劳动用工/天	484.50	5 325.00	630.00
直接费用/（元/公顷）	1 461.30	470.10	888.75
间接费用/（元/公顷）	33.15	38.70	42.30

表 6-3　工商企业重金属污染耕地治理修复投入情况

项目	种植镉低积累水稻种子	优化水分管理	施用石灰
面积/公顷	146.07	146.07	146.07
劳动用工/天	264.00	11 327.40	2 355.00
直接费用/（元/公顷）	1 665.00	727.50	1 755.00
间接费用/（元/公顷）	55.20	70.80	146.85

2. 样本收益特征分析

表 6-4 反映了合作社、工商企业的收益情况。由表 6-4 可见，合作社的各项治理修复技术的收益水平整体低于工商企业，主要是因为在治理物资上工商企业需自行购买修复物资，而合作社在实施时，一般都由政府或工商企业直接购买好物资交由合作社实施，所以实际上合作社的收益大部分为劳务收入。

表 6-4　治理修复重金属污染耕地合作社、工商企业收益情况　　单位：元/公顷

主体	种植镉低积累水稻种子	优化水分管理	施用石灰	合计
合作社	2 041.35	590.70	1 746.00	4 378.05
工商企业	2 229.45	1 098.00	2 820.00	6 147.45

3. 样本数据分类

因单个实施主体样本的分析结果较为零散，难以有效揭示长株潭重金属污染耕地修复第三方治理适度规模的内在规律，更难以对其适度治理规模进行测度。因此在借鉴经阳等[92]、廖成泉等[93]、白士天等[94]研究成果的基础上，采取合适的区间范围，利用系统聚类法，将所调研的合作社、工商企业样本进行分组，结果如表 6-5、表 6-6 所示。

表 6-5　合作社投入与收益情况

规模分组	治理面积/公顷	劳动用工/天	直接投入/（元/公顷）	间接投入/（元/公顷）	收益/（元/公顷）
[0，6.67)[a]	—	—	—	—	—

（续表）

规模分组	治理面积/公顷	劳动用工/天	直接投入/（元/公顷）	间接投入/（元/公顷）	收益/（元/公顷）
[6.67，13.33)	9.78	1 361.70	1 431.00	160.95	1 999.95
[13.33，20)	15.99	2 263.95	1 459.80	124.50	2 737.35
[20，26.67)	23.15	2 430.60	2 938.20	105.90	3 780.75
[26.67，33.33)	30.51	3 090.00	2 707.20	105.15	3 201.45
[33.33，40)	36.03	3 783.45	1 625.10	105.60	7 435.65
[40，46.67)	42.68	4 288.95	2 557.20	140.70	3 341.70
[46.67，53.33)	49.83	6 504.45	3 129.00	142.50	3 172.50
[53.33，60)	54.11	7 022.55	2 899.20	70.05	4 540.05
[60，66.67)	62.81	8 381.55	3 099.75	69.15	3 956.70
[66.67，73.33)	68.58	8 647.95	3 787.35	85.95	5 388.60
[73.33，80)	77.14	9 130.20	2 140.05	91.80	3 687.45
[80，86.67)	81.00	10 110.00	3 696.60	101.85	3 825.00
[86.67，93.33)	88.33	10 579.95	3 045.30	108.45	3 900.00
[93.33，100)	96.87	10 786.05	2 441.25	121.20	3 525.00
[100，106.67)	101.11	11 857.50	2 250.15	124.65	3 799.95
[106.67，∞)[b]	—	—	—	—	—

注：a. 调研数据中，合作社的治理规模均在 6.67 公顷以上，故无 6.67 公顷以下的分组统计数据；b. 调研数据中，合作社的治理规模最大为 106.40 公顷，因此无 106.67 公顷以上的分组统计数据。

表 6-6　工商企业投入与收益情况

规模分组	治理面积/公顷	劳动用工/天	直接投入/（元/公顷）	间接投入/（元/公顷）	收益/（元/公顷）
[0，73.33)[a]	—	—	—	—	—
[73.33，86.67)	84.67	8 572.50	4 312.50	225.00	4 927.50
[86.67，100)	91.20	9 564.00	4 431.00	221.10	6 087.00
[100，113.33)	102.53	10 381.50	4 461.60	349.95	4 692.45
[113.33，126.67)	116.93	11 520.15	4 495.20	270.30	4 683.30
[126.67，140)	134.77	12 741.30	4 168.20	210.00	5 850.00
[140，153.33)	146.99	13 171.05	3 932.40	288.00	6 525.00
[153.33，166.67)	159.23	12 275.70	4 388.55	304.65	6 633.00
[166.67，180)	169.60	12 421.65	3 749.70	271.05	6 879.30

（续表）

规模分组	治理面积/公顷	劳动用工/天	直接投入/（元/公顷）	间接投入/（元/公顷）	收益/（元/公顷）
[180，193.33)	184.00	13 770.00	3 718.35	231.75	6 270.00
[193.33，206.67)	200.00	14 500.05	4 050.00	225.00	5 583.00
[206.67，220)	213.33	14 865.00	5 025.00	205.50	5 700.00
[220，233.33)	228.16	15 645.00	3 825.00	285.00	6 720.00
[233.33，246.67)	237.96	15 975.00	3 216.45	277.50	8 088.90
[246.67，260)	253.33	17 640.00	3 615.00	375.00	6 698.40
[260，273.33)	262.40	19 755.00	3 780.00	495.00	6 855.00
[273.33，∞)[b]	—	—	—	—	—

注：a. 根据实际所获调研数据，单个企业的治理规模均在 73.33 公顷以上，因此无 73.33 公顷以下的分组统计数据；b. 根据调研数据，企业的实际治理规模在 273.33 公顷以下，因此无 273.33 公顷以上的统计数据。

（五）DEA 适度规模测算结果

采用 DEA 中的 BCC 模型以投入为导向，将分组数据运用 DEA 数据处理软件进行测算，可以得到以合作社、工商企业项目收益为目标的综合技术效率（TE1）、纯技术效率（PTE2）和规模效率（SE1）等，结果如表 6-7、表 6-8 所示。如果综合技术效率值不等于 1，则说明该实施主体的各项重金属污染耕地治理修复要素投入并非最佳状态。

1. 合作社适度治理规模 DEA 分析

从表 6-7 中我们可以看到合作社在 33.33~40 公顷治理规模内的综合技术效率、纯技术效率、规模效率均达到了 1，表明该组规模达到了 DEA 有效，即在 33.33~40 公顷内的实施主体有效利用了土地、劳动、资本等要素，在保证重金属污染耕地治理修复尽可能达到落地效果较好的同时，又推动了重金属污染耕地治理修复的资源配置效率达到最优。

从平均水平来看，长株潭地区合作社重金属污染耕地治理修复规模的综合技术效率平均值为 0.662，表明长株潭区域内的合作社在土地、人力、资本等治理修复要素的有效利用上还有一定的提升空间。纯技术效率的平均值为 0.899，远高于综合技术效率，表明在技术角度上，合作社的治理修复技术的实施、资源整合、田间施工管理等能力较强，这与省、市、县、乡等各级政府的大力推广和治理修复技术宣传培训有较大关系，也得益于湖南省在重金属污染耕地治理修复上多年的探索。规模效率的平均值为 0.721，表明合作社的治理修复规模仍有调整的空间，除了 33.33~40 公顷的规模，其余 14 组规模区域的规模效率均呈现递增趋势，该范围内的合作社可适当增加土地、人力、资本等治理修复要素，从而进一步提高重金属污染耕地治理修复的资源配置效率。

表 6-7　合作社 DEA 评价结果

规模区域	TE1	PTE2	SE1	规模报酬
[0, 6.67)	—	—	—	—
[6.67, 13.33)	0.991	1.000	0.991	irs
[13.33, 20)	0.830	1.000	0.830	irs
[20, 26.67)	0.791	1.000	0.791	irs
[26.67, 33.33)	0.527	0.983	0.537	irs
[33.33, 40)	1.000	1.000	1.000	—
[40, 46.67)	0.396	0.764	0.519	irs
[46.67, 53.33)	0.316	0.691	0.458	irs
[53.33, 60)	0.920	1.000	0.920	irs
[60, 66.67)	0.813	1.000	0.813	irs
[66.67, 73.33)	0.890	0.936	0.951	irs
[73.33, 80)	0.570	0.996	0.573	irs
[80, 86.67)	0.533	0.736	0.724	irs
[86.67, 93.33)	0.511	0.780	0.654	irs
[93.33, 100)	0.413	0.797	0.518	irs
[100, 106.67)	0.433	0.805	0.538	irs
[106.67, ∞)	—	—	—	—
平均值	0.662	0.899	0.721	

注：TE1、PTE1、SE1 分别表示综合技术效率、纯技术效率和规模效率；irs、—分别表示规模报酬递增、不变。

2. 工商企业适度治理规模 DEA 分析

（1）工商企业 DEA 模型测算结果分析

从表 6-8 中可以看到，86.67~100 公顷、233.33~246.67 公顷共计 2 组规模区域的综合技术效率、纯技术效率、规模效率均为 1，表明这两组面积规模的重金属污染耕地治理修复实现了技术效率最优，达到了 DEA 有效。

从 3 项效率的平均值来看，工商企业综合技术效率平均值为 0.885，与合作社一样，在土地、人力、资本等治理修复要素的有效利用上还具有进一步提升的空间，但比合作社的有效利用效率高。工商企业的纯技术效率平均水平达到 0.964，属于较高水平。一方面离不开政府的监督与管理，另一方面也得益于工商企业自身的技术专业性较强和公司管理水平较高，这也是导致工商企业的纯技术效率水平要高于合作社的主要原因。工商企业的规模效率平均值为 0.916，显著高于合作社的规模效率水平。与合作社情况类似的是，除 3 项效率均达到 1 的两组规模区域外，其余 13 组规模区域均可以通过合理调节土地、人力、资本等要素的投入，适当调整治理修复规模，以达到治理修复技术的实施效率最佳。

表 6-8 工商企业 DEA 评价结果

规模区域	TE1	PTE2	SE1	规模报酬
[0, 73.33)[a]	—	—	—	—
[73.33, 86.67)	0.903	1.000	0.903	irs
[86.67, 100)	1.000	1.000	1.000	—
[100, 113.33)	0.738	0.947	0.780	irs
[113.33, 126.67)	0.699	0.922	0.758	irs
[126.67, 140)	0.982	1.000	0.982	irs
[140, 153.33)	0.958	0.997	0.960	irs
[153.33, 166.67)	0.925	0.926	0.999	irs
[166.67, 180)	0.996	1.000	0.996	irs
[180, 193.33)	0.936	1.000	0.936	irs
[193.33, 206.67)	0.851	0.978	0.870	irs
[206.67, 220)	0.952	1.000	0.952	irs
[220, 233.33)	0.817	0.914	0.895	irs
[233.33, 246.67)	1.000	1.000	1.000	—
[246.67, 260)	0.762	0.906	0.841	irs
[260, 273.33)	0.750	0.869	0.863	irs
[273.33, ∞)[b]	—	—	—	—
平均值	0.885	0.964	0.916	—

注：TE1、PTE1、SE1 分别表示综合技术效率、纯技术效率和规模效率；irs、—分别表示规模报酬递增、不变。a. 根据实际所获调研数据，长株潭试点区中企业的治理规模均在 73.33 公顷以上，因此无 0~73.33 公顷的分组统计数据；b. 根据调研数据，企业的实际治理规模在 273.33 公顷以下，因此无 273.33 公顷以上的统计数据。

（2）工商企业超效率 DEA 模型测算结果分析

在上述测算结果中，有两组区间的综合技术效率值为 1，需要从中找出最有效的规模范围。超效率 DEA 模型可帮助区别多个决策单元有效的情况，从而找到最优区间。

超效率 DEA 模型由 Andersen、Petersen 于 1993 年提出，主要用于评价 DMU 对于其他单元的效率。基本原则是：在对 DMU 进行效率评价时，把 DMU 的投入产出让其他单元的投入产出替代，从而有效地区分各有效 DMU 的效率差异，并对各 DMU 进行有效性排序。该模型的效率评价结果可能大于 1，可用于进一步分析 DEA 有效的 DMU。它解决了 BCC 模型测算结果中无法继续评价多个有效 DMU 的问题。

对工商企业样本数据进行超效率 DEA 模型测算结果如表 6-9 所示。由表中数据可知，在所有规模区间中，233.33~246.67 公顷区间的规模效率最高，达到了 1.365，86.67~100 公顷的规模效率不及 233.33~246.67 公顷，因此不是最优的。

这一结果也更符合实际需求：一方面，表 6-6 中，通过比较 86.67~100 公顷与 233.33~246.67 公顷两组规模的投入水平和收益水平，可以看到 233.33~246.67 公顷中，治理面积、劳动力投入、直接投入、间接投入均不是所有分组里最多的，但其收益是最大的，因此从调动实施主体参与积极性的角度考虑，233.33~246.67 公顷更易达到相关目标；另一方面，从治理规模来看，233.33~246.67 公顷更具有规模性，也更符合长株潭地区的村镇耕地面积情况，从而更有利于实现以整村、整镇推动重金属污染耕地的规模化治理修复。

表 6-9　工商企业超效率 DEA 评价结果

规模区域	效率值	排序	规模区域	效率值	排序
[0, 73.33)	—	—	[180, 193.33)	0.917	7
[73.33, 86.67)	0.810	13	[193.33, 206.67)	0.870	9
[86.67, 100)	0.851	11	[206.67, 220)	0.931	6
[100, 113.33)	0.780	14	[220, 233.33)	0.895	8
[113.33, 126.67)	0.758	15	[233.33, 246.67)	1.365	1
[126.67, 140)	0.935	5	[246.67, 260)	0.841	12
[140, 153.33)	0.960	4	[260, 273.33)	0.863	10
[153.33, 166.67)	0.999	2	[273.33, ∞)	—	—
[166.67, 180)	0.982	3			

（六）小结

本小结以在长株潭地区重金属污染耕地治理修复区域实地调研所获得的 244 份调研数据为数据来源，并对 244 份调研数据通过系统聚类法进行规模分组，以治理面积、劳动用工、直接费用、间接费用为投入指标，以合作社、工商企业的收益为效益指标，采用 DEA 中的 BCC 模型计算了长株潭地区的不同治理规模分组数据的重金属污染耕地治理修复技术效率。

通过对样本数据的统计分析发现，面积、劳动用工、直接费用、间接费用 4 项投入情况，工商企业大多数均比合作社要高。劳动用工中，合作社与工商企业的优化水分管理治理修复技术均是投入最多的，直接费用中，合作社以种植镉低积累水稻种子费用最高，工商企业以施用石灰费用最多，间接费用中，合作社、工商企业的各项治理修复技术均投入不大，但工商企业的投入水平要比合作社高。从收益来看，工商企业的收益普遍比合作社要高。

通过对分组数据的 DEA 测算，合作社方面，33.33~40 公顷为最理想的治理修复规模，其他治理修复规模范围内的合作社可适当调整土地、人力、资本等治理要素，提高重金属污染耕地治理修复的资源配置效率。工商企业方面，86.67~100 公顷、233.33~

246.67 公顷的重金属污染耕地治理修复规模实现了技术效率最优，达到了 DEA 有效。进一步利用超效率 DEA 模型计算得出，工商企业最优的治理修复规模为 233.33～246.67 公顷。

整体来看，虽然工商企业的综合技术效率、纯技术效率、规模效率水平均要高于合作社，但长株潭地区大部分合作社、工商企业的治理修复规模都处于综合效率非有效状态，即实施主体普遍存在重金属污染耕地治理修复规模不适度现象。

基于以上研究，在未来的重金属污染耕地治理修复中应积极推进适度规模治理，大力提升实施主体的规模效率。但在重金属污染耕地的实际治理修复过程中，由于实施主体本身的规模结构、各实施主体技术水平、耕地集中连片程度等现实条件更复杂，因此在实际治理过程中可根据测算结果适当调整治理修复规模。

三、重金属污染耕地第三方治理适度规模影响因素分析

根据 DEA 模型运用，形成了重金属污染耕地第三方治理适度规模的评估结果，本节将探讨是在哪些因素的影响下形成了重金属污染耕地第三方治理适度规模。根据计量经济学原理，以综合技术效率为因变量，选取可能的影响因素作为自变量进行回归分析，可以得到不同因素对效率的影响程度和影响方向。基于此，利用 Tobit 模型进一步分析和讨论各类因素对适度治理规模的影响。

（一）Tobit 模型构建与变量选择

1. Tobit 模型构建

Tobit 回归分析方法最早由 Tobin 于 1958 年提出，也称为样本选择模型、受限因变量模型，是因变量满足某种约束条件下取值的模型。

因 DEA 模型测算的综合效率值在 0 到 1 之间，数据受限，且运用 Tobit 模型的解释变量可为连续的，也可为虚拟变量。所以利用 Tobit 模型做 244 个样本的综合技术效率值（被解释变量）对影响因素（解释变量）的回归分析。

构建 Tobit 模型具体形式如下：

$$Y = \beta_0 + \beta_1 X_1 + \beta_2 X_2 + \beta_3 X_3 + \beta_4 X_4 + \varepsilon \qquad (6-2)$$

式中，Y 表示重金属污染耕地治理修复的综合技术效率值；X_1 至 X_4 表示投入指标；β_0 至 β_4 为待估参数；ε 为随机误差项。

DEA-Tobit 组合模型被 Coelli 等[95]定为两阶段分析法，目前使用广泛。其意义在于，通过 DEA 测算出重金属污染耕地治理修复规模效率，在此基础上以效率为因变量（被解释变量）、各阶段的影响因素为（自变量）解释变量进行回归分析，并由解释变量的系数判断各种因素对因变量的影响方向及程度，对于有计划地调整资源配置有着重要的意义。

2. 变量选择

根据现有文献[96-97]和对长株潭地区重金属污染耕地第三方治理适度规模分析结果

以及数据可获得性，主要从以下两个维度来考虑解释变量。

一是样本个体特征，主要包括性别、年龄、受教育程度、治理修复工作经验。二是项目区基本条件，主要包括距离水源远近、交通便利度、劳动力充足情况、政策完善程度、当地群众认知程度、年技术培训次数、作业机械台数。

距离水源远近主要是考虑到优化水分管理治理修复技术的实施对水源要求较高，水量应相对充足；交通便利度是为了衡量治理修复物资的运输难易程度；用劳动力充足情况衡量项目区基础条件，主要是因为撒施性的治理修复物资需劳动力撒施，例如石灰、土壤调理剂、有机肥对劳动力人数要求较高，特别是机械化程度较低的地区。且石灰易灼伤皮肤，对人体造成损害，此处的劳动力充足情况不仅考虑到农业劳动人口的数量，也考虑到适宜进行治理修复物资撒施的劳动者质量问题；政策完善程度主要指资金发放、监管、村镇政府配合、政策信息公示、宣传等相关政策文件的完善程度，完善的政策体系有利于指导各级政府、第三方治理实施单位治理修复工作的落实；当地群众认知程度主要指当地群众对重金属污染耕地治理修复的认知、配合、关心（如是否有主动询问、主动参与、主动协助监管等），反映当地群众的主动性。

变量名称及设置如表 6-10 所示。

表 6-10　变量名称及设置

变量类型	变量名称	定义
被解释变量	综合技术效率	根据 DEA 模型计算的 244 个样本综合技术效率值
样本个体特征	性别	女=1，男=2
	年龄	30 以下=1，［30~40）=2，［40~50）=3，［50~60）=4，60 及以上=5
	受教育程度	小学及以下=1，初中=2，高中=3，本科及以上=4
	治理修复工作经验	1 年=1，2 年=2，3 年=3，3 年以上=4
项目区基础条件	距离水源远近	非常远=1，比较远=2，一般=3，比较近=4，非常近=5
	交通便利度	非常不便=1，比较不便=2，一般=3，比较便利=4，非常便利=5
	劳动力充足情况	非常稀缺=1，比较稀缺=2，一般=3，比较充足=4，非常充足=5
	政策完善程度	非常欠缺=1，比较欠缺=2，一般=3，比较完善=4，非常完善=5
	当地群众认知程度	非常差=1，比较差=2，一般=3，比较好=4，非常好=5

（二）样本特征分析

1. 样本个体特征分析

从调查样本的性别结构来看，合作社、工商企业的男性均占比相当大。合作社负责人中男性占到 89.39%，农业生产经营是体力消耗极大的生产活动，男性更适宜，而负责人是女性的合作社，也主要是因为男性劳动力从事其他相关行业。工商企业的项目负责人男性占比在 90%以上，其原因一方面是由于从事环境工程行业的以男性居多，另一方面是该类型项目在农业繁忙期需长期驻守在项目地，管理、监督治理修复技术的实施，也更适宜男性担当项目的负责人。

从调查样本的年龄结构来看，合作社负责人在 40 岁以下的仅有 12.50%，占比最多的为 50~60 岁年龄阶段，占 42.19%，其次是 60 岁以上，占 25.78%。这也反映了农业生产中老龄化趋势明显的社会现实。分析其原因，一方面年轻一辈多外出打工，农业生产无人继承；另一方面乡土情结使得中老年者仍从事繁重的农业活动。工商企业项目负责人中，分布最多的是 30~40 岁年龄阶段，其次是 30 岁以下的，两阶段占到约 65%，其年龄分布比合作社较显优势，一方面年轻者身体素质较好，另一方面更易于接受新鲜事物，对新技术、新问题不容易产生排斥情绪。

从调查样本的受教育程度来看，合作社负责人主要集中在初中，其次是高中文化水平，而工商企业的项目负责人以大学及以上学历者居多，占比为 62.50%，由此得知，从事重金属污染耕地治理修复的合作社负责人，其文化水平相比较工商企业而言偏低，可能会导致在从事耕地治理修复这方面专业性较强的实施项目时，合作社会有些力不从心。而当前合作社负责人文化水平较低的原因，一方面是因为当前大部分合作社负责人年轻时的教育条件较差，难以追求更高学历；另一方面也是因为受教育程度高的同龄人或者后辈一般都外出谋生，而不从事农业了。

从调查样本的从事治理修复经验结构来看，合作社负责人以一年为主，占到 62.28%，表明大多数合作社此前并未有相关治理修复工作经验，这也导致他们在刚从事该项目时难以下手。而工商企业负责人中，从事治理修复 3 年及其以上的占到了 79.45%，这些工作经验一方面得益于湖南 2014 年就启动了多个重金属污染耕地治理修复项目，2018—2020 年项目中的工商大部分都参与了 2014—2017 年的治理修复项目；另一方面这些工商企业多为环保企业，可从其他同类型环保项目中汲取工作经验。

以上分析如表 6-11 所示。

表 6-11　合作社与工商企业个体特征情况

项目	分组	合作社比例/%	工商企业比例/%	项目	分组	合作社比例/%	工商企业比例/%
性别	男	89.39	90.41	年龄	30 岁以下	0	25.35
	女	10.61	9.59		[30~40 岁)	12.50	39.44
					[40~50 岁)	19.53	21.13
					[50~60 岁)	42.19	12.68
					60 岁以上	25.78	1.40

（续表）

项目	分组	合作社比例/%	工商企业比例/%	项目	分组	合作社比例/%	工商企业比例/%
受教育程度	小学及以下	22.72	1.39	治理修复工作经验	1年	62.28	10.96
	初中	44.70	4.17		2年	20.19	9.59
	高中	28.03	31.94		3年	14.15	23.29
	大学及以上	4.55	62.50		3年及以上	3.38	56.16

2. 项目区基础条件分析

项目区基础条件的问卷调查采用5级等级计分的方式，对距离水源远近、交通便利度等情况，采取“非常好—5分、比较好—4分、一般—3分、比较差—2分、非常差—1分”的计分方式，由合作社、工商企业项目负责人进行评价。各基础条件得分情况如表6-12、表6-13所示。

表6-12　治理修复项目区基础条件基本情况一

项目	合作社得分	工商企业得分	项目	合作社得分	工商企业得分
距离水源远近	4.03	3.64	政策完善程度	4.16	4.77
交通便利度	4.28	3.92	当地群众认知程度	4.72	4.75
劳动力充足情况	3.76	3.61			

表6-13　治理修复项目区基础条件基本情况二

项目	分组	合作社比例/%	工商企业比例/%
年技术培训次数	0	5.30	1.37
	1~3次	63.64	57.53
	3~5次	18.94	28.77
	5次以上	12.12	12.33

根据表6-11~表6-13数据显示，合作社负责人对实施区域条件的评价整体上要高于工商企业项目负责人的评价，但项目区的基础条件均较好。其原因主要是政府在选择项目的实施区域时，一般都优先选择基础条件好的农地，一方面地块平整、农地集中连片、水利交通设施好的耕地有利于项目的实施与管辖；另一方面基础条件好的地区经济较为发达，从人文角度也有利于推动项目的实施。

根据表6-13数据显示，从年技术培训次数来看，合作社和工商企业大多数每年培训1~3次，既依据项目区粮食种植习惯进行培训，又可将技术进行分类汇总进行培训。

（三）Tobit 计量结果分析

利用 Stata14.0 软件对数据进行 Tobit 回归分析，结果如下。

1. 合作社 Tobit 结果分析

根据表 6-14，可以通过 *P* 值得到合作社的重金属污染耕地治理修复实施效率的显著影响因素。由表 6-14 可以看到，性别、治理修复工作经验、距离水源远近、年技术培训次数所对应的显著性水平分别为 0.066、0.001、0.029、0.000，均通过了 0.1 的显著性水平检验，因此这 4 个因素显著影响了重金属污染耕地治理修复的实施效率，且均为正向影响。年龄、受教育程度、劳动力充足情况、交通便利度、当地群众认知程度、政策完善程度所对应的 *P* 值分别为 0.662、0.966、0.431、0.462、0.681、0.873，都大于 10%，说明这 6 个因素对重金属污染耕地治理修复实施效率不产生显著影响。

表 6-14 合作社 Tobit 模型实证分析结果

变量名	系数	标准差	*T* 值	显著性（*P* 值）
截距项	-0.547 728 4	0.164 956 7	-3.32	0.001
性别	0.094 777 6	0.050 824 8	1.86	0.066*
年龄/岁	-0.007 086 6	0.016 155 2	-0.44	0.662
受教育程度	0.000 741 4	0.017 593 6	0.04	0.966
治理修复工作经验/年	0.067 980 6	0.019 132 3	3.55	0.001***
劳动力充足情况	0.014 092 4	0.017 797 9	0.79	0.431
距离水源远近	0.031 160 4	0.013 989 6	2.23	0.029*
交通便利度	0.011 658 4	0.015 766 9	0.74	0.462
当地群众认知程度	-0.009 218 9	0.022 315 5	-0.41	0.681
政策完善程度	-0.002 352 8	0.014 693 2	-0.16	0.873
年技术培训次数/次	0.105 956 6	0.020 242 5	5.23	0.000***
卡方值 LRchi2（10）= 59.62	显著性 Prob>chi2 = 0.000 0			
似然值 Log likelihood = 53.456 441	Pseudo R^2 = -1.260 5			

注：采用 95%的置信度。*** 表示在 0.001 水平上显著相关，** 表示在 0.05 水平上显著相关，* 表示在 0.1 水平上显著相关。

第一，性别与重金属污染耕地治理修复实施效率正相关。根据 Tobit 模型回归，*P* 值为 0.066，在具有相关性的 5 个影响因素中，性别的系数值处于中间水平，说明性别对重金属污染耕地治理修复实施效率只产生一定的影响。

第二，治理修复工作经验与重金属污染耕地治理修复实施效率正相关。根据 Tobit 模型回归，*P* 值为 0.001，达到了 0.001 的显著水平，说明该因素对重金属污染耕地治理修复实施效率的影响非常明显，系数值约为0.07，表明从事治理修复每增加1年，实施主体的实施效率将提高约0.07个单位。其原因在于，负责人从事治理工作越久，越熟悉技术实施的规范要求，人员调动协调能力越强，各个实施环节的把控越加到位。

第三，距离水源远近与重金属污染耕地治理修复实施效率正相关。根据Tobit模型回归，*P*值为0.029，达到了5%的显著水平，说明该因素对重金属污染耕地治理修复实施效率的影响比较明显。其原因在于，距离水源越近，越有利于水分管理治理修复技术的实施，可减少引水灌溉设施使用成本，从而减少施工难度。

第四，年技术培训次数与重金属污染耕地治理修复实施效率正相关。根据Tobit模型回归，*P*值为0.000，达到了0.001的显著水平，说明该因素对重金属污染耕地治理修复实施效率的影响非常明显，且是5个因素中影响最为显著的一个因素。系数值约为0.106，也是5个因素中系数值最高的一个因素。其主要原因在于，重金属污染耕地的治理修复是较不广为人知的事物，大部分群众可能从未接触过该事物，对于重金属污染耕地的危害、治理修复的作用、如何进行治理修复等事项不了解，这也是导致前期工作难以开展的重要原因。而通过技术培训以及发动相关宣传力量，可以高效地提高当地群众的认知，有利于促进项目的实施。

2. 工商企业Tobit模型实证分析

根据表6-15，可以通过*P*值得到工商企业的重金属污染耕地治理修复实施效率的显著影响因素。由表6-15可以看到，性别、劳动力充足情况、距离水源远近、交通便利度、年技术培训次数所对应的显著性水平分别为0.097、0.004、0.004、0.039、0.007，均通过了0.1的显著性水平检验，因此，这5个因素显著影响了重金属污染耕地治理修复的实施效率。年龄、受教育程度、治理修复工作经验、当地群众认知程度、政策完善程度所对应的*P*值分别为0.136、0.148、0.353、0.151、0.960，都大于0.1，说明这5个因素对重金属污染耕地治理修复实施效率不产生显著影响。

表6-15 工商企业Tobit模型实证分析结果

变量名	系数	标准差	*T*值	显著性（*P*值）
截距项	-0.587 565 1	0.200 899 0	-2.92	0.005
性别	0.068 348 3	0.040 361 1	1.69	0.097*
年龄/岁	0.026 980 5	0.017 800 9	1.52	0.136
受教育程度	0.031 248 6	0.021 243 1	1.47	0.148
治理修复工作经验/年	0.016 510 3	0.017 620 4	0.94	0.353
劳动力充足情况	0.074 952 9	0.024 712 8	3.03	0.004**
距离水源远近	0.065 540 5	0.021 859 3	3.00	0.004**

（续表）

变量名	系数	标准差	T 值	显著性（P 值）
交通便利度	0.047 218 1	0.022 248 0	2.12	0.039**
当地群众认知程度	0.032 363 9	0.022 178 6	1.46	0.151
政策完善程度	−0.001 722 5	0.034 513 8	−0.05	0.960
年技术培训次数（次）	0.078 159 9	0.027 533 3	2.84	0.007*
卡方值 LRchi2（10）= 122.31	显著性 Prob>chi2 = 0.000 0			
似然值 Log likelihood = 47.790 929	Pseudo R^2 = 4.576 1			

注：采用95%的置信度。*** 表示在 0.001 水平上显著相关，** 表示在 0.05 水平上显著相关，* 表示在 0.1 水平上显著相关。

第一，性别与重金属污染耕地治理修复实施效率正相关。根据 Tobit 模型回归，P 值为 0.097，在具有相关性的 5 个影响因素中，性别的系数值处于中间水平，而 P 值最大，说明性别对重金属污染耕地治理修复实施效率只产生一定的影响。

第二，劳动力充足情况与重金属污染耕地治理修复实施效率正相关。根据 Tobit 模型回归，P 值为 0.004，在 5 个影响因素中 P 值较大，说明从企业角度来看，劳动力充足情况对其实施效率产生的影响较为显著。系数值约为 0.07，表明劳动力充足程度每上升一个等级，重金属污染耕地治理修复的实施效率将提升约 0.07 个单位。其原因在于，工商企业在项目区属于外来企业，除非项目区有合作的合作社，否则工商企业的治理修复项目的实施主要依靠当地的劳动力，实行人工实施治理修复技术，劳动力充足情况也就极大地影响到工商企业的施工进度。

第三，距离水源远近与重金属污染耕地治理修复实施效率正相关。根据 Tobit 模型回归，P 值为 0.004，表明该因素对效率具有非常显著的影响力。该因素主要体现了水源对优化水分管理这一技术的影响。一方面，离水源地越近，越有利于在水稻整个生育期内保证灌溉水源充沛；另一方面，离水源地越近，当遇到旱灾时，越有利于工商企业调用抽水灌溉设施进行抽水灌溉，可在一定程度上节省机械使用台数，节约治理修复成本等。

第四，交通便利度、年技术培训次数与重金属污染耕地治理修复实施效率正相关。根据 Tobit 模型回归，P 值分别为 0.039、0.007，均达到了 5%的显著性水平，表明这两个因素对效率均产生较为显著的影响力。原因与合作社情况类似。

（四）小结

本节采用计量分析与统计描述分析相结合的方法，分析了长株潭地区重金属污染耕地治理修复合作社和工商企业的适度治理规模的主要影响因素。其共性影响因素主要为性别、距离水源远近、年技术培训次数。此外，合作社还受从事治理修复经验因素的影响，工商企业则还受劳动力充足情况、交通便利度因素的影响。分析各个影响因素对适度治理规模综合效率影响的方向和大小，有助于明确未来治理修复工作的努力重点和提升方向，为提出政策建议提供理论依据。

四、重金属污染耕地第三方治理适度规模路径选择

（一）因地制宜进一步推动农村土地流转

重金属污染耕地第三方治理适度规模研究重点在于“规模”，而其规模化的实现依赖于农业生产经营的规模化，因此要实现重金属污染耕地第三方治理的规模化，首先须在农业生产经营上推动规模化，而土地规模经营的前提条件是土地流转。

一是打好产权基础。进一步赋予农民更加完整的土地承包经营权，搞好农村土地确权、登记、颁证工作，确保农民土地承包经营权的长久不变，为培育农村土地流转市场建立坚实的产权基础。

二是因地制宜推动土地流转。适当放宽农村土地转入主体的限制，减少流转方式的约束，吸引更多农业经营能手和“战略投资者”进入土地流转市场，通过土地规模经营利益优势吸引农民主动流转土地，同时规范农村土地流转过程中相关措施，保障土地规模经营的有序推进。

三是发挥典型示范作用。政府应在大力宣传、提高农民土地规模经营认识的同时，在适宜的地区加大力度扶持大型合作社的发展，树立如黑龙江省的“两大平原”典型示范，带动处于观望中的农户流转土地，进行土地规模经营[98]。

（二）完善农业社会化服务体系

农业社会化服务体系是指在家庭承包经营的基础上，为农业生产提供社会化服务的成套的组织机构和方法制度的总称[99]，涵盖内容广泛，包括物资供应、生产服务、技术服务、信息服务、金融服务、保险服务、培训服务以及农产品的包装、运输、加工、贮藏、销售等各个方面[100]。

根据对长株潭地区重金属污染耕地治理修复多年的实践调查发现，其农业社会化服务体系还存在诸多短板，例如：农机设施针对性不强，多为农业生产机械改造而成；重金属污染耕地治理修复技术实施效果难以根据实际污染情况进行调整；专业型技术人才配备不充分等问题。因此，亟须对其社会化服务体系进行完善，以推动重金属污染耕地第三方治理适度规模有效落实。

一是研发改进农机设备，提高机械作业水平。加强与机械设备型企业、高校合作，共同研发针对重金属污染耕地治理修复相关技术的农机设备，主要是石灰、土壤调理剂等撒施型治理修复技术，解决撒施不均匀、扬尘污染大等问题。

二是“一地一测”，因地制宜实施重金属污染耕地治理修复技术实施方案。尤其是针对不同县（市、区），应提前做好相关土壤污染监测工作，并保证数据的及时更新，根据污染情况科学制定重金属污染耕地治理修复技术实施方案。

三是培养专业型技术人才。一方面严把人才招聘关口，与相关农业院校开展就业协作，从高校中招聘专业人才；另一方面可通过政策培训、技术培训、业务培训等方式，针对性、常态化地开展相关专业知识讲座、专业技能讲解，其受众对象不仅针对第三方治理工作人员，还要包含村民、村干部、第三方监理等相关参与主体及人员。

（三）加快培育社会化服务组织

推行重金属污染耕地第三方治理，对各类社会化服务组织的需求迅速增加，但是与需求相比，目前从事重金属污染耕地治理修复社会化服务组织在数量、规模、装备、技术能力、管理能力及经验上，还远远达不到污染耕地治理修复需求。

要加快培育社会化服务组织，满足重金属污染耕地治理修复需求。政府要加快培育和发展环保企业、合作社等社会组织，根据重金属污染耕地修复的特点，需要加快培育以下几类社会化服务组织：生态环保类社会化服务组织、依托政府涉农部门形成的社会化服务组织、村集体基础上形成的社会化服务组织、农民专业合作社基础上形成的社会化服务组织，以及其他社会化服务组织。同时，加大对社会组织在人财物的支持力度，促进社会组织重视人才培养，加快工作人员专业化、职业化进程，督促社会组织不断完善自身能力建设，提升服务能力、治理能力、创新能力，为重金属污染耕地修复提供更多高素质的载体。

五、结论和启示

以制度变迁理论、规模经济理论、交易成本理论、可持续发展理论等为理论依据，在对重金属污染耕地第三方治理适度规模内涵进行界定的基础上，一方面基于实地调查所得的244份有效问卷，以合作社、工商企业作为第三方治理实施主体研究对象，以VIP+*n*技术模式为技术背景，采用DEA数据分析方法，从实证角度对重金属污染耕地第三方治理规模进行测度；另一方面利用Tobit模型从实施主体个体特征、项目区基础条件两个维度对第三方治理适度规模影响因素进行分析，以期推动重金属污染耕地治理修复的可持续发展。

（一）主要结论

1. 适度规模

根据DEA测算结果，合作社治理修复的适度规模为33.33~40公顷，工商企业治理修复的适度规模为233.33~246.67公顷。实施主体可结合具体情况，在适度范围内确定治理规模。但长株潭地区普遍存在重金属污染耕地第三方治理规模不适度情况，可适当增加各方面的投入情况，积极推进适度规模治理，大力提升实施主体的规模效率。考虑到实际中各种条件的复杂性，实际实施过程可根据测算结果适当调整治理规模。

2. 影响适度规模的因素

性别、距离水源远近、年技术培训次数，对合作社、工商企业均产生正向影响，需引起两类实施主体共同关注。另外，从事治理修复经验对合作社有一定的影响，劳动力充足情况和交通便利度对工商企业的治理规模产生一定影响。总之，可通过克服上述因素的限制使重金属污染耕地治理修复更高效。

（二）启示

积极推动重金属污染耕地第三方治理规模适度化是非常有必要的，对于解决重金属污染耕地修复实际问题、推动重金属污染耕地治理修复项目的可持续发展、提高治理修复组织化程度和治理修复效率、保证治理修复效果等具有重要意义，然而推动重金属污染耕地第三方治理规模适度化仍有进一步发展的空间，仍需在推动农村土地流转、完善农业社会化服务体系、加快培育社会化服务组织等方面作出更大努力。

附　录

重金属污染耕地实施主体治理规模调查问卷（农民专业合作社/工商企业）

填写时间：________________

一、项目负责人基本特征

1. 姓名：	2. 男________；女________。（打钩）
3. 年龄：	4. 联系方式：
5. 受教育程度： A. 小学　B. 初中　C. 高中　D. 本科及以上	
6. 治理修复工作经验：________年	

二、项目区基本特征

7. 项目区地址：__________县__________镇____________________村
8. 治理面积：________亩，其中：早晚稻：________亩，中稻：________亩
9. 耕地质量（是否便利于人工或机械下田施工）： A. 非常好　B. 比较好　C. 一般　D. 比较差　E. 非常差
10. 交通是否便利（如道路数量、质量、硬化程度）： A. 非常便利　B. 比较便利　C. 一般　D. 比较不便　E. 非常不便
11. 距离水域（水库、河塘、河流等）远近： A. 非常近　B. 比较近　C. 一般　D. 比较远　E. 非常远

（续表）

12. 当地适合实施修复技术的劳动力是否充足： A. 非常充足　B. 比较充足　C. 一般　D. 比较稀缺　E. 非常稀缺
13. 项目区政策完善程度（例如资金发放、监管、村镇政府配合、政策信息公示、宣传培训等）： A. 非常完善　B. 比较完善　C. 一般　D. 比较欠缺　E. 非常欠缺
14. 组织技术培训（次/年）： A. 一次没有　B. 1~3 次　C. 3~5 次　D. 5 次以上
15. 作业机械台数： A. 无　B. 1~3 台　C. 3~5 台　D. 5 台以上
16. 当地群众对重金属污染耕地治理修复认知、配合、关心（（例如是否有主动询问、主动参与、主动协助监督等）程度： A. 非常好　B. 比较好　C. 一般　D. 比较差　E. 非常差

三、投入情况

	镉低积累种子	水分管理	生石灰
修复面积/亩			
劳动用工/（人·天）			
直接费用/（元/亩）			
间接费用/元			

注：镉低积累种子的劳动用工仅限于播种环节。

直接费用包括物资购买费用、机械使用（燃料费、维修费、折旧费）或机械租赁费、雇工费等。

劳动用工：实施一项技术，雇用劳动力的人数乘以每个工人施工的天数。例如生石灰，雇用了 2 人，每个人施工了 2 天，则劳动用工为 4 人·天。

间接费用：费用支出中，无法用前几项费用（购买物资费用、租赁机械费用、雇工费等）表示的其他费用支出，例如专家费、保险费、培训组织费等。

四、产出情况

17. 各项技术协议价格： 镉低积累种子：________元/亩　水分管理：________元/亩　生石灰：________元/亩
18. 通过项目，可获得利润：________元/亩

参考文献

[1] HUANG Y, DENG M, LI T, et al. Anthropogenic mercury emissions from

1980 to 2012 in China [J]. Environmental Pollution, 2017, 226: 230-239.
[2] 胡鹏杰，李柱，吴龙华. 我国农田土壤重金属污染修复技术、问题及对策刍议 [J]. 农业现代化研究，2018，39 (4)：535-542.
[3] TÓTH G, HERMANN T, DA SILVA M R, et al. Heavy metals in agricultural soils of the European Union with implications for food safety [J]. Environment International, 2016, 88: 299-309.
[4] 李颖明，王旭，郝亮，等. 重金属污染耕地治理技术：农户采用特征及影响因素分析 [J]. 中国农村经济，2017 (1)：58-67.
[5] 中华人民共和国中央人民政府 [EB/OL]. https://www.gov.cn/zhengce/2013-11/15/content_5407874.htm.
[6] 刘超. 管制、互动与环境污染第三方治理 [J]. 中国人口·资源与环境，2015，25 (2)：96-104.
[7] 严思林. 我国生态修复主体探析 [D]. 桂林：广西师范大学，2015.
[8] 王家勇. 人情行为对工程项目验收的影响实证研究 [D]. 昆明：云南大学，2017.
[9] 穆莉，王跃华，徐亚平，等. 湖南省某县稻田土壤重金属污染特征及来源解析 [J]. 农业环境科学学报，2019，38 (3)：573-582.
[10] 尚二萍，许尔琪，张红旗，等. 中国粮食主产区耕地土壤重金属时空变化与污染源分析 [J]. 环境科学，2018，39 (10)：4670-4683.
[11] 曾希柏，徐建明，黄巧云，等. 中国农田重金属问题的若干思考 [J]. 土壤学报，2013，50 (1)：186-194.
[12] 米艳华，雷梅，黎其万，等. 滇南矿区重金属污染耕地的植物修复及其健康风险 [J]. 生态环境学报，2016，25 (5)：864-871.
[13] 王英丽，林庆祺，李宇，等. 产铁载体根际菌在植物修复重金属污染土壤中的应用潜力 [J]. 应用生态学报，2013，24 (7)：2081-2088.
[14] 冯英，马璐瑶，王琼，等. 我国土壤-蔬菜作物系统重金属污染及其安全生产综合农艺调控技术 [J]. 农业环境科学学报，2018，37 (11)：2359-2370.
[15] 吴烈善，曾东梅，莫小荣，等. 不同钝化剂对重金属污染土壤稳定化效应的研究 [J]. 环境科学，2015，36 (1)：309-313.
[16] 邢金峰，仓龙，葛礼强，等. 纳米羟基磷灰石钝化修复重金属污染土壤的稳定性研究 [J]. 农业环境科学学报，2016，35 (7)：1271-1277.
[17] LI H, LUO N, YAN W, et al. Cadmium in rice: transport mechanisms, influencing factors, and minimizing measures [J]. Environmental Pollution, 2017, 224: 622-630.
[18] 王进进，杨行健，胡峥，等. 基于风险等级的重金属污染耕地土壤修复技术集成体系研究 [J]. 农业环境科学学报，2019，38 (2)：249-256.
[19] 钟雪梅，于洋，陆素芬，等. 金属矿业密集区广西南丹土壤重金属含量特征

研究［J］. 农业环境科学学报，2016，35（9）：1694-1702.

［20］ 吕悦风，孙华. 浙北某县域耕地土壤重金属空间分异特征、污染评价及来源分析［J］. 农业环境科学学报，2019，38（1）：95-102.

［21］ 邱孟龙，王琦，刘黎明，等. 优化赋权模糊综合评价法对耕地土壤重金属污染的风险评价［J］. 生态与农村环境学报，2017，33（11）：1049-1056.

［22］ 陈凤，董泽琴，王程程，等. 锌冶炼区耕地土壤和农作物重金属污染状况及风险评价［J］. 环境科学，2017，38（10）：4360-4369.

［23］ 吴洋，杨军，周小勇，等. 广西都安县耕地土壤重金属污染风险评价［J］. 环境科学，2015，36（8）：2964-2971.

［24］ 黄维恒，包立，林健，等. 沘江流域耕地土壤重金属分布及生态风险评价［J］. 农业资源与环境学报，2017，34（5）：456-465.

［25］ 孙成胜，蔡小冬，张仁陟，等. 基于 GIS 的白银区耕地耕层土壤重金属空间分异及污染评价［J］. 干旱区地理，2014，37（4）：750-758.

［26］ 郝亮，李颖明，刘扬. 耕地重金属治理政策研究：一个多维分析框架：以××试点区为例［J］. 农业经济与管理，2017（4）：61-70.

［27］ 李颖明，王旭，郝亮，等. 重金属污染耕地治理技术：农户采用特征及影响因素分析［J］. 中国农村经济，2017（1）：58-67，95.

［28］ 黄圣男，王瑞波，刁志凯，等. 农户对耕地重金属污染治理的认知与满意度评价：基于长株潭地区的调查［J］. 中国农业资源与区划，2018，39（11）：12-18.

［29］ MIDHAT L，OUAZZANI N，HEJJAJ A，et al. Accumulation of heavy metals in metallophytes from three mining sites（Southern Centre Morocco）and evaluation of their phytoremediation potential［J］. Ecotoxicology and Environmental Safety，2019，169：150-160.

［30］ RACHWAŁ M，KARDEL K，MAGIERA T，et al. Application of magnetic susceptibility in assessment of heavy metal contamination of Saxonian soil（Germany）caused by industrial dust deposition［J］. Geoderma，2017，295：10-21.

［31］ QIAN Y，GALLAGHER F，DENG Y，et al. Risk assessment and interpretation of heavy metal contaminated soils on an urban brownfield site in New York metropolitan area［J］. Environmental Science and Pollution Research，2017，24（30）：23549-23558.

［32］ FORTON O T，MANGA V E，TENING A S，et al. Land contamination risk management in Cameroon：a critical review of the existing policy framework［J］. Land Use Policy，2012，29（4）：750-760.

［33］ RONCHI S，SALATA S，ARCIDIACONO A，et al. Policy instruments for soil protection among the EU member states：a comparative analysis［J］. Land Use Policy，2019，82：763-780.

[34] BROMBAL D, WANG H, PIZZOL L, et al. Soil environmental management systems for contaminated sites in China and the EU [J]. Land Use Policy, 2015, 48: 286-298.
[35] KAPUSTA P, SOBCZYK Ł. Effects of heavy metal pollution from mining and smelting on enchytraeid communities under different land management and soil conditions [J]. Science of the Total Environment, 2015, 536: 517-526.
[36] ARIMORO F O, AUTA Y I, ODUME O N, et al. Mouthpart deformities in Chironomidae (Diptera) as bioindicators of heavy metals pollution in Shiroro Lake, Niger State, Nigeria [J]. Ecotoxicology and Environmental Safety, 2018, 149: 96-100.
[37] GALAL T M, SHEHATA H S. Bioaccumulation and translocation of heavy metals by *Plantago major* L. grown in contaminated soils under the effect of traffic pollution [J]. Ecological Indicators, 2015, 48: 244-251.
[38] WAJDZIK M, HALECKI W, KALARUS K, et al. Relationship between heavy metal accumulation and morphometric parameters in European hare (*Lepus europaeus*) inhabiting various types of landscapes in southern Poland [J]. Ecotoxicology and Environmental Safety, 2017, 145: 16-23.
[39] 张海亮，吴楚材. 江浙农业规模经营条件和适度规模确定 [J]. 经济地理，1998 (1): 85-90.
[40] 王贵宸. 关于土地适度规模经营的若干问题：兼答《农村合作经济经营管理》编辑部 [J]. 农村合作经济经营管理，1997 (10): 16-18.
[41] 刘秋香，郑国清，赵理. 农业适度经营规模的定量研究 [J]. 河南农业大学学报，1993 (3): 244-247.
[42] 齐城. 农村劳动力转移与土地适度规模经营实证分析：以河南省信阳市为例 [J]. 农业经济问题，2008 (4): 38-41.
[43] DEOLALIKAR A. The inverse relationship between productivity and farm size: a test regional data from India [J]. American Journal of Agricultural Economics, 1981, 63 (2): 275-279.
[44] HELFAND S, LEVINE E. Farm size and the determinants of productive in the Brazilian Center-west [J]. Agricultural Economics, 2004, 31: 241-249.
[45] 辛良杰. 中国粮食生产类家庭农场的适度经营规模研究 [J]. 农业工程学报，2020，36 (10): 297-306.
[46] 张心怡，孟俊杰，王静，等. 基于 DEA 的中部平原农区粮食适度规模经营分析：以河南小麦-玉米轮作为例 [J]. 河南师范大学学报（自然科学版），2020，48 (1): 18-23，81.
[47] 李文明，罗丹，陈洁，等. 农业适度规模经营：规模效益、产出水平与生产成本：基于 1552 个水稻种植户的调查数据 [J]. 中国农村经济，2015 (3): 4-17，43.

[48] 张兰，冯淑怡，陆华良，等. 农地规模经营影响因素的实证研究：基于江苏省村庄调查数据 [J]. 中国土地科学，2015，29（11）：32-39，62.
[49] 赵京，杨钢桥，周厚智. 农地整理对农户农地适度经营规模的影响：以湖北省为例 [J]. 经济地理，2014，34（5）：129-133，149.
[50] 张忠明，钱文荣. 农民土地规模经营意愿影响因素实证研究：基于长江中下游区域的调查分析 [J]. 中国土地科学，2008（3）：61-67，40.
[51] MOORE A，DORMODY T，VANLEEUWEN D，et al. Agricultural sustainability of small-scale farms in Lacluta，Timor Leste [J]，International Journal of Agricultural Sustainability，2014，12（2）：130-145.
[52] 李晋超，李欣欣，闫瑞，等. 黄土丘陵沟壑区农户耕地规模经营意愿影响因素研究 [J]. 山西农业大学学报（自然科学版），2013，33（4）：346-351.
[53] 杨倩倩，陈英，金生霞，等. 河西走廊中部山丹县农地规模经营意愿及其影响因素研究 [J]. 干旱区地理，2012，35（6）：1004-1011.
[54] 陈秧分，刘彦随，翟荣新. 基于农户调查的东部沿海地区农地规模经营意愿及其影响因素分析 [J]. 资源科学，2009，31（7）：1102-1108.
[55] 孙丽娜. 基于计量地理分析的农地规模经营影响因素作用机理研究 [J]. 中国农学通报，2019，35（13）：83-90.
[56] 陈瑶. 我国生态修复的现状及国外生态修复的启示 [J]. 生态经济，2016，32（10）：183-188，192.
[57] 周静，崔红标. 规模化治理土壤重金属污染技术工程应用与展望：以江铜贵冶周边区域九牛岗土壤修复示范工程为例 [J]. 中国科学院院刊，2014，29（3）：336-343，272.
[58] 黄杰生，李继志. 重金属污染耕地“第三方治理”模式的现实困境与破解：以长株潭地区为例 [J]. 经济地理，2020，40（8）：179-184，211.
[59] 郁建兴，黄亮. 当代中国地方政府创新的动力：基于制度变迁理论的分析框架 [J]. 学术月刊，2017，49（2）：96-105.
[60] 张林. 凡勃伦的制度变迁理论解读 [J]. 经济学家，2003（3）：104-110.
[61] 蒋雅文. 论制度变迁理论的变迁 [J]. 经济评论，2003（4）：73-79.
[62] 蔡潇彬. 诺斯的制度变迁理论研究 [J]. 东南学术，2016（1）：120-127.
[63] 黄鑫鼎. 制度变迁理论的回顾与展望 [J]. 科学决策，2009（9）：86-94.
[64] 周茂森，但斌. 竞争环境下存在规模经济的集团采购供应链协调 [J]. 中国管理科学，2017，25（2）：98-110.
[65] 陈林，刘小玄. 产业规制中的规模经济测度 [J]. 统计研究，2015，32（1）：20-25.
[66] 邢天才，庞士高. 资本错配、企业规模、经济周期和资本边际生产率：基于1992—2013年我国制造业上市企业的实证研究 [J]. 宏观经济研究，2015（4）：48-59.
[67] 刘明宇，芮明杰，姚凯. 生产性服务价值链嵌入与制造业升级的协同演进关

系研究 [J]. 中国工业经济，2010 (8)：66-75.
[68] 周圣强，朱卫平. 产业集聚一定能带来经济效率吗？规模效应与拥挤效应 [J]. 产业经济研究，2013 (3)：12-22.
[69] 邱爱莲，崔日明，徐晓龙. 生产性服务贸易对中国制造业全要素生产率提升的影响：机理及实证研究：基于价值链规模经济效应角度 [J]. 国际贸易问题，2014 (6)：71-80.
[70] 魏守华，周斌. 中国高技术产业国际竞争力研究：基于技术进步与规模经济融合的视角 [J]. 南京大学学报（哲学·人文科学·社会科学），2015，52 (5)：15-26.
[71] 顾天竹，纪月清，钟甫宁. 中国农业生产的地块规模经济及其来源分析 [J]. 中国农村经济，2017 (2)：30-43.
[72] 张晓恒，周应恒，严斌剑. 农地经营规模与稻谷生产成本：江苏案例 [J]. 农业经济问题，2017，38 (2)：48-55，2.
[73] 钱克明，彭廷军. 我国农户粮食生产适度规模的经济学分析 [J]. 农业经济问题，2014，35 (3)：4-7，110.
[74] 彭真善，宋德勇. 交易成本理论的现实意义 [J]. 财经理论与实践，2006 (4)：15-18.
[75] 孔令成. 基于综合效益视角的家庭农场土地适度规模研究 [D]. 杨凌：西北农林科技大学，2016.
[76] 马双，王永贵，赵宏文. 组织顾客参与的双刃剑效果及治理机制研究：基于服务主导逻辑和交易成本理论的实证分析 [J]. 外国经济与管理，2015，37 (7)：19-32，87.
[77] 甘琳，傅鸿源，刘贵文，等. 基于项目可持续性表现评价模型的公私合作制模式 [J]. 城市发展研究，2010，17 (2)：104-109.
[78] 梁永宽. 合同与关系：中国背景下的项目治理机制：基于委托代理与交易成本理论的分析 [J]. 科技管理研究，2012，32 (22)：251-254.
[79] REINIKAINEN J，SORVARI J，TIKKANEN S. Finnish policy approach and measures for the promotion of sustainability in contaminated land management [J], Journal of Environmental Management，2016，184：108-119.
[80] BRAUN A B，DA SILVATRENTIN A W，VISENTIN C，et al. Relevance of sustainable remediation to contaminated sites manage in developed and developing countries：case of Brazil [J]，Land Use Policy，2020，94：1-11.
[81] 丁琮，陈志良，李核，等. 长株潭地区农业土壤重金属全量与有效态含量的相关分析 [J]. 生态环境学报，2012，21 (12)：2002-2006.
[82] 朱余银，戴塔根，吴堑虹. 湘江长株潭段底泥重金属污染现状评价 [J]. 中南大学学报（自然科学版），2012，43 (9)：3710-3717.
[83] 何志祥，朱凡，陈永华. 长株潭矿山土壤重金属的分布及污染评价 [J]. 中南林业科技大学学报，2011，31 (4)：196-199.

[84] 彭晓春，陈志良，董家华，等. 长株潭城市群的土壤重金属分布特征 [J]. 贵州农业科学，2011，39（9）：213-216.
[85] ESPANA V A A，PINILLA A R R，BARDOS P. Contaminated land in Colombia：a critical review of current status and future approach for the management of contaminated sites [J]，Science of the Total Environment，2018，618：199-209.
[86] 周睿. 我国土壤重金属污染防治资金保障制度初探 [D]. 上海：华东政法大学，2013.
[87] 史丹，吴仲斌. 土壤污染防治中央财政支出：现状与建议 [J]. 生态经济，2015，31（4）：121-124.
[88] 文艳艳，王嗣源，柴国荣. 基于可持续发展的 PPP 项目预防性治理模式研究 [J]. 南大商学评论，2020（4）：138-152.
[89] 黄永莹. 基于 DEA-Tobit 的开封市耕地生产效率评价研究 [D]. 郑州：河南大学，2015.
[90] 窦畅，李翠霞. 基于 DEA-Tobit 模型的规模化奶牛场技术效率及影响因素研究：以黑龙江省 7 市 105 家规模化奶牛场为例 [J]. 黑龙江畜牧兽医，2020（22）：6-13.
[91] 杨国梁. DEA 模型与规模收益研究综述 [J]. 中国管理科学，2015，23（S1）：64-71.
[92] 经阳，叶长盛. 基于 DEA 的江西省耕地利用效率及影响因素分析 [J]. 水土保持研究，2015，22（1）：257-261.
[93] 廖成泉，胡银根，章晓曼. 基于四阶段 DEA-Tobit 的湖北省耕地资源利用效率及其影响因素研究 [J]. 农业现代化研究，2015，36（5）：876-882.
[94] 白士天，李凯伦，宋克彬. 基于 DEA 模型的延边地区水稻家庭农场土地适度规模经营分析 [J]. 延边大学农学学报，2016，38（3）：256-262.
[95] COELLI T J，PRASSDA R D S，O'DONNELL C J，et al. An introduction to Efficiency and Productivity Analysis [M]. Berlin：Springer Verlag，2005.
[96] 杨钢桥，胡柳，汪文雄. 农户耕地经营适度规模及其绩效研究：基于湖北 6 县市农户调查的实证分析 [J]. 资源科学，2011，33（3）：505-512.
[97] 迟超楠. 基于生产效率视角的菏泽市农户土地适度规模经营研究 [D]. 杨凌：西北农林科技大学，2016.
[98] 刘洪彬，董秀茹，钱凤魁，等. 东北三省农村土地规模经营研究 [J]. 中国土地科学，2014，28（10）：12-19.
[99] 云振宇，刘文，孙昭，等. 浅析我国农业社会化服务标准体系的构建与实施 [J]. 农业现代化研究，2014，35（6）：685-689.
[100] 高强，孔祥智. 我国农业社会化服务体系演进轨迹与政策匹配：1978—2013 年 [J]. 改革，2013（4）：5-7.

第七章　重金属污染耕地第三方治理承接主体遴选机制

一、承接主体遴选的重要性

承接主体遴选即通过政府购买服务等方式，选择承担重金属污染耕地治理修复任务的社会化服务组织。

（一）有助于提高耕地治理修复质量

第三方治理承接主体承担所承包受污染耕地治理修复技术措施的组织实施，治理修复技术措施实施质量对治理修复效果具有重要影响，治理修复技术措施实施质量高则治理修复实施效果好，农产品重金属含量降低，达标率高，反之则治理修复实施效果差，农产品重金属含量难以达标。因此，通过正确的方式方法，遴选具有重金属污染耕地治理修复经历、技术力量雄厚、管理水平高的重金属污染耕地治理修复承接主体，才能确保重金属污染耕地治理修复技术措施能完全按照技术规程的规定按时按质精准实施落地，确保技术措施实施质量，提高技术措施的实施效果，提高耕地治理修复的质量。

（二）有助于实现耕地治理修复的可持续性

耕地重金属污染具有隐蔽性、多源性、持久性等特点，且影响农作物吸收与积累重金属的因素众多，其治理修复涉及农学、土壤、环境和食品安全等多个学科，其治理难度和复杂性远超过工矿场地重金属污染的修复，已成为一个世界性的难题[1]。重金属污染耕地治理修复不可能一蹴而就，是一项长期任务，其项目实施时间多则 5 年，少则 1 年，项目结束后，还需要根据实际情况，继续有针对性地采取切实可行的技术措施开展治理修复，实现耕地治理修复的可持续性和安全利用目标。因此，遴选具有重金属污染耕地治理修复经验、技术力量雄厚、管理水平高，且具有在项目结束后继续采取治理修复技术措施，自主开展治理修复的意愿与条件的承接主体，可在很大程度上避免项目结束、技术措施停止的弊端，为实现耕地治理修复的可持续性和安全利用目标提供可靠保证。

（三）有助于重金属污染耕地治理修复社会化服务组织的发育成长

遴选承接主体，既要考虑承接主体所具备的条件，主要包括主体类型、人员数量及素质、主体规模及主营业务、业绩与经验、技术水平以及资金、设备、诚信等情况，又要考虑承接主体所提供公共服务方案的质量，高质量的公共服务方案，是提供高质量服务的基础。政府向社会力量购买服务过程中，对承接主体所具备的条件提出具体要求，对高质量服务方案提出可量化的标准，遴选合格的社会化服务组织承担重金属污染耕地治理修复任务，对社会化服务组织起到重要的激励作用，有助于重金属污染耕地治理修复社会化服务组织的发育成长。

（四）有助于激发农民保护耕地的内生动力

农民是耕地的承包者，对污染耕地进行治理修复，切实改善了耕地质量，提高了耕地生产力，提高了农作物产量和质量，农民也增加了收入，得到了实实在在的好处，自然而然，农民也就关注、支持对污染耕地治理修复，自觉保护耕地。如果遴选的第三方治理承接主体，在项目实施期间，对耕地承包农户利益关注不够，耕地承包农户所获利益不大，项目结束后，农户自然也难以自主采取措施继续对耕地进行治理修复。因此，遴选第三方治理承接主体就显得尤为重要，在承接主体遴选中，采取科学的工作推进方式，将实现重金属污染耕地治理修复的可持续性和关注农民利益纳入第三方治理承接主体的遴选条件。合作社以“人的联合”维护和保护普通农民的利益，合作社承接耕地治理修复任务，既解决了部分农户因外出务工劳动力短缺的困境，又能使合作社成员这一受污染耕地的利益主体，通过耕地治理修复，提高耕地质量，生产优质产品，获得好的收成效益，得到实实在在的利益，有助于提高广大农民参与耕地治理修复的积极性、自觉性，激发农民保护耕地的内生动力。

二、承接主体遴选条件

承接主体遴选条件关乎所遴选承接主体的质量，进而影响污染耕地治理修复的质量与效果。遴选条件要全面、合理、重点突出、宽严适度。遴选标准过低，社会组织参与者过多，加大政府购买服务难度，同时会有不能胜任重金属污染耕地治理修复的组织参与污染耕地治理修复，影响治理修复质量和效果；遴选标准过高，一些能胜任重金属污染耕地治理修复的组织会被排除在污染耕地治理修复项目之外，影响社会组织参与积极性，阻碍政府购买服务顺利进行。遴选标准制定不明晰，影响政府购买服务机制的说服力和政府公信力，引发社会矛盾。承接主体遴选条件主要分为以下几类。

（一）基本资格条件

工商企业应是依法在工商或行业主管部门登记成立的从事经营活动的单位，合作社应是在工商管理部门登记、在农经主管部门备案的农民合作组织。根据《中华人民共和国政府采购法》第二十二条的规定，工商企业和合作社参加政府重金属污染耕地治理修复采购活动应当具备下列基本资格条件：

——具有独立承担民事责任的能力；

——具有良好的商业信誉和健全的财务会计制度；

——具有履行合同所必需的设备和专业技术能力；

——有依法缴纳税收和社会保障资金的良好记录；
——参加政府采购活动前三年内，在经营活动中没有重大违法记录；
——法律、行政法规规定的其他条件。

《中华人民共和国政府采购法实施条例》第十七条、第十八条、第十九条对《中华人民共和国政府采购法》第二十二条规定，做了进一步解释与明确，详见表 7-1。

表 7-1　《中华人民共和国政府采购法》第二十二条所需证明材料一览表

条款	条款内容	需求证明材料
1	具有独立承担民事责任的能力	法人或其他组织：三证合一的营业执照； 自然人：身份证明
2	具有良好的商业信誉和健全的财务会计制度	商业信誉：重合同守信用证书、AAA 信用等级评价证书或银行开具的资信证明或公司自拟的商业信誉承诺函； 财务会计制度：提供近 3 个年度财务报表或财务审计报告（由第三方审计机构出具的财务审计报告，包括资产负债表、现金流量表、利润表和财务情况说明书等）
3	具有履行合同所必需的设备和专业技术能力	提供具备足够数量的设施设备的证明材料（包括设施设备清单、发票、购销合同等）； 提供具备足够数量的技术人员的证明材料（包括技术人员名单、资格证件等）
4	有依法缴纳税收和社会保障资金的良好记录	提供当年以来任意 3 个月依法缴纳税收的证明； 提供当年以来任意 3 个月缴纳社保的证明
5	参加政府采购活动前三年内，在经营活动中没有重大违法记录	提供参加政府采购活动前 3 年内在经营活动中没有重大违法记录的书面声明函
6	法律、行政法规规定的其他条件	国家对生产和销售相关产品或提供相关服务有专门法律、行政法规规定的，则必须提供取得国家有关主管部门行政许可的证明材料。比如，安全生产许可证，三大体系认证证书
7	单位负责人为同一人或者存在直接控股、管理关系的不同供应商，不得参加同一合同项下的政府采购活动	供应商提供承诺函
8	除单一来源采购项目外，为采购项目提供整体设计、规范编制或者项目管理、监理、检测等服务的供应商，不得再参加该采购项目的其他采购活动	供应商提供承诺函

（二）特定资格条件

1. 按要求提供投标保证金

投标保证金是指在招标投标活动中，投标人随投标文件一同递交给招标人的一定形式、一定金额的投标责任担保。有下列情形之一的，投标保证金将不予退还：投标人在规定的投标有效期内撤销或修改其投标文件；中标人在收到中标通知书后，无正当理由拒签合同或未按招标文件规定提交履约担保。

投标保证金递交方式：转账、电汇等非现金方式。必须从投标人的基本账户转账或电汇到指定的投标保证金专用账户，否则做否决投标处理。投标保证金退还（不计息）均以转账形式退回到投标人银行账户。

项目代理服务费由中标人在领取中标通知书的同时缴纳，否则，将视为不响应招标文件，取消该中标决定并没收其投标保证金。

2. 投标文件符合招标文件规定要求签署、盖章

投标文件正本与副本均由投标人在规定的相关位置加盖法人单位公章，法定代表人或其委托代理人签署或加盖印鉴。

3. 在经营范围内报价

如果评标委员会认为投标人的报价明显低于其他通过符合性审查投标人的报价，有可能影响产品质量或者不能诚信履约的，将要求其在评标现场合理的时间内提供书面说明，必要时提交相关证明材料；投标人应能证明其报价合理性。

4. 按招标文件要求提交投标函

按时递交投标文件，参加开标。

（三）技术部分

1. 项目实施方案

项目实施方案包括以下 7 个方面。

（1）项目实施的重点和难点及保证措施

对项目关键技术、实施模式有深入的表述，对重点、难点有先进合理的施工措施并有可行的安全措施，解决方案完整、经济、安全、切实可行，措施得力。

（2）主要技术服务措施

各主要分部技术服务措施符合项目实际，有详尽的技术方案，方法科学、合理、可行，能指导具体实施并确保安全。

（3）拟投入的材料、设备、劳动力计划

材料、设备、劳动力的投入计划与进度计划呼应，能满足重金属污染耕地治理服务项目实施需要。

（4）确保项目质量和效果的技术措施

针对项目实际提出先进、可行、具体的保证措施，满足招标文件的质量要求及验收规范要求，对农作物增产有帮助、有预期效果的，且提供项目验收报告或课题研究实验报告。

（5）二次污染防治措施

项目实施过程中二次污染防治措施科学、合理、可行。

（6）确保工期的组织措施

关键线路清晰、准确、完整，计划编制合理、可行，关键节点的控制措施有力、合理、可行，进度违约责任承诺具体。

（7）监督计划

提供项目实施监测计划，且监测计划编制科学、合理、可行，满足该项目要求。

2. 治理修复材料质量

对产品技术参数进行审核，检查修复材料是否通过国家及省有关部门登记，优先选择获评国家优质产品奖、省级优质产品奖的修复材料，对所购买的治理修复材料质量严格把关。

（四）资信业绩部分

1. 投标人综合实力

①投标人专利：如投标人具有农田治理修复方面（设备、药剂、技术等）的专利。

②具备类似业绩：规定时间内承担并通过验收的农田治理修复项目（技术服务类或施工类）。包括：近 5 年来，承担过土壤污染修复相关的项目或者参加项目部分工作；近五年来，承担或者参与土壤污染防治相关研究课题。

2. 项目实施团队能力

①项目实施团队人员具有环境保护、农业、水利专业相关知识储备或者从事过相关领域工作。

②项目负责人承担过类似项目业绩或是团队成员参与过相关项目，具备一定经验。

3. 财务状况

营业收入、纳税额、净利润率、资产负债率，等等。

4. 企业认证体系

投标人获得职业健康安全管理体系认证、质量管理体系认证和环境管理体系认证。

5. 企业信誉

信用评价中心或银行资信等级。

6. 投标文件编制

投标文件按招标文件规定的格式、顺序编制，有目录、编页码，装订成册，书面整洁无涂改，没有缺漏项，价格数量等计算准确的。

（五）投标报价

在招标文件要求的范围内投标报价。评标委员会认为，某投标人的有效投标报价明显低于其他通过符合审查投标人的报价，有可能影响服务质量和不能诚信履约的，会要求其在投标现场规定合理的时间内提供书面说明并提交相关证明材料，投标人不能证明其报价合理性的，评标委员会会将其作为无效投标处理。

三、承接主体遴选的主要方式和方法

（一）承接主体遴选的主要方式

耕地重金属污染成因复杂，治理修复周期长，治理成本高，项目实施地区地域差异大、项目规模不一，因此，承接主体的遴选需要考虑治理修复区域实际情况，结合项目实际情况，选择科学、合理的遴选方式。目前重金属污染耕地第三方治理承接主体遴选方式主要有如下 6 种。

1. 公开招标

公开招标是政府购买社会组织公共服务的最基本、最典型方式。它是在公共服务的竞争性市场上，通过公开程序，邀请所有有兴趣的供应商参加投标，政府从中挑选最优的供应商，达到采购效率最大化的目标，即以最低费用买到最好的公共服务[2]。其优点是能够在最大限度内选择投标商，竞争性更强，择优率更高，同时可在较大程度上避免贿标行为，因而在政府购买服务遴选重金属污染耕地第三方治理承接主体中得到广泛应用。

在采取公开招标方式遴选承接主体时，要注重程序规范，以期取得良好效果。具体采购程序为：编制招标公告、公开发布招标信息、对企业进行资格审查、答疑；开标，评标委员会评标；定标，确定中标人；公示，签订合同；中标人完成合同约定的服务后，由农业部门组织验收，财政部门付款，最后进行文件归档及备案。

调研发现采取公开招标方式的占比达到 80% 以上。此外，购买服务涉及的金额对购买方式的选择也有影响，如超过一定金额的政府购买必须采取公开招标，各地方政府的具体标准不同。政府希望通过公开招标以最低费用买到最好的服务，然而，现实中往往不能很好地实现此目标，政府向社会购买服务屡屡因为购买价格虚高而滋生腐败或因价格过低而导致服务质量下降。另外，采购时间长、手续复杂，因此还需要有其他采购方式进行补充。

2. 竞争性谈判采购

竞争性谈判采购是指采购机构直接邀请三家以上的合格供应商就采购事宜进行谈判，最后从中确定中标供应商的一种采购方式[3]。它作为一种独立的采购方式，是除公开招标方式之外最能体现政府采购竞争性原则、经济效益原则和公平性原则的一种方式。目前竞争性谈判采购主要用于特别复杂的采购项目中[4]。

竞争性谈判采购方式的优点：一是可以缩短准备期，能使采购项目更快发挥作用；二是减少工作量，省去了大量的开标、投标工作，有利于提高工作效率，减少采购成本；三是供求双方能够进行更为灵活的谈判。缺点主要表现在：一是无限制的独家或几家谈判，容易造成厂家抬高价格；二是违反自由竞争精神；三是秘密谈判，容易给参与者或操作人员提供串通舞弊的机会。

3. 定向委托

定向委托是指政府将一个项目或者一项职能直接委托给特定的机构，通过支付现金、实物或者提供政策优惠作为购买方式[5]。定向委托的优点：服务对象有更多选择权，也可以促进承接者之间的有效竞争，有利于公共服务质量的提高。其缺点在于服务主体主要由政府定向指定，缺乏公开有效的竞争机制。

重金属污染耕地治理在选择承接主体时采用定向委托方式主要有两种情况：一是技术指导培训，主要是政府委托科研院所开展技术指导培训等，因为科研院所有技术优势；二是在治理修复项目初始阶段，将带有示范性质的一定区域的治理修复委托给有经验的第三方组织总承包，由第三方组织实施全部治理修复措施来观察效果，为后续更大规模治理修复提供示范和经验。

4. 单一来源采购

单一来源采购是指只能从唯一供应商处采购、不可预见的紧急情况、为了保证一致或配套服务从原供应商添购原合同金额 10%以内的情形的政府采购项目，采购人向特定的一个供应商采购的一种政府采购方式。作为政府采购方式之一的单一来源采购，在采购实践中并不像公开招标一样被大规模、广范围地使用，但是近年来，单一来源采购的数量也在不断上升[6]。在重金属污染耕地治理修复项目采购中，由于杂交稻重金属低积累水稻种子实行专营，在采购杂交稻重金属低积累水稻种子中可以采用单一来源采购方式。

5. 询价采购

询价采购是指对几个供货商（通常至少 3 家）的报价进行比较，以确保价格具有竞争性的一种采购方式[7]。每一供应商或承包商只许提出一个报价，而且不许改变其报价。不得同某一供应商或承包商就其报价进行谈判。报价的提交形式，可以采用电传或传真形式。采用询价的限制条件是总招标额低于 100 万元。询价采购是《中华人民共和国政府采购法》规定的 5 种常用的采购方式之一，具有降低采购成本、缩短采购周期、择优供货商、适时满足用户需求的优势。

6. 社区参与式采购

（1）社区参与式采购理论的产生

参与式治理理论的产生与西方国家治理危机的出现密不可分。参与式治理是指与政策有利害关系的市民个人、组织和政府一起参与公共决策、分配资源、合作治理的过程。它强调治理过程中的市民参与、参与过程中的权力分享及政府与市民的互动合作，注重自上而下的赋权与自下而上的积极行动，在政府与社会的良性互动中推进社会治理创新[8]。参与式治理具有广泛的适用性，可以在各个国家不同层级的组织结构开展运用，但是它最适用的领域还是在社区层面[9]。这种治理模式重点还是在大众参与基层组织的管理，强调大众在基层组织中的主体地位，近年来在重金属污染耕地治理修复项目中，越来越多的合作社和大户参与治理修复复杂农艺措施的实施，积极性高且措施实施效果好。

社区参与是指社区居民主动地、全面地介入社区治理过程或社区治理项目中有关决策、实施、管理和利益分享的全过程。它不仅仅指居民作为社区主体出席或参加社区活动，更是强调在信息公开透明的前提下，以合作的态度介入社区公共议题或社区发展项目的共同治理过程中。解决社区的基本问题和满足居民的基本需求是社区治理的基础，也是社区治理的最终目的[10]。

在重金属污染耕地治理中，政府逐渐由“领导者”转变为“引导者”，政府、社会组织和社区居民成为共同治理主体，成为农村社区实现“善治”的重要治理模式。社区参与的方式为重金属污染耕地治理服务提供了大量熟悉、有经验的劳动力，输送了大量“经济实惠”的“血液”。社区居民和农民是耕地的直接受益人，耕地是他们的生存保障、财务来源以及重要精神寄托，他们参与和负责耕地治理会更加用心和积极主动，群众的智慧和力量是无穷的，他们也是最了解耕地和最熟悉当地情况的群体，这些优势都会加强社区参与式治理的服务效果。然而，社区治理还存在一些问题，例如参与主体责任未明确、社区管理及组织过度行政化、相关法律法规及政策尚未健全、资金运转及收益分配机制尚未完善[11]。这些问题将在实践中不断总结和完善。

（2）重金属污染耕地第三方治理社区参与式采购的适用范围

目前，国内在重金属污染耕地治理修复中，社区参与式采购方式主要在世界银行贷款项目实施中采用。

世界银行对社区参与式采购有明确规定，一是采用社区参与式采购的目的是要保证项目的可持续性，或达到项目的某些特定目标。二是在项目的采购安排上主要应考虑以下 3 点：当地社区和非政府组织的参与；使用当地技术和材料；应用劳动密集型技术[12]。

在我国世界银行贷款重金属污染耕地治理修复项目中，主要是农艺措施的实施采取社区参与式采购，采购内容为 VIP+*n* 技术模式的全部技术措施，包括种植重金属低积累水稻种子、优化水分管理、施用生石灰、土壤钝化剂、有机肥、碱（中）性复合肥、病虫害管控、稻草移除等。具体采购内容可以将治理修复物资材料和劳务服务分开采购，也可将治理修复物资材料和劳务服务捆绑在一起采购；可以采购单项技术措施的服务，也可将全部技术措施打包采购。

（3）社区参与式承接主体采购程序

①县项目办在项目区进行宣传发动，并对社区参与的内容和方式进行公示。

②县项目办负责遴选相应项目实施区域的承接主体。承接主体遴选方法：项目所在区域镇、村推荐候选承接主体，县项目办组织评审小组评审，评审小组由县项目办、镇、村人员和项目区村民代表组成，评审采取打分制，按承接主体资质、实力、老百姓认可度、以往承担涉及耕地治理修复和农田整治项目参与度等打分，分数最高者为中标者。对中标者在县（市、区）政府网站挂网公示（公示期 7 天）。

③县项目办与承接主体签订实施协议。

④县项目办对承接主体、项目相关实施各类主体进行实施前的技术培训和指导，并在实施过程中提供持续的技术支持。

⑤承接主体根据相关农艺措施实施的技术要求，购买所需的合格产品和服务。

⑥承接主体根据农艺措施实施的技术要求在规定的时间内组织进行农艺措施的实施，村委会或第三方机构对实施过程进行监督。

⑦每一项农艺措施实施完成后，承接主体收集齐完整的项目监管资料，并向县项目

办提出验收申请。

⑧县项目办收到验收申请后，一周内组织有关人员对项目活动的实施情况进行检查验收，在项目活动达到预期效果的前提下出具验收表格，并公示验收结果。

⑨验收合格后，按程序报账。

⑩根据报账的额度，将补贴发放给承接主体。

社区参与式项目实施流程如图 7-1 所示。

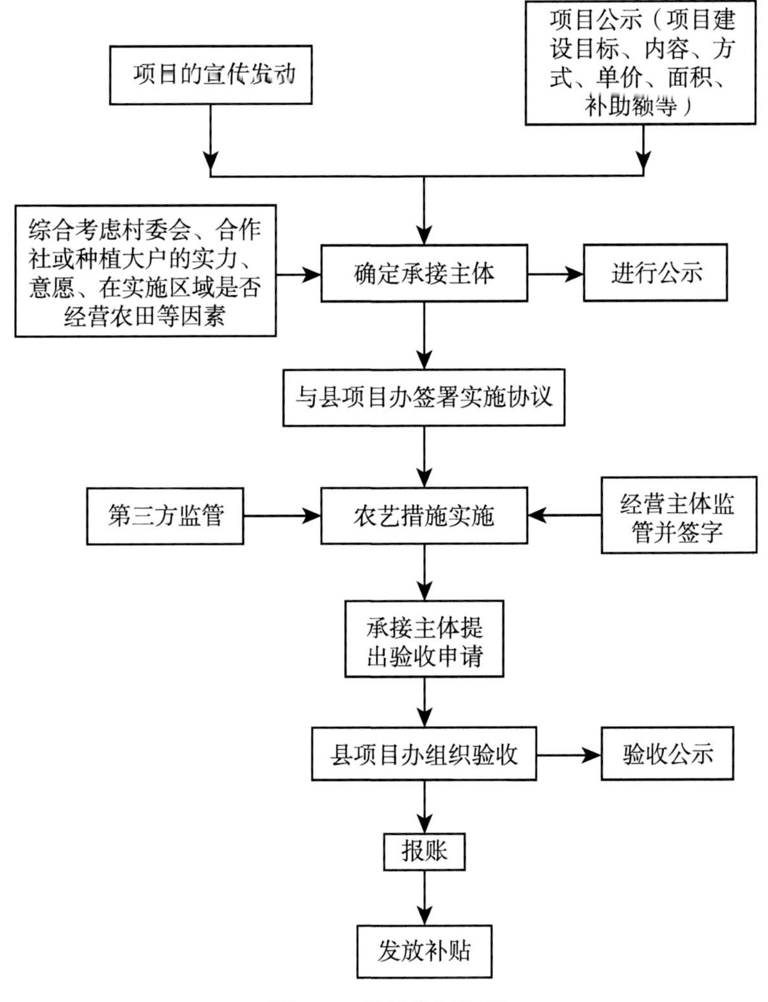

图 7-1　社区参与流程

（4）社区参与式物资采购程序

由省项目办或县（市、区）项目办组织专家根据项目要求和相关技术标准评审，提出重金属污染耕地治理修复各种物资材料的品牌及相对应的供应商短名单（不少于 6 家），短名单经省项目办批准并进行公示，供应商提交信誉承诺，承接主体直接从短名单供应商采购所需物资。县（市、区）项目办对中标供应商提供的报价和服务进行监督检查，根据物资的质量、价格和实施效果以及提供的服务情况，每年更新一次短名单。采购流程如图 7-2 所示。

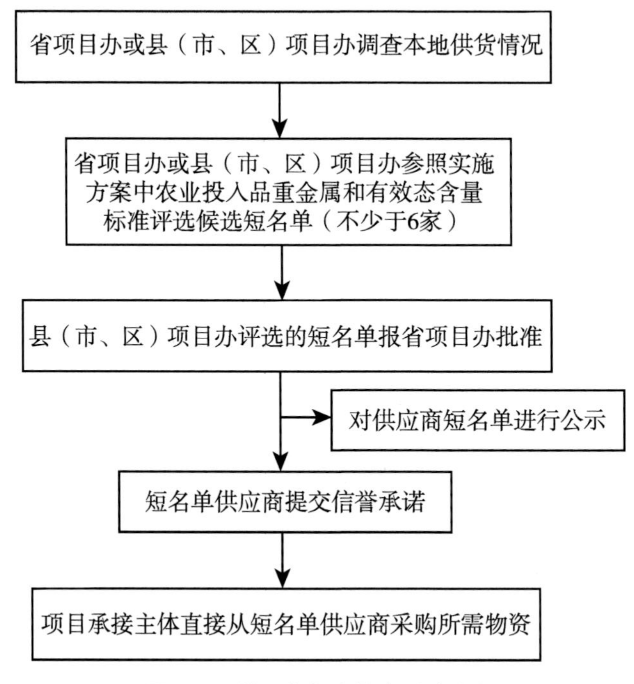

图 7-2　社区参与式物资采购流程

（5）社区参与式采购优缺点

社区参与式采购的优点主要是：一是社区和村民参与，可调动村民积极性；二是可以缩短准备期，能使采购项目更快发挥作用；三是使用本地物资与实施主体，能有效降低采购成本、缩短采购周期、减少工作量，省去大量的开标、投标工作，有利于提高工作效率。

社区参与式采购的缺点主要是：一是无限制的独家或几家谈判，容易造成厂家抬高价格；二是不能充分体现自由竞争精神，缺乏公开有效的竞争机制。

（二）承接主体遴选的主要方法

1. 法定评标方法

《中华人民共和国招标投标法》与《中华人民共和国政府采购法》是我国规范招标投标的两部法律。《中华人民共和国招标投标法》及其下位法规定，评标方法包括经评审的最低投标价法、综合评估法；《中华人民共和国政府采购法》及其下位法规定，评标方法包括最低评标价法、综合评分法。上述的经评审的最低投标价法和最低评标价法，在业界合称为最低价中标，相对应的是综合评分法。

（1）最低价中标

①经评审的最低投标价法。

经评审的最低投标价法是指在满足招标文件实质性要求的条件下，评委对投标报价以外的商务因素、技术因素进行量化并折算成相应的价格，再与报价合并计算得到评标价，从中确定评标价最低的投标人作为中标候选人的评审方法。并且，该方法适用于具有通用技术要求、规格标准统一、差异不大的工程与设备材料的采购[13]。因此，价格是评标时的关键因素。此外，《中华人民共和国招标投标法》明确规定，中标人的投标价格不能低于成本，否则，不得中标。该规定充分体现了我国《中华人民共和国价格法》和《中华人民共和国反不正当竞争法》的公平精神，坚决抵制低价倾销的不正当竞争行为，维护市场秩序。

理论上，该方法充分考虑了投标人的投标价格、商务因素和技术指标，最终以价格形式反映综合评价因素，具有如下优势：

一是该方法简便易行，以价格体现投标单位的管理、生产技术和成本优势，大大节约了招投标过程中人力、物力和财力的耗费，使招标人以最少的投入获得最大的投资收益。

二是这种以价格考察为主的评标方式，可以减少评委的主观倾向性，为招投标交易做到透明、公开、杜绝腐败提供了有力的保证。

三是通过低价中标的评标方法充分发挥企业在技术、管理等各方面的优势，引导良性竞争。

由于我国市场体制还不太完善，市场约束机制尚不健全，仅仅依靠法律和道德约束完全不够，还需有许多约束承包商行为的机制，如金融机构、保险、担保公司等行业对承包商以及发包方行为的约束[14]。因此，最低价中标法在我国的运用往往走样变形，背离初衷，具体表现在以下两方面：

一是招标方容易忽视不同投标人商务和技术上的差异，使低价成为唯一的评价因素。这种不保护投标商的利润的行为，容易产生“低价抢标、高价索赔”或者转包的情况，给招标项目造成较多麻烦。

二是在实际操作中，对于“投标价不得低于成本”中“成本”一词的界定模糊，更有甚者，忽略“投标价格低于成本的除外”这一规定，导致“经评审的最低投标价法”被错用、滥用，引起恶意低价竞争，逐渐演变为“唯价格论”，扰乱市场秩序。

②最低评标价法。

最低评标价法是招标方确定标的物的标底价，评标委员会以标底价为依据，评定出投标价格最接近标底价的单位为中标方的评标方法。评标价最低的投标，不一定是投标报价最低的投标，评标价是一个以货币形式表现的衡量投标方竞争力的量化指标，除了考虑投标价格因素外，还综合考虑质量、工期、施工组织设计、企业信誉、业绩等因素，并将这些因素尽可能加以量化折算为一定的货币额[15]。此种方法需在招标文件中明确各种因素对投标报价的影响。因此，在编制招标文件时应周全考虑，以避免招标过程中发生争议[16]。

该方法具有一定优点。

一是有利于缩短投标报价的时间，实现风险的合理分担。采用最低评标价法，在工程量上标准一致，可以简化投标报价的计算过程，缩短投标报价的时间。投标单位只对自己所报的单位负责，相应的，对于这一部分风险由业主承担。这种格局符合风险合理分担与责权利关系对等的一般原则。

二是有利于标底的管理与控制。在传统的工程招投标方法中，标底一直是个关键因素，标底的正确与否、保密程度如何一直是人们关注的焦点。而采用合理最低评标价法，工程量是公开的，标底只起一定的控制作用，这就从根本上消除了标底准确性和标底泄露带来的负面影响[17]。

同时，该方法也存在一定的局限性。对于一些大型建设工程或是部分技术非常复杂、施工难度很大的工程，把一些指标量化的难度很大，实用性有限制。另外，造价“合理”区间的确定，是实行合理最低评标价法的关键点和难点。如何体现“合理”，让中标价格低得适度，又要保证各投标报价的竞争性，目前，尚未有一种权威且操作性强的方法。目前评标采用的是“企业自证，评委认定”的方法，即由评标委员会对具有低于成本报价之嫌的投标人进行报价澄清，投标人需提供证据，证明其投标报价没有低于本企业的成本，如评标委员会采信其证据，就会认定该投标报价没有低于成本，否则，便可认定为低于成本。必须承认，目前一些承包商采用一些畸形竞争策略，如以低于成本的价格竞标，中标后，再以不当索赔等方式来争取利益，其弊病是不言而喻的，投标报价是投标人自己确定的，即使报价是低于成本的，他也会设法证明其合理性。一些大型建设工程或是部分技术非常复杂、施工难度很大的工程的真实成本计算较为复杂，项目成本内涵的个体差异更大，评标委员会对其是否低于成本的认定非常困难，而且，评委的专业、水平、经验、职业操守等差异会造成评价的人为性和随意性。

③适用性。

由于其局限性，最低价中标不能有效保证所有采购项目“价低质优”，重金属污染耕地治理修复承接主体遴选时应合理地使用最低评标价法，建议使用在采购金额小、成本容易核算、需求标准统一或单一的物资采购项目中，例如生石灰、土壤调理剂、有机肥和叶面阻控剂等物资采购，可保证成本并兼顾效率。此外，在遴选过程中须尤其注意“投标价不得低于成本”，以避免最低评标价法带来的负面影响。由于投标人技术和管理等方面的原因，其个别成本有可能低于社会平均成本，因此，此处的“成本”理解为投标人自己的个别成本，而不是社会平均成本。如果投标人的价格低于自己的个别成本，则有可能在取得合同后偷工减料、粗制滥造，给招标人造成不可挽回的损失[18]。

（2）综合评分法

相比最低价中标法，综合评分法的应用范围更加广泛。综合评分法，是指投标文件满足招标文件全部实质性要求，且按照评审因素的量化指标评审得分最高的投标人为中标候选人的评标方法。其中，评审因素的设定应当与投标人所提供货物服务的质量相关，包括投标报价、技术或者服务水平、履约能力、售后服务等。

理论上，该方法可理解为量化择优，通过考虑多重因素，量化各项指标并兼顾成本选择最优报价人。因此，相较于最低评标价法，综合评分法更能全面反映报价人综合实力，更加适合技术要求较复杂的采购项目，是最低评标价法局限性的重要补充。但在实践应用中，综合评分法也暴露出较多问题，主要体现在以下 3 个方面。

一是部分评审因素的量化与细化设置不合理，难以与相应的商务条件和采购需求相对应。

二是评委的总体知识水平和主观倾向性会严重制约评标的准确性和有效性。采用定量打分方式进行综合评估时，一定要注意合理确定权重，突出报价、工期和质量评分的比重，报价评分应体现完整性、准确性、竞争性和合理性，工期评分须兼顾工期的合理性和先进性，质量评分要结合质量承诺、施工经历和服务措施，施工组织设计评分需综合其完整性、针对性、适用性和先进性，信誉评分尽可能考虑投标单位的全部历史和未来发展前景。

三是由于综合评分法中评审因素及评审权重的设置使得评委具有一定的自由裁量权，不同评委对采购需求和投标文件的理解及侧重点不尽相同，打分不可避免地受人为因素影响，出现偏差或失误。

在重金属污染耕地治理修复承接主体遴选时，综合评分法可用于实施技术较为复杂、所需专业性强、农业机械设备要求高的情况。例如，在治理修复措施承包中，生石灰、土壤调理剂、叶面阻控剂施用等技术措施实施的服务购买；或者是对承包区域内重金属污染耕地治理修复效果提供承包服务的服务购买。若技术指标能选用国际通用标准、国家级（部级）标准、省级标准、行业标准等标准指标作为评审指标的，则为最佳。

2. 其他评标方法

（1）复合标底中标法

复合标底法是一种动态的标底确定方法。具体操作方法为：招标人编制一个标底，所占份额不超过 50%，其余为投标人报价的平均值，两者相加作为评标标底；当投标人数大于 3 名，招标人可以考虑将明显偏离实际工程造价的投标报价剔除，对剩余投标报价进行复合标底计算。

相较于最低价中标和综合评分法由招标人确定标底，复合标底由投标人和招标人共同确定，复合标底的确定具有不可预知性，能很好地保证标底的保密性。该方法在体现招标人导向作用的同时牵制了招标人的权利，将一半以上的权利交给市场，使非法打探标底的行为失去意义。此外，复合标底中标法是招标人与投标人、投标人与投标人之间的博弈，使底标具有合理性。投标人往往是想要拿下该项目的，因此，投标人一般会用保本微利的经营思路作为最后的报价决策，使得投标价趋于低标。同时，招标人有权剔除不合理报价，使得复合标底的投标报价一般都比较合理，能起到合理低报价中标的引导作用。

复合标底法在公路工程建设等建筑行业有所运用。在实际运用中存在如下问题。

一是由于投标人越多，单个投标人的报价对复合标底的影响越小，因此，该方法适用于报名企业多、工程技术较为复杂的情形，具有一定限制性。

二是在量化各投标人的商务得分时，“上浮多扣、下浮少扣”的规则有悖于公平原则。

（2）标底对照法

标底对照法应用于工程建造招投标。标底是招标前建设单位根据工程设计图纸、有关定额与收费标准等计算，并经当地招标主管部门审核后所确定的发包工程造价。标底对照法以价格考虑为主，跟我国现行的建设工程法规配套，能照顾施工单位的利益，使工程施工建立在合理利润基础上，可充分保证工程质量，是建设工程招标中一种常见的评标方式。

但是，该评标方式存在许多弊端。第一，标底的编制费是按投资总额的比例收取，无疑加重了业主的招标成本支出。第二，编制出来的标底容易从标底编制人员、业主或主管部门泄露。第三，与国际惯例不接轨。一方面，标底是依据定额或信息价或供应价或内部价及收费标准计算的，本身就差别较大，各投标商所得信息的渠道又不同，投标价与标底定会有很大差距；另一方面，标底把各投标商的生产技术、经营管理及资源条件放在同一水平考虑，不能体现优秀企业的管理优势、生产技术优势、资质优势、业绩优势、价格优势，不能最大限度地满足业主的需求和利益。由于该方法弊端明显，因此，它未被国家选为法定的评标方法。

（3）合理定价评审抽取法

招投标评审中最早采用“随机抽取”办法的是 20 世纪 90 年代的深圳，此后湖北、四川、安徽、江苏、山东、河南和湖南等多地的市县级地方政府陆续采用此办法并出台相应的支撑性文件。合理定价评审抽取法是指招标人或招标代理机构，将包括工程合理价为主要内容的招标文件发售给潜在投标人，潜在投标人响应并参加投标，评标委员会对投标文件进行合格性评审后，招标人采用随机抽取方式确定中标候选人的排名顺序的评标定标方法。合理定价评审抽取法的前提是工程建设方先确定了“工程合理价”，这个价格在发标时进行公布，所有投标人响应即可。专家在评审过程中根据招标文件的规定，对企业资格和技术负责人资格等内容进行复核式审查。最后对合格投标人进行摇号，抽取 1～3 名投标人作为中标候选人。该方法当前仅见于政府采购的小额工程。

合理定价评审抽取法最大的优势是简便易行[19]，具体体现在以下 3 点。

一是评标过程简化，评标内容主要集中在各项资格审查上，以信用评分作为基本合格尺度，简化了评标过程，也避免了技术标中因水平差异和个人爱好等带来的非客观因素的影响。

二是确定中标人方法简化，采用抽球方式，直观且公正。

三是标书制作简化，以各种资质证明为主，不需要提供各种工程业绩证明，减少了投标人的工作量。除此之外，不同地区还对评标之后的一些环节做了简化，缩短了招投标周期，加快了工程进度等。

合理定价评审抽取法的采用对招投标市场也产生了一些负面效应，主要是打破了优胜劣汰的市场竞争机制。竞争性是建设工程招投标活动的自然属性，竞争是招投标活动的目的。“随机抽取”的评标方式，本质上否定了招投标具有竞争性的自然属性，丧失了竞争性带来的优点。“随机抽取”带来的公平竞争实际上是一种凭借运气获得项目的伪竞争，不是真正符合市场优胜劣汰的竞争，其违反了现代经济生活的普遍规律，不能对低效率者、缺乏创新能力和应变能力者加以淘汰，所以也就不能激励高效率者，进而不能带来社会劳动时间平均尺度的缩短，提高社会劳动生产率，发展生产力。在“随机抽取”盛行的区域，自然会滋生地域垄断现象或出现保护主义，同时降低了该区域内企业的整体能动力，长此以往必定会导致与其他区域先进生产力的差距日益加大。

四、政府遴选承接主体的现实困境

通过多年的探索和实践，各地政府通过购买服务的方式遴选污染耕地第三方治理承接主体开始形成各自的特色和模式，但是从总体来看，政府遴选污染耕地治理修复承接主体还存在较多问题，影响政府遴选到合适的承接主体。

（一）承接主体遴选范围有限

1. 社会化服务组织力量发育薄弱

近年来，我国农业环境工程领域社会组织发展迅速，尤其是 2014 年国家在湖南省长株潭地区开展重金属污染耕地修复试点以来，农田重金属污染治理修复社会化服务组织迅猛发展，但是与需求相比，我国重金属污染耕地治理修复社会化服务组织力量总体上还比较薄弱，具备承接重金属污染耕地治理服务资质和能力的社会化服务组织数量不多，其规模、装备及技术能力还远远达不到污染耕地治理修复需求，且缺乏大型的、经济实力雄厚的、污染治理能力强的龙头企业。污染耕地治理修复社会化服务组织地域分布不均，在重金属污染耕地分布较多的偏远地区和丘陵山地，当地有资质、有能力完成重金属污染耕地治理修复的社会化服务组织数量寥寥无几。根据自然资源部国土整治中心的数据，我国的土壤污染修复产业产值尚不及环保产业总产值的 1%，而这一指标在发达国家达到 30%以上。由于污染耕地治理修复社会化服务组织力量薄弱，有的地方公开招标因投标商达不到数量和质量要求而流标，有的地方则放弃采用公开招标、竞争性谈判等竞争充分的方法，采取单一来源采购、推荐遴选等非竞争性方法。

在政府购买污染耕地治理修复服务中，购买主体只有选择与所需服务能力条件正相匹配的社会力量才能有效保障服务质量。因此，污染耕地治理修复服务市场成熟性与竞争性尤为重要。然而，当前耕地治理修复社会力量自身发展较为弱小，无法达到购买主体的服务要求，为其遴选优质的承接主体带来了困难。在备选承接方数量不足和质量不高的双重约束下，政府遴选社会化服务组织是只能在有限的范围内开展非竞争性选拔，大量的非竞争性购买又导致购买资金投入增加和服务水平提升目标之间的不匹配。现实中，一些承接主体对购买主体有一定的依附关系，或是隶属于购买主体的行政管辖，从而导致“内部化”购买。承接主体独立性不足一方面导致无法形成公开平等的竞争，另一方面也让想加入这个赛道的“新朋友”更难加入，这就不利于社会化服务组织力量的蓬勃发展，不利于推动污染耕地治理修复行业进步。

竞争不充分会带来耕地治理修复服务质量的下降。政府购买耕地治理修复服务是通过充分竞争等市场化的方式来提高治理修复服务质量，而有效竞争市场成立的前提是存在众多有实力、有能力的竞争者。污染耕地治理修复社会化服务组织数量少、规模小、市场竞争能力弱，难以形成足够数量符合资质的承接主体来参与政府购买污染耕地治理修复服务的竞争，由此带来竞争不充分的垄断风险，导致污染耕地治理修复服务质量难以保证。

2. 政策不完善

2020 年财政部颁发的《政府购买服务管理办法》规定政府购买公共服务的承接主体包括：依法成立的企业、社会组织（不含由财政拨款保障的群团组织），公益二类和从事生产经营活动的事业单位，农村集体经济组织，基层群众性自治组织，以及具备条件的个人。一批专业从事重金属污染耕地治理修复研究和教学的公益一类科研院所，已经开展了大量与耕地重金属污染治理修复的相关理论与技术研究工作，并且取得了一批理论研究成果和成熟技术，具有开展一定规模的污染耕地治理修复能力，这正是我国耕地重金属污染治理修复所急需的非常重要的技术力量。但是由于政府的规定他们被排除在污染耕地治理修复的大门之外。另外，相当多的地方政府在污染耕地治理修复项目招标时设定不允许联合体投标等条件，将所有科研院所都排除在承接主体遴选范围之外。科研院所是污染耕地治理修复的重要技术力量，也是推动污染耕地治理修复技术创新和保障治理效果的关键一环，因为其具有较强的技术、资源以及动员能力，能够较好地实现污染耕地治理修复服务的目标，将它们排除在外不利于污染耕地治理修复质量的整体提升。

3. 地方保护主义影响

地方政府在污染耕地治理修复承接主体遴选中，其保护主义表现出各种形式且相对隐蔽，如采购信息局部公开、增设外地供应商准入门槛、实施本地企业优惠政策、地方政企的利益群体现象等。政府采购相关部门和人员运用各种直接或间接的形式给当地政府采购筑立起牢固的防护盾牌，阻止来自外地社会化服务组织的竞争。本研究团队在调研中发现，一些企业长期多次承接本地的污染耕地治理修复服务项目，并以一个地区为中心不断向周边辐射，外地服务组织和本地新兴服务组织无法与之抗衡；有的地方千方百计阻止外地服务组织进场施工，外地服务组织承接治理修复任务后只能租用本地机械、设备，用工只能聘请当地村民，造成施工效率、质量不高，成本增加。地方保护主义破坏了市场竞争的自由公平，削弱了政府购买服务的质量，影响政府公信力，有损政府形象。遴选的社会化服务组织不能达到最优化，最终会影响治理修复技术措施实施的质量和治理修复的最终效果，阻碍治理修复目标的实现，也不利于本地企业等社会化服务组织健康成长，容易滋生腐败等问题。

（二）遴选条件难规范

《中华人民共和国政府采购法》《政府购买服务管理办法》作为政府购买的基本依据已经发挥了指导性作用，财政部也颁布了一系列规范性文件。但由于重金属污染耕地治理修复兴起不久，在我国还处于起步阶段，无论是治理修复技术，还是管理运行机制，都还不太成熟。因此，政府在重金属污染耕地治理修复的购买行为中还缺乏科学的指导性文件，承接主体的遴选条件存在不适应重金属污染耕地治理修复项目特殊性的问题。另外，地方政府自己在设定遴选条件时缺乏科学理论指导，导致门槛设置不合理、遴选条件一刀切、评分标准欠科学等问题。

1. 门槛设置不合理，过严与过宽并存

地方政府在进行购买活动时对制定承接主体遴选条件有较大自主权。目前存在地方政府在制定承接主体遴选条件时在门槛设置上欠合理，过严与过宽并存现象。

一方面，有的地方在重金属污染耕地治理修复项目中，对承接主体的遴选条件要求十分严格细致，除规定项目承接主体综合能力和综合实力等方面的要求外，还要求项目负责人承担过并通过验收的农田治理修复项目，项目实施团队人员具有环境保护、农业、水利专业的正高级职称，有的地方要求承接主体必须为工商企业，将合作社等新型农业经营主体排除在外。设置严格的遴选条件本意是希望通过提高选择标准促进质量的提高，但实施过程中暴露出不少弊端。遴选条件过于严苛使得遴选主体的选择范围减小，不利于充分竞争，还会打击承接主体的参与积极性。另外，在设定这些标准时没有考虑到项目的具体需求和地域特征，某些仅需实施少量且简单农艺措施的项目并不需要实施团队具有强大的实力，在设置遴选条件时过于严格和谨慎不利于项目的高效推进，反而会增加选拔的困难，浪费不必要的人力、物力和财力。

另一方面，有的地方设置的承接主体遴选条件又过于宽松，门槛太低，缺乏针对性，只是规定参与过农田基础设施建设即可，对团队人员的专业技术能力及水平，对团队的重金属污染耕地治理修复的能力、管理水平、经济实力没有任何要求，导致各竞争者之间没有较好的评判标准，最后往往演变成各承接主体关系、人脉的比拼，难以选择出优质的承接主体，违背了遴选的目的。

2. 遴选条件一刀切

在重金属污染耕地治理修复承接主体遴选实践中，部分地方存在遴选条件一刀切现象，主要表现在：地区自然条件、经济发展水平和风土人情差异，平原地区与丘陵山地、大城市郊区与偏远山区、经济发达地区与经济落后地区、单元素污染与多元素污染以及污染程度的差异没有充分反映在遴选条件中，不同地区不同项目往往采用同一套遴选模板，完全一样的遴选条件和遴选标准，遴选条件一般都设置资信业绩、技术服务方案、投标报价三大部分，而且每部分包括的小项目也没有差别。

出现这种一刀切现象的主要原因，一是由于重金属污染耕地治理修复工作是一项新生事物，加之耕地重金属污染尤其多元素污染具有污染来源复杂、治理修复难度大、反复性大等特点，其工作具有很强的专业性，政府主管部门工作人员对专业知识的掌握还不到位，在制定遴选条件时很难做到因地制宜。二是有些政府工作人员下基层调研不够，对新的事物新的知识学习钻研不够，专业知识与能力的提高跟不上工作发展的需要。三是有些政府工作人员存在懒政不作为，把治理污染耕地视为完成上级工作要求，只想完成基本程序即可，在遴选承接主体时仅仅是机械地完成任务，认为“做了就行”而不关注完成得“好不好”“值不值”，把提倡性、指导性工作异化为强制性的“一刀切”要求，在尽可能短的时间内实现政绩最大化，避免问责并为自身的晋升加码，导致项目执行偏离项目初衷。

承接主体遴选条件一刀切造成的危害：一是会导致承接主体遴选竞争不充分，购买方难以选择出最适合、最优质的承接主体，从而难以实现治理修复的最优效果和达到治理修复的最终目标；二是可能会导致相关利益集团吃尽政策利好，从而扼杀整个重金属污染耕地治理修复市场的活力，

3. 评分标准欠科学

调研了解到，各地在重金属污染耕地第三方治理承接主体遴选中，采用较多的遴选方法是综合评分法。在综合评分法中，各地评分标准基本上是由资信业绩、技术服务方案和投标报价 3 部分构成，各部分分值分别为 20 分、60 分、20 分，资信业绩和技术服务 2 部分内设若干小项，3 部分总分 100 分（表 7–2）。

表 7–2　某项目承接主体遴选评分标准

序号	分类	分值	评分因素
1	资信业绩	20 分	投标人综合实力（12 分） 项目实施团队（8 分）
2	技术服务方案	60 分	项目实施的重点和难点及保障措施（8 分） 主要技术服务措施（6 分） 方案优化措施（16 分） 拟投入的材料、设备、劳动力计划（6 分） 确保项目质量和效果的技术措施（5 分） 二次污染的防治措施（5 分） 确保工期的组织措施（5 分） 监测计划（5 分） 已标价工程量清单（6 分）
3	投标报价	20 分	
	合计	100 分	

遴选承接主体评分标准存在的问题主要是 3 方面。一是没有考虑地域差异。不同地域自然条件、污染类型、污染程度不同，治理修复重点难点不同，而解决重点难点问题是提升治理修复效果的关键，采用一套评分标准难以选择出最适合本地实际最优质的承接主体。二是权重不合理。评分标准是评判承接主体的实施特征和优势的方法，合理界定评分标准至关重要，因为评分标准表达的是购买方的需求和想要解决问题的要点。在制定评分标准前进行过充分调研、科学的分析和测算，因地制宜，突出关键技术措施的重要性，尤适当提高重点难点部分的分值。但是在承接主体遴选实践中，部分地区评分标准中重点难点分值没有达到应有的高度，与一些无关紧要的项目的分值没有拉开应有的距离。如在表 7–2 中，“主要技术服务措施”和“拟投入的材料、设备、劳动力计划”2 项内容都是重金属污染耕地治理修复的重点难点，而“已标价工程量清单”相对于前 2 项，则工作量既小又简单容易也没有前 2 项重要，分值理应小于前 2 项，但是 3 项的分值都是 6 分，这种情况难以通过标书判断投标者的技术实力和治理修复能力，使平庸者入选、优秀者落选成为可能。三是评审标准中的分值设置与评审因素的量化指标不对应。在表 7–2 中“拟投入的材料、

设备、劳动力计划（6 分）”不仅没有量化，更没有细化对应到相应区间。土壤调理剂是重要的治理修复材料，不同标准的产品质量差异很大，应该将是否为国标、省标产品量化为客观分。否则就可能使质量标准不同的产品得分相同，另外还不能最大限度地限制评标委员会成员在评标中的自由裁量权。

（三）遴选承接主体的定价困境

1. 遴选承接主体目前采用的评分方法

近年来在我国重金属污染耕地治理修复实践中，政府通过政府购买服务遴选第三方治理承接主体，评标方法主要是根据《政府采购货物和服务招标投标管理办法》（财政部令第 87 号，以下简称财政部第 87 号令）的规定，采取综合评分法即投标文件满足招标文件全部实质性要求，且按照评审因素的量化指标评审得分最高的投标人为中标候选人的评标方法。综合评分的主要因素是：价格、技术、财务状况、信誉、业绩、服务、对招标文件的响应程度，以及相应的比重或者权值等。各地应用综合评分法一般都将评审因素分为资信业绩、技术服务方案和投标报价 3 个部分，每部分又分若干小项，每个部分和每个小项均赋予相对应的权值或权值区间，评标委员会各成员独立对每个有效投标人的标书进行评价、打分，然后汇总每个投标人每项评分因素的得分，分数最高投标人为中标人。

2. 价格分计算方法

各地在重金属污染耕地第三方治理承接主体遴选实践中，投标报价总分权值最低不低于 87 号令规定的 10%，最高不超过 30%，大多采用 20%。投标报价得分计算方法按照财政部第 87 号令第五十五条的规定，“价格分应当采用低价优先法计算，即满足招标文件要求且投标价格最低的投标报价为评标基准价，其价格分为满分”。投标报价得分（%）=（评标基准价/投标报价）×100，评标总得分 $=F1\times A1+F2\times A2+\cdots+Fn\times An$，$F1$、$F2$、$\cdots$、$Fn$ 分别为各项评审因素的得分，$A1$、$A2$、$\cdots$、An 分别为各项评审因素所占的权重（$A1+A2+\cdots+An=1$）。投标文件满足招标文件全部实质性要求，且按照评审因素的量化指标评审得分最高的投标人为排名第一的中标候选人。

3. 投标报价在评标分值中实际起决定性作用

在遴选承接主体公开招标工作中，评标是其中的决定性环节。评标工作能否有效进行，直接关系到招标工作最终的成败；而评标方法的标准是否清晰明确、分值权重设置是否合理，是招标工作能否实现满意结果的前提。

以表 7-2“某项目承接主体遴选评分标准”为例，投标报价分值 20 分，表面上看只占总分值的 1/3，在三大评标因素里只占 1/3，但是三大评标因素共有 12 个子因素，投标报价只占子因素的 12%，而分数却占了总分数的 20%，分值排 12 个评标子因素的第一位，投标报价无疑是评标中起作用最大的评标因素。另外，87 号令规定“资格条件不得作为评审因素”，“评审因素的设定应当与投标人所提供货物服务的质量相关，包括投标报价、技术或者服务水平、履约能力、售后服务等”，而在重金属污染耕地治理修复承接主体遴选中，无法满足资格条件的社会组织就不会来参与竞标，参与竞标的社会组织已经通过了第一轮资格条件的筛选。还是以表7-2“某项目承接主体遴选评分标准”为例，在三大评标因素中“资信业绩”和“技术服务方案”两大评标因素的11个子因素，实际上是容易获得高分或者满分的，其中“二次污染的防治措施”“确保工期的组织措施”“监测计划”“已标价工程量清单”4项完全是简单的文字工作，很轻易做到不扣分。“项目实施的重点和难点及保障措施”“主要技术服务措施”“方案优化措施”“拟投入的材料、设备、劳动力计划”“确保项目质量和效果的技术措施”5项，主要体现的是社会化服务组织的软实力，看似能从标书中判断出高下，其实，投标人只要在文字上下功夫也是完全能够得到高分的。“投标人综合实力”和“项目实施团队”2项看似是硬指标，但是投标人为得到高分通过下功夫也完全可以做到满足高分条件。只有投标报价必须根据与评标基准价的偏离程度进行客观打分，不受人为主观因素干扰，偏离程度越小，越接近评标基准价，分数越高，反之分数越低。所以，投标报价在评标分值中实际具有决定性作用。

4. 现有评标方法实际是最低价中标法

目前，在重金属污染耕地治理修复承接主体的遴选实践中，虽然大多数地方都是按照87号令的规定采取综合评分法，投标文件满足招标文件全部实质性要求，且按照评审因素的量化指标评审得分最高的投标人为中标候选人。但是如上所述，投标报价在评标分值中实际具有决定性作用，而且重金属污染耕地治理修复由于开展不久，不像其他货物与服务具有成熟的评价标准，货物和服务价格清晰，治理修复技术措施还不成熟，治理修复材料还没有国标和省标，优质高效的治理修复材料还不多，通过国家和省登记的还很少，价格也不清晰，有的治理修复材料如土壤调理剂价格高低差距很大。因此，其投标报价有很大的弹性空间，高价与低价会出现很大的差距。再加上如果投标人采取低价投标策略，就很容易造成实际上的最低价中标。

5. 最低价中标的弊端

（1）难以保证治理修复质量

承接主体以低价中标拿到了治理修复项目，又不愿甘心亏本，必然想尽办法降低成本，有些不负责任的承接主体为了保证成本，甚至会采取偷工减料的办法，在治理修复材料的数量和质量及各项劳动投入上都会打折扣，导致治理修复技术措施实施不到位，影响治理修复效果。

（2）导致市场的混乱

在市场条件和政策制约条件不完善的情况下，大范围推广最低价中标法必然导致低于成本竞标问题，而低于成本竞标问题又在客观上为市场的混乱提供了“激励机制”，诱导同行之间恶性竞争，干扰和破坏重金属污染耕地治理修复市场的正常招投标秩序，损伤了讲诚信、重质量的优秀社会化服务组织的利益，而将招投标引向错误方向。

（3）对行业发展负面影响巨大

低于成本的恶性竞价，使企业无力实施技术进步、提高管理水平，还会使整个重金属污染耕地治理修复行业的生存和发展受到严重的影响。

（4）带来一大堆社会问题

由于低价中标，一些承接主体会因为资金问题造成项目半途而废、拖欠农民工工资，给全社会造成了极大的损害。

五、建立科学的承接主体遴选机制

（一）完善规范承接主体遴选条件

遴选条件是确保遴选工作客观公正、公平合理的重要依据，设置科学合理的遴选条件是确保遴选出合格承接主体的关键。

重金属污染耕地治理修复承接主体遴选条件的设置，要充分考虑不同区域自然条件、经济发展水平和风土人情的差异，根据平原地区与丘陵山地、大城市郊区与偏远山区、经济发达地区与经济落后地区、单元素污染与多元素污染以及污染程度的差异，设置相应的符合当地实际需要的遴选条件，具体包括对承接主体负责人的专业技术职称、承接主体技术人员数量及职称、承接主体技术成果、承接主体业务资质及承接并实施过相关项目的要求。遴选条件不能照搬一个模式，千篇一律，各地都一样。例如：在土地流转率低的地方，在遴选条件中可设置土地流转率，有利于加快土地流转，提高土地集中度，实现重金属污染耕地治理修复的可持续性；在偏远山区，可实行合作社与科研院所联合体投标，这样可以解决合作社专业人员少、技术实力低、污染耕地治理修复技术能力低的难题，也有利于促进科研院所进村下乡，提高偏远山区农业科技水平。

承接主体遴选条件不能设置过严或过宽，要严宽适度，符合当地实际，过于严格不利于充分竞争和项目的高效推进，浪费不必要的人力、物力和财力，反而会增加选拔的困难，还会打击承接主体的参与积极性。过于宽松，门槛太低，缺乏针对性，导致各竞争者之间没有较好的评判标准，最后往往演变成各投标主体关系、人脉的比拼，难以选择出优质的承接主体，违背了遴选的目的。

（二）科学设置评分标准

承接主体遴选指标的评分标准设置要科学合理，遴选指标评分标准设置不够科学合理，会导致评标结果有失公平。在政府购买服务的实践中，科学设置评分标准，要把握以下 3 点。

1. 设置有效评标因素

评标因素的设置一定要符合当地实际情况和各方利益，同时也要合法合规，也不能超出其职能范畴或工作需要。只有评标因素设置科学合理，才能遴选到符合当地实际情况、能按时按质完成治理修复任务的承接主体。

2. 划分科学合理的评标指标权重

在设置评标工作所必须考虑的所有评标指标因素后，还要根据这些指标因素对评标结果的影响程度进行分等级、排次序，并以具体“分值”（即权值）比例来反映每个指标因素对评标结果的影响程度。对起核心和关键作用的指标因素，要重点和优先考虑，并赋予其较高的权值；对一般性、影响力不大的因素，则给予较低的权值。通过研究各项评标因素的权值大小，有利于把握重点的评标因素及其审核环节，便于防范和有效遏制评标工作中的各种麻木性和随意性，进一步提高评标工作的科学性、严肃性和准确性。

3. 要满足供需双方需求

评标指标既要满足采购人需求，还要符合潜在投标人产品要素特点。要对拟定的评审因素或评价尺度能否最大限度地反映和满足采购人的需要进行论证。不仅需要满足采购人的采购项目，还要满足潜在投标人的产品因素，只有两方面条件都具备了，才可作为评标标准进行评标，才能说评标指标的设置对采购人来说合理，对潜在的投标人来说公平。

（三）优化评标基准价和投标报价得分计算模型

1. 科学制定项目预算

《中华人民共和国政府采购法实施条例》第三十条规定“采购人或者采购代理机构应当在招标文件、谈判文件、询价通知书中公开采购项目预算金额”，制定科学精准的项目预算是科学确定评标基准价的前提。为了降低耕地重金属污染治理修复服务市场的信息不对称，政府要对耕地重金属污染治理修复服务市场的服务类型、供求状况、价格水平等进行全面排摸，了解市场上主要供应商的情况，通过竞争性分析，准确把握市场状况。政府在购买重金属污染耕地治理修复服务时，确定购买服务预算价格是关键一环，那么就应该搞清楚成本是如何构成的，公开科学合理的预算让承接主体能充分考虑和准备后做出合理的选择。

（1）确定项目预算思路

在政府购买重金属污染耕地治理修复项目中，核心利益相关者的目标各不相同（图 7-3），所期望的价格也不同，政府希望向社会提供高质量的治理修复服务，提升土壤质量，为社会提供更多优质农产品。污染耕地治理修复项目具有公益性，需要依靠政府的财政补贴来保证项目的顺利运行，同时由于项目具有外部性风险，政府也要对其进行监督。政府在确定政府补贴力度时要同时照顾到社会资本和社会公众的利益目标，保障社会公众福利以及社会资本方的投资回报率，社会组织的投资回报除了财政补贴还有声誉等间接回报。此外，购买主体将绩效评价结果与购买资金支付挂钩，并将评价结果作为以后年度选择承接主体的重要参考依据。公众则想通过较低的价格享受高质量的公共产品。显然项目预算的目标和难题，是要实现 3 个核心利益相关者之间利益目标的平衡，提高合作效率，达成良好的合作关系。2020 年 3 月起正式施行的《政府购买服务管理办法》要求，政府购买服务应当遵循预算约束、以事定费、公开择优、诚实信用、讲求绩效原则。政府是预算的主导者，预算是影响购买价格的重要因素，科学精确的成本核算是保障承接主体利益、维持供给的基础。

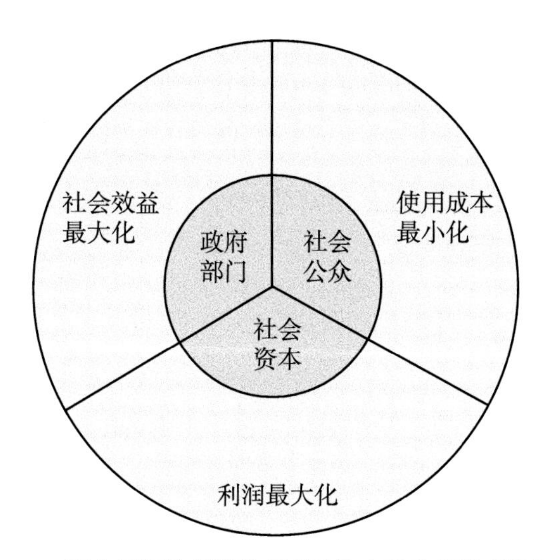

图 7-3　重金属污染耕地治理项目核心利益相关者的目标

（2）项目预算需遵循的原则

①全面测算成本细化预算结构。

政府购买重金属污染耕地治理服务的预算不应一味追求低价，应该考虑该服务的技术需要和治理目标，并结合市场特点和供需情况合理预算，以期在保证财政资金有效使用的同时，给予承接主体生存和可持续发展的空间。在设计预算制度时，要充分考虑服务行业人力资源密集的特点，合理测算成本，合理确定预算标准和结构比例。

第一，细化预算结构，增强政府预算的公开性，在项目预算中体现真实成本的全面核算，以行业平均水平确定的成本作为预算依据。

第二，人工成本的核算要体现对服务工作人员专业资格水平的分级，预算标准应该对人员工资有所支持。

②考虑成本变化原因灵活预算。

政府购买公共服务预算，应考虑成本的变化，并以灵活简便为原则。承接主体的类型、市场的变化以及各地区的实际情况存在差异，通过测算得出的成本金额并不具有普适性，只能作为预算过程中透明的起点。在工资水平、物价水平、经济发展情况发生变化时，公共服务的成本也会有所改变。所以，“一刀切”的预算方法过于僵化，得出的预算“指令性”较强，不具有合理性。

③多方参与服务预算。

为了保证预算的科学合理，有必要建立污染耕地治理修复预算多方参与机制。为受益方提供参与预算的渠道，在核算服务成本时多收集、听取社会公众的意见，对成本进行多方论证，使购买价格与服务的真实效益挂钩。

在适当条件下，政府可以委托独立的具有丰富财务审计经验的第三方机构，充当“诚实中间人”参与预算，以匿名调查的方式分析供应商的成本数据，并向政府披露承接主体提供服务的真实成本，制定费用标准，做到“账务公开”。

（3）社会组织承接污染耕地治理修复的成本分解

污染耕地治理修复主要成本类型包括人力成本和物质成本，其中，物质成本凝结在其他费用当中，又可以分为设备耗材成本和日常事业运行成本两种类型。此外，还应考虑到承接方在购买标书、谈判过程中所产生的签约成本以及运营过程中产生的税费成本。

综上，污染耕地治理修复承接主体总成本=人力成本+设备耗材成本+日常事业运行成本+税费成本+签约成本。

（4）成本核算的方法

进行成本核算的关键点是基于成本分解原则识别各个成本项，按照工作周期、内容和目标将项目分解，核算每个任务的成本。可以运用的工具和技术主要包括：专家判断、类比核算、参数核算、自下而上核算、三点核算（最可能、最乐观和最悲观）、投标/询价分析和群体决策技术等。

2. 建立评标基准价计算模型

建立评标基准价是计算投标报价得分的基础，是影响投标人投标得分的重要因素之一。财政部第 87 号令第五十五条规定“价格分应当采用低价优先法计算，即满足招标文件要求且投标价格最低的投标报价为评标基准价，其价格分为满分”，目前各地在污染耕地治理修复承接主体遴选中，大部分都采用 87 号令的这一规定。笔者认为，这一规定对重金属污染耕地治理修复承接主体的遴选是有缺陷的，或者说，并不能完全适用，会造成重金属污染耕地治理修复承接主体的遴选出现偏差，遴选结果并非最优结果（前 1 节有专门分析论述，此处不再重复）。

笔者建议，在重金属污染耕地治理修复市场还不成熟的现阶段，重金属污染耕地治理修复承接主体遴选的评标基准价应该采用适用于现阶段实际情况的方法，待重金属污染耕地治理修复市场成熟后，再过渡到采用 87 号令规定的方法。现阶段应该采用投标报价的平均价作为评标基准价。

平均报价的计算模型：

$$\overline{P} = \frac{\sum_{i=1}^{n} Y_i}{n} \tag{7-1}$$

式中，$\overline{P}$ 表示平均报价；Y_i表示第 i 个投标人的投标报价；n 表示投标人个数。

投标报价的平均价作为评标基准价的优点：一是可避免低价中标，投标报价的平均价作为评标基准价，即最高得分，最低报价并非得分最高，最大限度避免了低价中标；二是使评标基准价更合理，最低报价并不能得分最高，而投标人往往是想要拿下该项目的，投标报价的平均价作为评标基准价的方法就会引导投标人采用保本微利的经营思路作为最后的报价决策，使得投标价趋于合理；三是简单易行。

3. 建立投标报价得分计算模型

投标报价的平均价作为评标基准价，即评标基准价为满分。投标人的投标报价与评标基准价一样，投标人投标报价为满分。投标人的投标报价越接近评标基准价投标报价得分越接近满分，投标人的投标报价离评标基准价越远，投标报价得分越低，即投标报价与评标基准价的比值越大投标报价得分越高。投标价与基准价之差的绝对值与评标基准价的比值与评标总分的差，乘以价格分权重即为第 i 个投标人的投标报价得分（投标报价的计算见投标报价得分计算模型）。

投标报价得分计算模型：

$$S_i = \left(X - \frac{|Y_i - \overline{P}|}{\overline{P}} \times 100\right) \times W \tag{7-2}$$

式中，S_i表示第 i 个投标人的投标报价得分；X 表示评标总分；Y_i表示第 i 个投标人的投标报价；$\overline{P}$ 表示平均报价；W 表示价格分的权重。

投标报价得分计算方法的优点：一是报价得分更合理，投标人为使自己的投标报价得到高分，其投标报价必须接近评标基准价，而要接近评标基准价，必然采取成本加微利的投标报价策略，投标报价低于成本价或成本价加高利润是难以接近评标基准价的，也就是难以获得高分的，所以，采取本方法所评出的报价得分更合理；二是引导合理报价，投标人为使自己的投标报价得到高分，其投标报价必须接近评标基准价，而要接近评标基准价，投标报价畸高或畸低都难以做到，投标人必须合理报价才有可能得到投标报价高分；三是避免低价高分，投标报价的平均价作为评标基准价，即最高得分，最低报价并未得到高分，避免了低价得高分现象。

（四）大力培育重金属污染耕地治理修复社会化服务组织

国内外实践证明，发展成熟的大量社会化服务组织是有效开展政府购买公共服务、遴选合格优秀承接主体的前提，公共服务市场化成效如何在很大程度上取决于社会组织的发育程度。重金属污染耕地第三方治理实施中对专业化的治理修复社会化服务组织的需求迅速增加，但是与需求相比，目前这类社会化服务组织在数量、规模、装备、技术能力、管理能力及实施大规模耕地污染治理修复经验上，还远远达不到污染耕地治理修复需求。因此，要创新社会化服务组织培育管理机制，加快培育和发展一批数量充足、类型齐全、依法诚信、自律自治的社会化服务组织。

第一，要加大对社会化服务组织的扶持力度，坚持监管和扶持并重，认真落实社会化服务组织发展税收优惠政策，完善财政支持政策，推进社会组织培育孵化基地建设，强化社会化服务组织发展人才支持和保障，促进社会化服务组织重视人才培养，加快工作人员专业化、职业化进程。

第二，增强社会化服务组织的能力建设，向其征求意见，搜集培训需求信息，制订有针对性的计划。督促社会化服务组织不断完善自身能力建设，提升服务能力、治理能力、创新能力，为重金属污染耕地治理修复提供更多高素质的载体。根据重金属污染耕地治理修复的特点，需要加快培育以下几类社会化服务组织：生态环保类社会化服务组织、依托政府涉农部门形成的社会化服务组织、村集体基础上形成的社会化服务组织、合作社基础上形成的社会化服务组织，以及其他社会化服务组织。

（五）完善耕地重金属污染多元化第三方治理模式，充分发挥社会组织功能

在进行耕地重金属污染治理时，应该将原来的治理模式转变成开放式治理模式，让更多的承接主体参与到耕地重金属污染治理工作中，使治理的工作效率和质量得到有效提高。耕地重金属污染多元化治理基于耕地保护利益相关者视角，积极引导地方政府、集体、企业、个人等参与耕地保护，构建多元化的耕地重金属污染治理模式。如构建和完善耕地保护法律和制度，完善多元化耕地补偿治理机制。地方政府应把耕地重金属治理保护纳入年度财政预算，并积极争取上级提供的耕地重金属污染治理专项补助资金，建立动态增长机制，专款专用，保障资金安全。同时，联合社会资源，引导和鼓励社会资本加大耕地重金属污染治理的环保投资力度，推行耕地重金属污染第三方治理，充分发挥社会组织功能。加大执法监管力度，推行网格化管理。充分利用执法监管平台，确保动态监管全覆盖，对污染耕地的行为做到早发现、早报告、早制止、早查处。

引入更多第三方企业及科研院校，激发市场主体活力。确保第三方治理市场的开放性、专业性和契约性是政府在完善和推广耕地重金属污染第三方治理中的重要任务。一是建设具有开放性特征的第三方市场。树立开放包容的多元治理理念，客观对待地方政府、第三方与农业生产者的利益诉求，明确他们之间的权利、义务与责任承担方式，构建耕地治理利益共同体。打造“第三方主治”的共同治理开放平台，吸引资金实力强和管理水平高的第三方加入耕地治理。二是加强第三方市场的专业性建设。加强对第三方市场的准入门槛与监管标准的管理，避免在第三方市场出现“劣胜优汰”的现象，防范由于第三方主体能力差而导致耕地治理效果不达标等后果。同时，采取“院地共治”模式，积极引导科研院校为地方耕地污染治理修复提供技术支持。

参考文献

［1］ 黄道友，朱奇宏，朱捍华，等. 重金属污染耕地农业安全利用研究进展与展望［J］. 农业现代化研究，2018，39（6）：1030-1043.

［2］ 黄春蕾. 我国政府购买公共服务中公开招标机制应用研究［J］. 地方财政研究，2015（1）：46-54.

［3］ 许高峰，董烨. 竞争性谈判采购的工作程序研究［J］. 中国招标，2004（15）：14-17.

［4］ 李以所. 竞争性谈判的适用：基于德国经验的分析［J］. 领导科学，2013（32）：16-19.

［5］ 徐家良，赵挺. 政府购买公共服务的现实困境与路径创新：上海的实践［J］. 中国行政管理，2013（8）：26-30，98.

［6］ 宋平. 单一来源采购方式存在问题及法律规制研究［J］. 企业导报，2016（2）：77-79.

［7］ 崔建才. “询价采购”的操作要规范［J］. 中国政府采购，2002（2）：54-55.

［8］ 蔡杨. 日本社区参与式治理的经验及启示：基于诹访市“社区营造”活动的

考察［J］. 中共杭州市委党校学报，2018（6）：41-45.
［9］ 卓文昊，曹现强. 社区参与式治理影响因素的模式构建［J］. 行政论坛，2020，27（6）：116-121.
［10］ 缑红霞，周晓涛. 共建共享：社区参与式治理模式构建［J］. 科学发展，2017（11）：107-112.
［11］ 边防，吕斌. 转型期中国城市多元参与式社区治理模式研究［J］. 城市规划，2019，43（11）：81-89.
［12］ 宋平. 社区参与式采购在湖北省世行贷款欧盟赠款项目中的应用［J］. 湖北水利，2006（6）：36-37.
［13］ 李晓红. 财务管理中“最低价中标”的问题研究［J］. 中国乡镇企业会计，2020（8）：71-72.
［14］ 宋吉荣. 工程量清单计价模式下招投标理论与方法研究［D］. 成都：西南交通大学，2007.
［15］ 崔鹏，张宇. 工程量清单招标合理低价的确定方法［J］. 建筑经济，2004（3）：60-63.
［16］ 高岩. 招标采购及其评标方法［J］. 石油化工技术经济，2001（3）：52-54.
［17］ 苟伯让. 合理最低评标价法在我国工程招投标中应用的探讨［J］. 建筑管理现代化，2002（1）：13-14.
［18］ 张莹. 我国招标投标的理论与实践研究［D］. 杭州：浙江大学，2002.
［19］ 李婷婷，刘东江. 合理定价评审抽取法负面效应及优化建议［J］. 福建工程学院学报，2018，16（5）：479-483.

第八章　重金属污染耕地第三方治理模式

一、第三方治理模式含义及研究意义

（一）第三方治理模式含义

1. 模式的含义

模式是主体行为的一般方式，是理论和实践之间的中间环节，具有一般性、简单性、重复性、结构性、稳定性、可操作性的特征。模式在实际运用中必须结合具体情况，实现一般性和特殊性的衔接并根据实际情况的变化随时调整要素与结构才有可操作性[1]。模式是一种指导，在一个良好的指导下，有助于完成任务，达到事半功倍的效果。

2. 第三方治理模式含义

第三方治理模式就是实施完成某项工作的第三方主体行为的一般方式，在一般方式的指导下，有助于完成该项工作任务，达到事半功倍的效果。

（二）研究重金属污染耕地第三方治理模式的意义

1. 有利于进行重金属污染耕地第三方治理方法论的理论概括

重金属污染耕地治理修复中采取第三方治理的方式，是从环境污染第三方治理制度借鉴过来的。所谓环境污染第三方治理制度，是指排污企业与独立的专业环保公司之间建立的，由专业环保公司负责治理和保障排污企业环境安全，排污企业对其支付报酬的制度。这种制度安排充分体现了“市场化的环境治理”理念，是对传统的“谁污染，谁治理”的环境法原则的突破，现在已成为世界各国流行的污染治理方式。但是，耕地重金属污染的治理修复与环境污染治理在污染源、经费来源、治理技术、方式方法等方面具有较大的差异性。环境污染的污染源一般都比较清楚，而耕地重金属污染源具有隐蔽性、多源性、持久性等特点[2]；环境污染采取排污企业对第三方治理企业支付报酬的制度，而耕地重金属污染一般都是由政府出资进行治理修复；环境污染一般都是一次性解决污染问题，而耕地重金属污染，则难以一次性解决污染问题。同时，因为要保障粮食安全，耕地污染治理一般都采用边治理边生产的技术路径，在不影响农业生产的同时对耕地进行治理修复。国内外还未见对大规模重金属污染耕地第三方治理模式进行系统研究的报道，没有现成的可资借鉴的适用于我国大规模重金属污染耕地第三方治理的方法和经验。2016 年 5 月 28 日，国务院发布《土壤污染防治行动计划》，全国各地陆续开展重金属污染耕地治理修复，为确保治理修复有序推进并实现既定目标，各地积极探索实行第三方治理，取得了一定成效。对重金属污染耕地第三方治理模式进行研究，总结其科学规律及创新性，有利于对第三方治理模式进行理论上的概括，丰富重金属污染耕地第三方治理模式理论。

2. 有利于重金属污染耕地治理修复深入有序开展

对重金属污染耕地第三方治理模式进行理论研究，并对国内外重金属污染耕地第三方治理的实践进行归纳、提炼，总结其经验、规律，在丰富重金属污染耕地第三方治理模式理论的同时，能够指导重金属污染耕地第三方治理技术措施更高效、精准地落地，推动耕地治理修复工作更高质量向纵深发展，完成第三方治理方案规定的任务，实现第三方治理项目的工作目标。

3. 有利于重金属污染耕地第三方治理模式推广应用

第三方治理在环境污染治理中得到广泛运用，但是，在重金属污染耕地治理修复中的应用还是一个新生事物，对其缺乏系统的、全面的、深入的理论探讨。《中华人民共和国国民经济和社会发展第十三个五年规划纲要（草案）》把“开展 1 000万亩受污染耕地治理修复和 4 000万亩受污染耕地风险管控”列入国家“十三五”100 项重大项目之一，由此拉开了全国范围重金属污染耕地治理修复的序幕，系统研究重金属污染耕地第三方治理模式将为开展重金属污染耕地第三方治理提供可借鉴的成功经验和理论支撑，有利于第三方治理模式的推广应用，使重金属污染耕地治理修复少走弯路、顺利实施。

二、重金属污染耕地治理修复工作推进模式

工作推进模式指实施完成某项工作的一般方式。在一般方式的指导下，工作推进模式的应用有助于完成该项工作任务，达到事半功倍的效果。

（一）重金属污染耕地治理修复工作推进模式类型

2014 年、2017 年和 2020 年，笔者采取抽样调查的方法，对湖南省重金属污染耕地治理修复项目工作推进模式进行了跟踪调查。

湖南省长沙、株洲、湘潭三市 2014—2017 年实施“湖南省长株潭重金属污染耕地修复治理和结构调整试点”项目，试点覆盖三市 19 个县（市、区），面积 170 万亩[3]。2014 年，对三市试点面积较大的 10 个县（市、区）152 个乡镇（约占长株潭试点区乡镇总数的 80%）进行了调研。2017 年是“湖南省长株潭重金属污染耕地修复治理和结构调整试点”的最后 1 年，笔者对长株潭试点区三市 10 个县（市、区）中采取 VIP+n 技术措施的 181 个乡镇进行了调研。2020 年，对湖南省重金属污染耕地治理修复 9 个县（市、区）39 个乡镇进行了调研，其中，对长株潭湖南省重金属污染耕地治理修复项目区 10 个县（市、区）抽取了长沙市浏阳市、株洲市渌口区、湘潭市湘潭县三县

（市、区）6个乡镇样本，对长株潭三市实施淹水法为核心技术的重金属污染耕地治理修复项目的9个县（市、区）抽取了长沙市望城区、株洲市茶陵县、湘潭市湘乡市3县（市、区）24个乡镇样本，对世界银行贷款“湖南省农田污染综合管理”项目14个县（市、区）抽取了永州市祁阳县（现祁阳市）、衡阳市衡阳县和张家界市慈利县3个县9个乡镇样本，进行了抽样调查。

对湖南省重金属污染耕地治理修复项目工作推进模式3年调研结果显示，重金属污染耕地治理修复工作推进主要采取了两种模式，即政府行政推进型模式（模式1）和第三方治理模式（模式2）。

（二）政府行政推进型模式及特点

1. 政府行政推进型模式含义

政府行政推进型模式即政府制定实施方案，将耕地治理修复任务分解到所属各级政府及部门，由村及村民小组组织农户或组织施工队伍，按照政府制定的实施方案及污染耕地治理修复技术操作规程，实施污染耕地治理修复的各项技术措施。

2. 政府行政推进型模式特点

（1）政府制定实施方案

重金属污染耕地治理修复实施方案由政府制定，方案明确治理修复目标、任务、技术路线、技术措施、评价指标及方法、进度安排、经费预算及保障措施，将任务分解到各级政府。

（2）政府组织实施

治理修复任务、目标落实到每一级政府，由上至下，逐级推进。由村或村民小组按照政府制定的技术方案和技术措施，组织专业队负责本村民小组或本村的耕地技术措施的实施，或组织村民负责自己承包耕地的治理修复技术措施的实施。

（3）对实施主体约束力弱

由政府组织治理修复技术措施的实施，实施主体负责技术措施实施落地，不负责治理修复要达到的稻谷降镉目标，因此，治理修复计划对实施主体约束力不强，技术措施落地的质量难以保证。

（4）政府具有双重身份

政府行政推进型模式，政府既要组织技术措施的实施，是治理修复的实施者，又要对实施主体的实施行为进行监督，是治理修复的监督者，自己监督自己，既是运动员，也是裁判员，监督很难完全到位。

（5）结果由政府负责

在政府的安排指挥下，实施主体按照政府制定的治理修复实施方案，负责治理修复技术措施实施落地，治理修复结果由政府而非实施主体负责。

（三）第三方治理模式含义及特点

1. 第三方治理模式含义

2013年11月，《中共中央关于全面深化改革若干重大问题的决定》提出“推行环境污染第三方治理”，是环境污染第三方治理理念的首次提出。《国务院办公厅关于推行环境污染第三方治理的意见》于 2014 年 12 月发布，明确规定了第三方治理制度的含义与总体要求，为省、自治区、直辖市的具体实施提供了宏观指导，对完善第三方治理机制、规范第三方治理市场和助推环境公用设施投资运营市场化进行了具体规划，为第三方治理制度的具体实施操作提供了政策性的支持和引导，是我国对环境污染第三方治理进行较为全面系统规定的第一部正式性法律文件。2015 年的《关于在燃煤电厂推行环境污染第三方治理的指导意见》是中央层面在第三方治理领域推行的具体实施方案。随后，各个省份相继颁布符合自身特点的法律政策，落实中央原则性的要求。

所谓环境污染第三方治理制度，是指排污企业和独立的专业环保公司之间建立的，由专业环保公司负责治理和保障排污企业环境安全，排污企业对其支付报酬的制度。这种制度安排充分体现了“市场化的环境治理”理念，是对传统的“谁污染，谁治理”的环境法原则的突破，现在已成为世界各国流行的污染治理方式[4]。

耕地重金属污染第三方治理模式即通过政府购买服务，委托有重金属污染耕地治理修复资质及实力较强的企业，承担一定区域的重金属污染耕地的治理修复的一般方式。

2. 重金属污染耕地第三方治理模式特点

（1）合同管理

政府行政推进型模式是政府通过公权力管理推动治理修复，第三方治理模式则是政府通过购买服务方式与承接治理修复任务的第三方主体签订协议，通过具有法律效力的协议规定第三方主体治理修复的数量、质量、完成时间或治理修复效果，管理推动治理修复。

（2）刚性约束力

政府通过购买服务方式与承接治理修复任务的第三方主体签订协议，协议明确规定第三方实施主体在一定时间内完成的治理修复的任务或要达到的稻谷降镉目标，治理修复任务及目标对实施主体具有刚性约束力。

（3）政府身份转变

政府通过购买服务方式与承接治理修复任务的第三方主体签订协议，治理修复由第三方主体承担和实施，政府不再组织技术措施的实施。政府从实施者和监督者的双重身份转变为监督者，能够更有效地对第三方主体治理修复技术措施实施情况进行监督。

（4）开放竞争

开放竞争是重金属污染耕地治理修复采取第三方治理的重要前提。得益于“开放性”的第三方治理不断推进开放性发展和开放式治理，不仅打破了政府固有的话语权垄断，而且给专业的第三方治理组织参与受污染耕地治理修复创造了可能的机会和必要的平台。重金属污染耕地治理修复引入了市场机制和竞争机制，通过专业性竞标等方式选择合适的第三方治理企业，其是多方治理主体之间竞争后的产物。这种第三方治理的模式既是提高耕地治理效率和治理质量的重要途径，同时也是解决恶性市场竞争和规范市场行为的必要方式。

（5）治理修复效果由第三方主体负责

政府通过购买服务，与承接治理修复任务的第三方主体签订协议，规定第三方主体治理修复技术措施实施的具体要求或稻谷降镉要达到的目标，治理修复效果不再由政府负责，而是由第三方实施主体负责。

（四）工作推进模式运行特征

1. 两种模式，双轨运行

2014 年、2017 年和 2020 年，3 年湖南省重金属污染耕地治理修复工作推进模式调研数据分析结果显示：2014 年长株潭重金属污染耕地治理修复试点项目工作推进模式基本上是政府行政推进型模式，只有个别县的个别技术措施尝试采取第三方治理模式，其中，种植镉低积累水稻品种、优化水分管理、施用土壤调理剂、喷施叶面阻控剂 4 项技术措施的实施，全部采取政府行政推进型模式，深耕改土全部采取第三方治理模式，施用石灰部分乡镇采取政府行政推进型模式，部分乡镇采取第三方治理模式，综合分析 6 项治理修复技术措施，2014 年采取政府行政推进型模式的乡镇占比 90. 37%，采取第三方治理模式的乡镇占比 9. 63%（表 8-1）。

表 8-1　2014—2020 年治理修复技术工作推进模式统计

技术措施	2014 年乡镇			2017 年乡镇			2020 年乡镇		
	模式 1/个	模式 2/个	模式 2 占比/%	模式 1/个	模式 2/个	模式 2 占比/%	模式 1/个	模式 2/个	模式 2 占比/%
种植镉低积累品种	78	—	0	128	66	34. 02	—	26	100
优化水分管理	128	—	0	14	180	92. 78	6	29	82. 86
施用石灰	138	1	0. 72	14	177	92. 67	10	29	74. 36
施用土壤调理剂	1	—	0	—	92	100	4	11	73. 33
深耕改土	—	48	100	—	—	—	—	—	—
喷施叶面阻控剂	115	—	0	—	92	100	6	—	0
施用有机肥	—	—	—	—	76	100	—	11	100
合计	460	49	9. 63	156	683	81. 41	26	106	80. 30

注：模式 1，政府推进型；模式 2，第三方治理。

2017 年，长株潭重金属污染耕地治理修复试点全面推行第三方治理模式，但是在长沙县的镉轻度污染区治理修复技术措施的实施和其他部分县（市、区）种植镉低积累水稻品种还是采用政府行政推进型模式，因而在包括长沙县在内的部分县（市、区）中存在 2 种模式并存的情况。施用土壤调理剂、喷施叶面阻控剂、施用有机肥 3 项技术措施的实施全部采取第三方治理模式，种植镉低积累水稻品种、优化水分管理、施用石灰 3 项技术措施的实施，部分乡镇采取政府行政推进型模式，部分乡镇采取第三方治理模式，综合分析 6 项治理修复技术措施的实施，2017 年采取政府行政推进型模式的乡镇占比 18.59%，采取第三方治理模式的乡镇占比 81.41%（表 8-1）。

2020 年，喷施叶面阻控剂全部采用政府行政推进型模式，种植镉低积累水稻品种、优化水分管理、施用石灰、施用土壤调理剂、施用有机肥 5 项技术措施的实施，部分乡镇采取政府行政推进型模式，部分乡镇采取第三方治理模式，综合分析 6 项治理修复技术措施的实施，2020 年采取政府行政推进型模式的乡镇占比 19.7%，采取第三方治理模式的乡镇占比 80.3%（表 8-1）。

上述分析结果表明，重金属污染耕地治理修复工作推进模式呈现政府行政推进型和第三方治理两种模式双轨运行特征。

2. 第三方治理逐渐发展成为工作推进主要模式

技术措施实施的工作推进方式的分析结果显示：种植镉低积累品种、优化水分管理、施用石灰、施用土壤调理剂 4 项每年都实施了的技术措施的工作推进方式，均呈现第三方治理模式占比逐步上升趋势。2014 年没有实施施用有机肥技术措施，2017 年和 2020 年实施该项技术措施都是采用第三方治理模式；深耕改土在 2014 年 100%为第三方治理模式，2017 年和 2020 年抽样调查的样本没有实施这项技术措施；喷施叶面阻控剂技术措施 2014 年 100%为政府行政推进型模式，2017 年则 100%为第三方治理模式，2020 年 100%为政府行政推进型模式，是唯一一项开始采取行政推进型模式，后采取第三方治理模式，再回到行政推进型模式的技术措施。

2014—2020 年，两种模式总体上呈现模式 2 即第三方治理模式占比逐步上升的趋势（图 8-1），从技术措施的实施总体来看，工作推进模式总体上呈现出第三方治理模式（即模式 2）占比逐步上升的趋势：第三方治理模式从 2014 年的 9.63%到 2017 年上升到 81.41%，2020 年维持在 80%，第三方治理成为工作推进的主要模式。

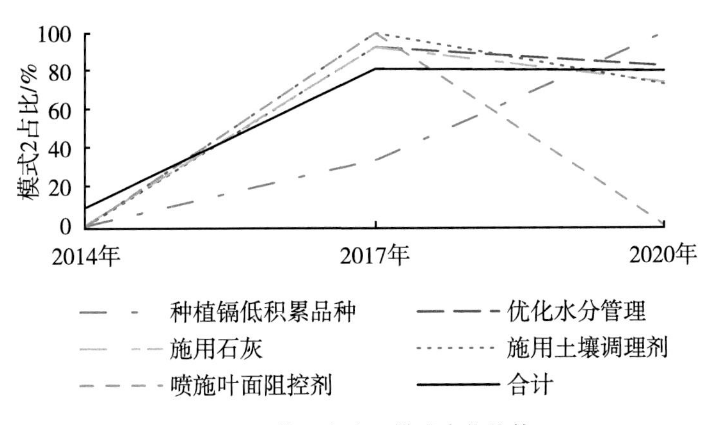

图 8-1 第三方治理模式变化趋势

（五）第三方治理成为工作推进主要模式的原因

1. 劳动力结构

农村劳动力大量向城市和非农产业转移，从事农业生产的劳动力老龄化、妇女化趋势明显[5]。中国社会科学院城市发展与环境研究所的统计表明，农村居民中，残疾人口占比约为6.0%，智能障碍儿童占比约为15.0%，农村劳动力身体素质相对较差。此外，农村劳动力中还有少数人格不健全、有心理疾病等的患者[6]。很多农户没有劳动力承担耕地治理修复或难以承担撒施石灰、优化水分管理等重体力和耗费时间长的活，因此，撒施石灰、优化水分管理等技术措施适宜拥有大型农业机械或经济实力强的社会化服务组织承担。

2. 治理修复技术特点

由于农户对水稻品种有自己的偏好，加之水稻育秧目前工厂化普及率不高，因此，镉低积累水稻品种的种植只能由农户实施，而深耕改土需要大型翻耕机，农户一般只拥有小型翻耕机，所以，深耕改土则只能由拥有大型翻耕机械的合作社承担。

3. 转变政府行政职能的需要

现代公共服务型政府的职能定位是“经济调节、市场监管、社会管理、公共服务”。

要充分发挥市场在资源配置中的基础性作用，激发市场主体活力，增强经济发展的内生动力。政府工作重点是创造良好发展环境、提供优质公共服务、维护社会公平正义。

在政府行政推进型模式下，政府既当运动员，又当裁判员，显然不符合现代公共服务型政府的职能定位，转变是内在要求，也是必然趋势。

4. 社会化服务组织发育程度

近年来，农业环境工程领域社会组织虽然发展迅速，但是与需求相比，在数量、规模、装备及技术能力上还是非常薄弱，远达不到重金属污染耕地治理修复需求。例如，施用石灰招标时，有的县由于报名者少，选择余地小，中标者因为能力有限而实施质量达不到要求，甚至存在有的县因为符合条件的报名者太少而流标的情况。因此，在部分地区和部分治理修复技术措施的实施，只能由政府组织农户或专业队承担。

三、第三方治理模式类型

重金属污染耕地第三方治理模式可从3个不同角度进行分类，一是从承包方式角度进行分类，二是从工作推进方式角度进行分类，三是从土地权属角度进行分类。

（一）从承包方式角度进行分类

将重金属污染耕地治理修复项目区分成若干片区，采取政府购买服务等方式，每个片区由1家社会化服务组织承包治理修复任务。承包分治理修复技术措施承包和治理修复效果承包2种类型。

1. 治理修复技术措施承包

政府以治理修复技术措施有效落地为目标，通过政府购买服务等方式，由第三方治理实施主体即工商企业、合作社等社会化服务组织承接重金属污染耕地治理修复任务。社会化服务组织严格按照政府制定的污染耕地治理修复实施方案规定的技术路径和相应的技术规程，对规定治理修复区域内单项技术措施或综合技术措施的实施提供服务承包。

（1）单项技术措施承包

政府通过购买服务等方式，由第三方治理实施主体在重金属污染耕地治理修复的技术措施中，承接某一项治理修复技术措施从治理修复材料供应到运输再到施用的全部服务承包。

（2）多项技术措施承包

政府通过政府购买服务等方式，由第三方治理实施主体对一定区域的重金属污染耕地治理修复实行多项技术措施总承包，即由第三方治理实施主体按照合同规定的治理修复方案，承担对所承包区域内全部耕地多项或全部治理修复技术措施及技术措施实施的所有环节的全程服务。

2. 治理修复效果承包

政府购买服务等方式，以重金属污染耕地治理修复效果为目标，遴选第三方实施主体承接一定区域的耕地治理修复任务。第三方实施主体采用自主的技术路径和技术措施，对承包区域内重金属污染耕地治理修复提供治理修复技术措施服务，在合同规定期限内，达到稻谷重金属含量符合国家标准或合同规定要求的目标。

3. 治理修复承包模式发展状况

根据对湖南省2014年、2017年和2020年多个重金属污染耕地治理修复项目第三方治理承包模式发展状况的调研分析，湖南省治理修复承包模式发展状况如下（表8-2）。

表8-2　2014—2020年治理修复承包模式乡镇数量统计

技术措施	2014年			2017年			2020年		
	A模式/个	B模式/个	B模式占比/%	A模式/个	B模式/个	B模式占比/%	A模式/个	B模式/个	B模式占比/%
种植镉低积累水稻品种	—	—	—	35	31	46.97	20	6	23.08
优化水分管理	—	—	—	88	92	51.11	23	6	20.69
施用石灰	15	—	0	88	89	50.28	23	6	20.69
施用土壤调理剂	—	—	—	—	92	100	5	6	54.55
深耕改土	5	—	0	—	—	—	2	—	0
喷施叶面阻控剂	—	—	—	—	92	100	—	—	—
施用有机肥	—	—	—	—	76	100	—	6	100
合计	20	—	0	211	472	68.81	73	30	29.13

注：A模式，技术措施承包模式；B模式，效果承包模式。

（1）效果承包模式发展状况

2014年，湖南省启动长株潭重金属污染耕地治理修复试点，主要采取政府行政推进型模式，茶陵县、长沙县尝试开展第三方治理试点，主要采用技术措施承包模式，没有采用效果承包模式。

2017 年，长株潭试点项目在 10 个县（市、区）的部分区域采取第三方治理修复效果承包，通过政府购买服务方式，由多家公司竞标取得治理修复效果承包资格。调研结果显示，效果承包模式占第三方治理承包模式比例达到 68. 81%。

2020 年，湖南省开展长株潭重金属污染耕地结构调整和休耕治理项目、以淹水法为核心技术的重金属污染耕地治理修复项目及世界银行贷款湖南省农田污染综合管理项目等 3 个项目，其中，效果承包模式占第三方治理承包模式比例为 29. 31%。

（2）技术措施承包模式发展状况

技术措施承包有单项技术措施承包模式和多项技术措施承包模式 2 种类型（表 8-3）。

表 8-3　2014—2020 年治理修复技术措施承包模式乡镇数量统计

技术措施	2014 年			2017 年			2020 年		
	单项/个	多项/个	多项占比/%	单项/个	多项/个	多项占比/%	单项/个	多项/个	多项占比/%
种植镉低积累水稻品种	—	—	—	—	35	100	—	20	100
优化水分管理	—	—	—	—	88	100	—	23	100
施用石灰	15	—	0	—	88	100	—	23	100
施用土壤调理剂	—	—	—	—	—	—	—	5	100
深耕改土	5	—	0	—	—	—	2	—	0
喷施叶面阻控剂	—	—	—	—	—	—	—	—	—
施用有机肥	—	—	—	—	—	—	—	5	100
合计	20	—	0	—	211	100	2	76	97. 44

①单项技术措施承包模式发展状况。

2014 年，长株潭开展重金属污染耕地治理修复试点，茶陵县在石灰施用中尝试通过政府购买服务方式，选择 2 家石灰供应商，承担 15 个乡镇从石灰供应、到运输、到施用的全程服务；长沙县在深耕改土中，通过政府购买服务方式，选择 1 家农机合作社承担 5 个乡镇的深耕改土。

2017 年没有单项技术措施承包。

2020 年，永顺县在实施深耕改土项目时，通过政府购买服务方式，选择 1 家农机合作社承担 2 个乡镇的深耕改土任务。

单项技术措施承包乡镇占开展治理修复技术措施承包乡镇总数比例为 2. 56%。

②多项技术措施承包模式发展状况。

2014 年没有开展多项技术措施承包。

2015 年长株潭试点开始尝试由第三方对一定区域的重金属污染耕地治理修复实行多项技术措施总承包。例如，望城区将新康乡等 3 个乡镇 6 000亩耕地全部 4 项治理修复技术措施及所有环节的全程服务，采取政府购买服务方式，由湖南永清环保公司承接，按照合同规定的治理修复方案要求实施。

2017 年，长株潭三市开展重金属污染耕地治理修复的 10 个县（市、区），除长沙县外，其余 9 个县（市、区）211 个乡镇的可达标生产区的耕地治理修复，均由第三方承包全部 3 项治理修复技术措施及每项技术措施所有环节的全程服务，没有乡镇采取单项技术措施承包模式。

2020 年，长株潭三市 9 个县（市、区）开展以淹水法为核心技术的重金属污染耕地治理修复，其中有 8 个县（市、区）采取由社会化服务组织承担多项治理修复技术措施及每项技术措施所有环节的全程服务；世界银行贷款“湖南省农田污染综合管理”项目 14 个县（市、区）有 13 个县（市、区）采取由社会化服务组织承担多项治理修复技术措施及每项技术措施所有环节的全程服务。采取多项治理修复技术措施模式的乡镇共 76 个，占第三方治理承包模式总数比例达到 97. 44%。

4. 治理修复承包模式发展趋势

综合以上分析，治理修复承包模式表现出如下发展趋势：2014 年 2 个尝试开展第三方治理的县都采用技术承包模式，效果承包模式还是空白。2017 年效果承包模式超过技术措施承包模式，占比达到 68. 81%；2020 年由于新启动以淹水法为核心技术的重金属污染耕地治理修复项目和世界银行贷款“湖南省农田污染综合管理”项目，技术措施承包模式占比上升，效果承包模式占比下降到 29. 13%，第三方治理承包模式总的变化趋势是从技术措施承包模式起步，取得经验后实行效果承包模式，效果承包模式占比逐步上升，最后是两种模式并存发展；第三方治理技术措施承包模式发展趋势是：单项技术措施承包模式起步，发展到以多项技术措施承包模式为主、单项技术措施承包模式为辅的发展格局（表 8-4）。

表 8-4　2014—2020 年治理修复承包模式乡镇数量统计

技术措施	2014 年			2017 年			2020 年		
	A 模式/个	B 模式/个	B 模式占比/%	A 模式/个	B 模式/个	B 模式占比/%	A 模式/个	B 模式/个	B 模式占比/%
种植镉低积累水稻品种	—	—	—	35	31	46. 97	20	6	23. 08
优化水分管理	—	—	—	88	92	51. 11	23	6	20. 69
施用石灰	15	—	0	88	89	50. 28	23	6	20. 69
施用土壤调理剂	—	—	—	—	92	100	5	6	54. 55
翻耕改土	5	—	0	—	—	—	2	—	0

（续表）

技术措施	2014年			2017年			2020年		
	A模式/个	B模式/个	B模式占比/%	A模式/个	B模式/个	B模式占比/%	A模式/个	B模式/个	B模式占比/%
喷施叶面阻控剂	—	—	—	—	92	100	—	—	—
施用有机肥	—	—	—	—	76	100	—	6	100
合计	20	—	0	211	472	68.81	73	30	29.13

注：A模式，技术措施承包模式；B模式，效果承包模式。

5. 治理修复承包模式优劣势分析

（1）技术措施承包模式优劣势分析

技术措施承包模式的优势主要有体现在2个方面：一是第三方实施主体只需按照政府制定的实施方案和技术规程组织技术措施的实施落地，可以迅速启动项目；二是对第三方实施主体的资格要求不高，符合资格的主体相对较多，选择余地大，容易挑选到符合要求的实施主体，有利于技术措施的实施落地。

技术措施承包模式的劣势主要有2个方面：一是第三方实施主体只负责技术措施实施落地，不负责达到治理修复的稻谷降镉目标，因此，治理修复计划对实施主体约束力不强，技术措施落地的质量难以保证；二是实施主体按照政府制定的治理修复实施方案，负责治理修复技术措施实施落地，治理修复结果不是由实施主体而是由政府负责，治理修复效果难以保障。

（2）效果承包模式优劣势分析

效果承包模式的优势主要有2个方面：一是政府通过购买服务方式与承接治理修复任务的第三方主体签订协议，协议明确规定第三方治理实施主体在一定时间内完成的治理修复任务或要达到的稻谷降镉目标，治理修复任务及目标对实施主体具有刚性约束力；二是政府通过购买服务方式与承接治理修复任务的第三方主体签订协议，规定第三方主体治理修复技术措施实施的具体要求和稻谷降镉要达到的目标，有利于实现治理修复的效果。

效果承包模式的劣势主要有2个方面：一是在项目实施区域，项目起步阶段符合效果承包要求的社会化服务组织少，政府遴选第三方治理承接主体的选择余地小，增加了选择符合要求的第三方实施主体的难度；二是第三方治理实施主体采用自主的技术路径和技术措施，对承包区域内重金属污染耕地治理修复提供治理修复技术措施服务，政府监管人员、第三方监理人员及当地农户对第三方治理实施主体采用自主的技术路径和技术措施不太熟悉，增加了监管监督难度。

6. 治理修复承包模式适应性分析

（1）技术措施承包模式适应性分析

技术措施承包模式主要适应6个方面：项目启动阶段、单项措施承包、多元素污染区域、污染源不明区域、一次性技术措施实施承包和实施时间较短的项目。

①项目启动阶段。

项目启动阶段，项目组织者和实施者对技术的掌握还不熟练，达到治理修复的理想效果难度也大，较适宜采用技术措施承包模式。对湖南省长株潭地区 2014 年、2017 年和 2020 年 3 年新启动的项目进行分析，结果显示，采用技术措施承包方式较多。

②单项措施承包。

耕地重金属污染具有隐蔽性、多源性、持久性等特点，且影响农作物吸收与积累重金属的因素众多，其治理修复涉及农学、土壤、环境和食品安全等多个学科，其治理难度和复杂性远超过工矿场地重金属污染的修复，已成为一个世界性的难题[3]。因此，单项技术措施达到治理修复的效果难度较大，单项技术措施也易于管理，因此适宜技术措施承包。湖南省长株潭试点项目 2014 年 2 个单项技术措施承包和 2020 年 1 个单项技术措施承包，都是采用的技术措施承包模式。

③多元素污染区域。

多元素污染耕地的治理修复要比单元素污染耕地治理修复复杂得多，尤其是像镉砷复合污染，某些技术措施对镉的治理修复有效，而对砷的治理修复则会起反作用，二者的有效性朝逆方向演化，土壤中镉砷的有效性形成一对跷跷板。因此，多元素污染耕地的治理修复难度比单元素治理修复要大得多，效果承包模式可能难以实现其目标，一般采用技术措施承包模式。

④污染源不明区域。

污染源不明耕地的治理修复难以对症下药，治理修复难度较大，治理修复效果目标不易制定，制定了也难以实现。

⑤一次性技术措施实施承包。

某些农艺措施，如施用石灰、施用土壤调理剂、喷施叶面阻控剂、深耕改土，等等，如果只一次性实施，达到治理修复的效果难度也大，治理修复效果目标不易制定，制定了也难以实现。

⑥项目实施时间较短。

重金属污染耕地治理修复项目实施时间如果在 1 年以内，时间较短，达到治理修复的效果难度大，治理修复效果不佳，更宜采用技术措施承包模式。

（2）效果承包模式适应性分析

①多项技术措施总承包。

多项技术措施容易达到治理修复目标，适宜采用治理修复效果承包模式。

②污染源明显地区。

污染源明显耕地的治理修复可以对症下药，治理修复难度相对较小，治理修复效果目标容易制定，目标容易实现，适宜采用治理修复效果承包模式。

③项目实施时间较长。

耕地治理修复项目实施时间如果在 1 年以上，时间较长，连续多年采取治理修复技术措施，容易达到治理修复目标，适宜采取治理修复效果承包模式。

（二）从工作推进模式角度进行分类

1. 工商企业工作推进模式

工商企业根据自身情况及技术措施特点和项目区分布、地形地貌、交通通信、基础设施及社会化服务组织发育情况，因地制宜、因事制宜，可采取7种不同类型的工作推进模式。

（1）模式1：工商企业+专业队

工商企业内部成立污染耕地治理修复专业队，负责实施污染耕地治理修复。其长处在于专业性强、组织性强，技术措施实施效率高、质量好，短处在于异地施工交通生活成本高、生活不方便、易与当地农民产生争夺业务的矛盾。这种模式适宜在劳动力缺乏、施工强度大、当地农户又不太愿意做的撒施石灰等技术措施中采用。

（2）模式2：工商企业+农户

工商企业根据治理修复技术措施特点，组织所承包治理修复区域内的农户，各自负责自己的责任田的治理修复技术措施的实施。镉低积累种子的播种、育秧，由于基本上是千家万户分散进行，适宜采用这种模式。偏远山区、农田分散地区、村民居住分散地区、劳动力充裕地区、当地农户愿意自己承担治理修复技术措施的地区，适宜采取这种模式。

（3）模式3：工商企业+合作社

工商企业与当地合作社合作，按照工商企业制定的实施方案，由合作社组织本社社员或聘请当地农民组成施工专业队，实施耕地治理修复技术措施。这种模式能够充分发挥合作社在农业机械设备、技术、劳动力及熟悉当地情况的优势，在深耕改土、石灰撒施等大多数耕地治理修复技术措施实施时，工商企业可选择这种模式。

（4）模式4：工商企业+合作社+农户

工商企业与当地具有一定规模和一定治理修复技术能力的合作社合作，合作社按照工商企业制定的实施方案，负责组织农户承担自己承包耕地治理修复技术措施的实施。这种模式能发挥合作社熟悉当地情况的优势，适宜在具有较充裕劳动力、农户参与重金属污染耕地治理修复积极性高的地方采用。适宜实施的主要技术措施有施用石灰、土壤调理剂和有机肥。

（5）模式5：工商企业+村组+专业队

工商企业与所负责区域内的村或组签订合同，村或组组建由本村或本组劳动力组成的施工专业队，按照工商企业制定的实施方案，负责本村或本组耕地治理修复技术措施的实施。这种模式能发挥政府基层组织强大的组织能力和熟悉当地情况的优势，工商企业在优化水分管理技术措施实施中可采用这种模式。

（6）模式6：工商企业+村+组+农户

工商企业与所承包区域内的村签订合同，村按照工商企业制定的实施方案，将本村治理修复任务分解到组，组负责组织本组农户实施耕地治理修复技术措施。这种模式比较适宜在政府基层组织组织能力强、农技推广网络完善、当地劳动力较充裕、农户参与重金属污染耕地治理修复积极性高的地方采用。种植镉低积累品种适宜采用这种模式。

（7）模式 7：工商企业+大户

工商企业与所承包区域内的大户签订合同，大户按照工商企业制定的实施方案，负责自己所承包农田的治理修复技术措施的实施，大户也可带动周边农户一起实施治理修复技术措施。由于承包耕地面积大，大户对治理修复带来的好处和效益有充分了解，积极性高，同时工商企业也可免除面对千家万户时所具有的繁重的工作量，所以，在有大户的地方，企业都可采用这种模式。

2. 合作社工作推进模式

合作社根据自身情况及技术措施特点和项目区分布、地形地貌、交通通信、基础设施及社会化服务组织发育情况，因地制宜、因事制宜，宜采取 5 种不同类型的工作推进模式。

（1）模式 1：合作社+专业队

合作社内部成立重金属污染耕地治理修复专业队，负责实施污染耕地治理修复技术措施的实施。其长处在于专业性强、组织性强，技术措施实施效率高、质量好。这种模式适宜在劳动力缺乏地区采用。

（2）模式 2：合作社+专业队+农户

合作社内部成立污染耕地治理修复专业队，负责本合作社所属区域污染耕地治理修复技术措施的实施，同时带动周边农户承担自己所承包责任田治理修复技术措施的实施。这种模式能发挥合作社的示范带动作用，适宜在劳动力较充裕且农户参与重金属污染耕地治理修复积极性高的地区采用。

（3）模式 3：合作社+村组+专业队

合作社承接耕地治理修复任务，与所负责区域内的村或组签订合同，村或组组建由本村或本组劳动力组成的施工专业队，按照合作社制定的实施方案，负责本村或本组耕地治理修复技术措施的实施。这种模式能发挥政府基层组织强大的组织能力和熟悉当地情况的优势。

（4）模式 4：合作社+村组+农户

合作社承接耕地治理修复任务，与所负责区域内的村或组签订合同，村或组按照合作社制定的实施方案，负责组织农户承担自己所承包责任田治理修复技术措施的实施。这种模式比较适宜在政府基层组织组织能力强、农技推广网络完善、当地劳动力较充裕、农户参与重金属污染耕地治理修复积极性高的地方采用。

（5）模式 5：合作社+农户

合作社根据治理修复技术措施特点，组织所承包治理修复区域内的农户，各自负责自己承包责任田的治理修复技术措施的实施。镉低积累种子的播种、育秧，由于基本上是千家万户分散进行，适宜采用这种模式。偏远山区、农田分散地区、村民居住分散地区、劳动力充裕地区、当地农户愿意自己承担治理修复技术措施的地区，适宜采取这种模式。

3. 工商企业工作推进模式现状分析

2017 年，笔者调研了参与湖南省长株潭试点区重金属污染耕地治理修复的 89 家工商企业，对 89 家工商企业工作推进模式类型统计结果显示，“工商企业+专业队”占比 14.91%，“工商企业+农户”占比 4.63%，“工商企业+合作社”占比 53.99%，“工商企业+合作社+农户”占比 4.63%，“工商企业+村组+专业队”占比 13.88%，“工商企业+村+组+农户”占比 6.43%，“工商企业+大户”占比 1.54%（表 8-5）。

表 8-5　工商企业工作推进模式类型统计

项目	推进模式类型							合计
	A	B	C	D	E	F	G	
数量/个	58	18	210	18	54	25	6	389
占比/%	14.91	4.63	53.99	4.63	13.88	6.43	1.54	100

注：A，工商企业+专业队；B，工商企业+农户；C，工商企业+合作社；D，工商企业+合作社+农户；E，工商企业+村组+专业队；F，工商企业+村+组+农户；G，工商企业+大户。

在 7 种工作推进模式类型中，“工商企业+合作社”占比排第一，达到 53.99%，超过一半，“工商企业+专业队”占比排第二，“工商企业+村组+专业队”占比排第三，“工商企业+村+组+农户”占比排第四，“工商企业+农户”和“工商企业+合作社+农户”占比排第五，“工商企业+大户”占比排最后一位。

在 7 种工作推进模式类型中，“工商企业+合作社”和“工商企业+合作社+农户”2 种模式，实际上是企业利用合作社的优势，与合作社合作，将治理修复任务委托给合作社，由合作社组织完成技术措施的实施。

4. “工商企业+合作社”成为优势模式原因

在工商企业 7 种工作推进模式类型中，“工商企业+合作社”模式占比超过一半，排第一，“工商企业+合作社”和“工商企业+合作社+农户”2 种模式占比达到 58.62%，这 2 种模式都是工商企业与合作社合作的模式，说明工商企业与合作社合作开展重金属污染耕地治理修复，是适应大面积重金属污染耕地治理修复的一种主要工作推进模式，分析其原因主要有如下 4 个方面。

（1）合作社熟悉当地情况

合作社都是当地的农业生产服务组织，长期为当地各种农业生产开展服务，对当地劳动力状况、生产习惯、灌溉水源、道路交通状况、耕地排灌沟渠等基础设施状况、大型农业机械分布以及风土人情都了如指掌，而且合作社与农民语言相通，便于交流，因此，工商企业与合作社合作开展重金属污染耕地治理修复，既利用了合作社的天然优势，充分发挥了合作社的作用，又弥补了工商企业在这些方面的劣势。例如，发放镉低积累水稻种子，如果企业自己发放，人生地不熟，既要熟悉情况，又要请人带路送到每个农户，但是对合作社而言，这是一件轻而易举的事情。

（2）合作社拥有开展重金属污染耕地治理修复的机械设备

施用石灰、土壤调理剂、有机肥和深耕改土都需要大型的机械设备，如果企业自己进行这些技术措施的实施，需要自己购置或向合作社租用设备或聘请合作社实施，这样做成本开支大，管理负担也重，不如直接与合作社合作，既简单又实用。

（3）合作社具备一定技术力量

合作社一般都熟悉水稻施肥、灌溉、防虫治病等技术，与重金属污染耕地治理修复技术结合，既能确保治理修复技术措施落地，又能确保水稻优质高产。

（4）工商企业自身的需要

如前所述，企业人生地不熟，部分工商企业的优势在环保，耕地治理修复所需的农业机械设备、农业生产技术等方面存在短板，因此其自身也需要与合作社开展合作完成承接的耕地治理修复任务。

（三）从土地权属角度进行分类

2016 年 10 月 30 日，中共中央办公厅、国务院办公厅印发了《关于完善农村土地所有权承包权经营权分置办法的意见》，要求耕地落实土地“三权”分置，将农村土地产权中的土地承包经营权进一步划分为承包权和经营权，实行所有权、承包权、经营权分置并行。三权既存在整体效用，又有各自功能。实施“三权”分置的重点是放活经营权，核心要义就是明晰赋予经营权应有的法律地位和权能。

第三方治理承接主体并非都拥有土地经营权，从是否拥有土地经营权角度进行分类，第三方治理可分为一般形态第三方治理模式和特殊形态第三方治理模式——PPP 模式两种类型。

1. 一般形态第三方治理模式

第三方治理承接主体没有获得土地的经营权，只是承接耕地重金属污染的治理修复，耕地治理修复后的产品及收益均与承接主体无关，承接主体只是获得实施耕地治理修复的资金补偿，这是一般形态第三方治理模式。本章所研究的第三方治理模式属于一般形态第三方治理模式。

2. 特殊形态第三方治理模式——PPP 模式

社会资本通过土地承包、租赁、入股等形式，获得土地经营权，在获得土地经营权的土地开展重金属污染治理修复的第三方治理模式为特殊形态第三方治理模式，即 PPP 模式。PPP 模式将在第九章进行专门论述。

四、影响第三方治理模式发展的障碍因素

（一）短期行为

由于耕地重金属污染源具有隐蔽性、多源性、持久性等特点，重金属污染耕地治理修复具有复杂性、反复性和持久性，重金属污染耕地治理修复项目实施时间一般需要数年。而第三方实施主体，主要是工商企业，其经营目标是追求利益最大化，在利益导向作用下，工商企业往往将如何在规定时间内完成项目任务的同时，用最少投入，实现企业利润最大化的短期行为作为企业的首选行为，而在项目实施时如何保护好耕地不受二次污染，项目结束后如何确保治理修复技术措施能够继续发挥作用，如何实现受污染耕

地的可持续治理则不是企业行为选择的重点。

（二）难以调动农户积极性

工商企业承接重金属污染耕地第三方治理项目，在项目实施期间，无论采取何种工作推进模式，耕地承包农户所获直接利益不大，在项目实施期间，农户对项目的关注度、参与度不高，项目结束后，农户也难以自主采取技术措施继续对耕地进行治理修复。

（三）成本过高

工商企业一般都远离项目实施区域，对项目实施地域不熟悉，需要在当地聘请管理、施工人员和租赁专用设备及农机具，需要在当地住宿，这些都显著增加了工商企业的人力、物资、交通与管理成本，挤压了企业的利润空间，严重者甚至会造成企业亏本。企业的经营目标是追求利益最大化，为了不出现亏本，确保自身利益，可能会有企业采取减少投入，严重者甚至有可能采取偷工减料、以次充好等手段，这样势必会影响治理修复效果。

（四）社会组织力量薄弱

近年来，农业环境工程领域社会组织虽然发展迅速，但是与需求相比，在数量、规模、装备及技术能力上还是非常薄弱，远达不到污染耕地治理修复需求。例如，施用石灰招标时，有的县由于报名者少，选择余地小，中标者因为能力有限而实施质量达不到要求，有的县甚至因为符合条件的报名者太少而流标。因此，在部分地区和部分污染耕地治理修复技术措施，只能由政府组织农户或专业队实施。

五、启示

（一）第三方治理应该成为重金属污染耕地治理修复的主要模式

大规模重金属污染耕地治理修复，覆盖区域广、地形地貌复杂、农田基础设施参差不齐、采用的技术措施多，需要专业从事重金属污染耕地治理修复的技术人员及社会化服务组织多，是一项巨大的系统工程。因此，在项目起步阶段，为顺利推进项目实施，应依靠政府强大的行政推动力和完善成熟的农技推广服务网络，大部分地区和大部分技术措施宜优先采取以政府行政推进型模式为主的工作推进方式，由政府制定实施方案，将耕地治理修复任务分解到所属各级政府及部门，明确各级政府及部门职责，由村及村民小组组织农户或组织专业队伍，按照政府编制的实施方案及治理修复技术操作规程，实施污染耕地治理修复。在政府主管部门管理、技术人员缺乏、农技推广服务网络相对薄弱的地方，可尝试先采取第三方治理模式。通过培育壮大重金属污染治理修复社会化服务组织，完善污染耕地治理修复相关法律法规，创造条件逐步提高第三方治理的比重，过渡到大部分地区和大部分污染耕地治理修复技术实行第三方治理，少部分不适于第三方治理的偏远地区和个别不适于第三方治理的治理修复技术如种植镉低积累品种实行政府行政推进型模式。

（二）第三方治理模式应实行“两个结合”

1. 措施承包和效果承包相结合

在重金属污染较轻区域或采取政府规定的技术进行耕地污染治理修复的区域，可实行治理修复技术措施承包。政府通过购买服务方式，将耕地治理修复任务交给社会化服务组织实施，承接污染耕地治理修复任务的社会化服务组织按照政府规定的治理修复技术措施和技术规程，开展污染耕地治理修复。

在重金属污染较重区域或拥有成熟耕地治理修复技术、实力较强工商企业的地区，可实行耕地治理修复效果承包。政府通过购买服务方式，将耕地治理修复任务交给拥有成熟耕地治理修复技术、实力较强的企业，实行污染耕地治理修复效果总承包，企业采用具有自主知识产权的污染耕地治理修复技术或技术路径开展耕地治理修复。

2. 多项技术承包和单项技术承包相结合

在实行效果承包方式时，因承接污染耕地治理修复任务的社会化服务组织，其治理修复技术措施的实施直接影响治理修复效果，一般应采取多项技术总承包。在实行耕地治理修复技术措施承包方式时，承接污染耕地治理修复任务的社会化服务组织，按照政府规定的治理修复技术措施和技术规程开展污染耕地治理修复，其任务目标是及时、优质完成治理修复技术措施的实施。因此，在治理修复技术措施承包中，可因地、因时、因技术制宜，在采取以多项技术措施总承包为主的同时，辅之以单项技术措施承包。对施用石灰、土壤调理剂、有机肥，深耕改土等技术，可通过政府购买服务方式，将单项技术措施交由拥有大型专业农机的社会化服务组织直接承接，既可减少中间环节和运营成本，也可提高技术措施实施效率和质量。

（三）“工商企业+合作社”应为工商企业工作推进主要模式

“工商企业+合作社”模式是重金属污染耕地治理修复 2 种实力最强的社会化服务组织的合作，二者优势互补，既能充分发挥工商企业经济实力强、技术力量雄厚、设备齐全、经验丰富的优势，又能够充分发挥合作社在农业机械设备、农业生产技术、农业技术人才、劳动力及熟悉当地情况的优势。“第三方+合作社+农户”模式除了能发挥工商企业和合作社的优势，还可调动农民积极性。因此，在湖南省长株潭试点中，“第三方+合作社”占工商企业工作推进 7 种模式的比例达到 53.99%，“第三方+合作社+农户”比例达到 4.63%，2 种模式总比例达到 58.62%，说明工商企业与合作社合作，适于大面积重金属污染耕地治理修复，应成为重金属污染耕地第三方治理工商企业工作推进模式的一种主要形式。

参考文献

[1] 陈世清. 对称经济学术语表（二十）[OL]. http://www.mea.com.cn/blog/read.php? 823.

[2] 黄道友，朱奇宏，朱捍华，等. 重金属污染耕地农业安全利用研究进展与展望 [J]. 农业现代化研究，2018，39（6）：1030-1043.

[3] 彭向阳. 长株潭170万亩耕地首批试点 [N]. 湖南日报，2014-07-10（2）.

[4] 李静. “谁污染谁治理”思路受挑战第三方治理正当其时 [N]. 经济参考报，2014-05-19（7）.

[5] 蒋和平. 粮食安全与发展现代农业 [J]. 农业经济与管理，2016（1）：13-19.

[6] 彭志武. 农村人力资本现状及其对劳动力转移的影响 [J]. 农业经济展望，2019（5）.

第九章　重金属污染耕地第三方治理PPP模式

一、PPP模式的内涵及特征

（一）PPP模式的内涵

PPP（private-public-partnership，以下简称PPP模式）有多种译法，如公私伙伴关系、公私合作伙伴模式、公私机构的伙伴合作、民间开放公共服务、公共民营合作制等。在欧美和世界上其他地区，尚未达成一致的准确解释，其相关实践正在发展中。

联合国发展计划署认为，PPP是指政府、营利性企业和非营利性组织基于某个项目而形成的相互合作关系的形式。通过这种合作形式，合作各方可达到比预期单独行动更有利的结果。合作各方参与某个项目时，政府并不是把项目的责任全部转移给私营部门，而是参与合作的各方共同承担责任和融资风险[1]。世界银行认为，PPP是私营部门和政府机构间就提供公共资产和公共服务签订的长期合同，而私人部门须承担重大风险和管理责任。亚洲开发银行将PPP定义为开展基础设施建设和提供其他服务，公共部门和私营部门实体之间可能建立的一系列合作伙伴关系。欧盟委员会则认为，PPP是指公共部门和私人部门之间的一种合作关系，其目的是为提供传统上由公共部门提供的公共项目或服务[2]。美国PPP国家委员会指出，PPP是介于外包和私有化之间并结合了两者特点的一种公共产品提供方式，它充分利用私人资源进行设计、建设、投资、经营和维护公共基础设施，并提供相关服务以满足公共需求[3]。

皮乐逊和麦克彼德认为，PPP是指公共部门与私营部门之间签订长期合同，由私营部门实体来进行公共部门基础设施的建设或管理，或由私营部门实体代表一个公共部门实体（利用基础设施）向社会提供各种服务的一种模式。阿姆斯特朗认为，PPP是一种合作关系，包括合同安排、联合、合作协议和协作活动等方面，通过这种合作关系来促进公共政策和计划的实行[3]。萨瓦斯认为，PPP从广义上讲是指公共部门和私营部门共同参与生产和提供物品和服务的任何安排。合同承包、特许经营、补助等符合这一定义[4]。楼继伟曾指出："广义PPP是指政府与私人部门为提供公共产品或服务而建立的合作关系，以授予特许经营权为特征，主要包括BOT、BOO、PFI等模式。"狭义PPP与BOT的原理相似，都由"使用者付费"，但它比BOT更加强调公共部门的全过程合作[3]。

国家发展改革委《关于开展政府和社会资本合作的指导意见》提出，PPP模式是指政府为增强公共产品和服务供给能力、提高供给效率，通过特许经营、购买服务、股权合作等方式，与社会资本建立的利益共享、风险分担的长期合作关系[5]。

基于对 PPP 的认识，并结合上述观点，贾康等[6]提出，PPP 是指政府公共部门在与非政府的主体（企业、专业化机构等）合作过程中，使非政府主体利用其所掌握的资源参与提供公共工程等公共产品和服务，从而实现政府公共部门的职能并同时也为民营部门带来利益。其管理模式包含与此相符的诸多具体形式。通过这种合作和管理过程，可以实现在不排除并适当满足私人部门投资营利目标的同时，为社会更有效率地提供公共产品和服务，使有限资源发挥更大的效用。从开阔的视角看，PPP 实质上是一种联结全社会内部公共部门、企业部门、专业组织和社会公众各方的准公共品优化供给制度，其现代意义上的形成和发展源自新公共管理运动中公共服务的市场化取向改革。“交易费用理论”“委托-代理理论”等成为推动这一改革实践的理论力量，并随着 PPP 的广泛应用和不断深化而在理论层面清晰地呈现政府和市场从分工、替代走向合作的基本脉络及升级趋势。

从上述众多机构和专家从不同视角给出的 PPP 概念可看出，尽管对 PPP 没有形成完全一致的表述，但可发现 PPP 的一些共同特征：一是公共部门与私营部门的合作，合作是前提，每个概念中都包含合作这个关键词；二是合作的目的是提供包括基础设施在内的公共产品或服务；三是强调利益共享，在合作过程中，私营部门与公共部门实现共赢；四是风险共担。

（二）PPP 模式特征

1. 公私合作伙伴关系

伙伴关系是 PPP 的首要特征。它强调各个参与方平等协商的关系和机制，这是 PPP 项目的基础所在。伙伴关系必须遵从法治环境下的“契约精神”，建立具有法律意义的契约伙伴关系，即政府和非政府的市场主体以平等民事主体的身份协商订立法律协议，双方的履约责任和权益受到相关法律、法规的确认和保护。

2. 公共项目

PPP 项目都是政府提出的社会公益性项目，如城市基础设施建设项目、公共物品及公共服务项目。

3. 利益共享

PPP 项目一般具有很强的公益性，同时也具有较高的垄断性（特许经营特征）。建立利益共享机制，即政府和社会资本之间共享项目所带来利润的分配机制是 PPP 项目的第三个基本特征。PPP 项目的标准至少包括两个，即政府公共投资的项目和由社会资本参与完成的该政府公共投资项目，包括建设和运营。PPP 项目中政府和非政府的市场主体应当在合作协议中确立科学合理的利润调节机制，确保社会资本按照协议规定的方式取得合理的投资回报，避免项目运营中可能出现的问题造成社会资本无法收回投资回报或者使得政府违约。PPP 以“风险共担、利益共享、合理利润”为基准优化利益调节机制[7]，表现为价格的利益分配，一般不宜用涨价方式实现必要的利益调整，需要政府综合考虑以其他方式（如补助方式）作出必要替代。

4. 风险分担

伙伴关系不仅意味着利益共享，还意味着风险分担。PPP 模式中合作双方的风险分担更多是考虑双方风险的最优应对、最佳分担，尽可能做到每一种风险都能由最善于应对该风险的合作方承担，进而达到项目整体风险的最小化。要注重建立风险分担机制。风险分担原则，旨在实现整个项目风险的最小化，要求合理分配项目风险，项目设计、建设、融资、运营维护等商业风险原则上由社会资本承担，政策、法律和最低需求风险等由政府承担。

二、PPP 模式的起源及发展

（一）PPP 的起源

PPP 模式的起源可以追溯至 18 世纪欧洲的收费公路建设计划，但其在现代意义上的形成和发展，主要归于新公共管理运动中以引入私人部门积极参与为核心内容的公共服务供给的市场化改革。20 世纪 70 年代，英美国家为解决经济萧条情况下财政资金不足问题，积极引入私人部门参与公共项目建设运营，同时将 PPP 模式运用于公共政策领域，并为规范、推进该模式出台了一系列的政策，极大地促进了公私合作伙伴关系的发展。20 世纪 80 年代中期，中等发达国家出现债务危机，为推动经济继续发展，1984 年，土耳其提出 BOT 的概念并用该方式建设阿科伊核电厂，然后被其他发展中国家效仿。由香港合和电力（中国）有限公司在深圳投资建设的沙角 B 电厂项目就是一个典型的 BOT 项目，随后 PPP 模式相关的特许经营、运营和维护以及租赁合约等形式都得到了应用，其中以 BOT 特许经营的应用最为广泛。在新公共管理运动将私人部门引入公共服务领域的基础上，1992 年，时任英国财政大臣拉蒙特提出的私人融资计划（Private Financing Initiative，PFI）成为公共服务领域引入市场化竞争后进一步推动政府与私营部门合作的重要模式，并于 1997 年在全社会公共基础设施领域较全面地推广。20 世纪 70 年代至今，世界各国在城市和区域重大设施的项目上陆续尝试实施 PPP 模式。PPP 模式逐渐成为国际市场上实施多主体合作的一项重要项目运作模式。

（二）PPP 在国外的发展

1. 英国 PPP 模式的运用

英国在保障性住房中成熟地运用了 PPP 模式。英国的住房保障主要经历了 3 个阶段：20 世纪 30 年代前后的廉价公房开发过渡阶段；20 世纪 40 至 70 年代前后的廉价公房大开发阶段；20 世纪 80 至 90 年代的公房私有化阶段。英国应用于保障性住房的 PPP 模式主要有 3 种。一是私人主动融资。这是由私人部门和公共部门合作成立一个运作某个具体项目的特殊功能公司，在签署的一份 25～30 年的合同下运营。财政部门向地方政府提供私人主动融资信贷，贷款的用途限定在支付资本金、设施管理费等范围内。二是大型自愿转让。这种模式开始于 1933 年，原来属于地方住房管理部门的社会住房移交给注册社会业主（Registered Social Landlord），转让之后，社会住房增值、维修和资产管理服务的责任也转由注册社会业主负责。社会注册业主比地方住房管理部门在融资、投资方面有更自由的空间，且增加额外的投资时不会增加财政的负担。三是臂长管理组织。该组织是从地方住房管理部门分离出来设立的独立实体，这样可以使地方住房管理部门从公共住房管理繁杂的日常工作中分离出来，更注重于公共住房的战略发展，而臂长管理组织则要承担起管理当地存量公共住房，提供维修、收租服务，行使承租人管理服务等职责。

此外，伦敦地铁 PPP 模式运用也比较成功。1990 年代，英国政府面临着地铁投资严重不足的问题，1997 年，在权衡了多种扭转不利局面的方案后，英国政府否定了完全私有化的方法，认为 PPP 模式才是整个地铁系统升级改造的最佳选择。经过充分的论证和实行后，伦敦地铁公司将地铁系统维护和基础设施供应以 30 年特许经营的方式交由 3 家基础设施公司负责，伦敦地铁公司仍然掌控着日常运营和票务工作，并通过固定支付和业绩支付来回报基础设施公司。伦敦地铁公司特许经营期为 30 年，在这段较长的时间内，地铁的建设标准、对运营情况的考核标准都可能发生变化，还会有一些签约时无法预料到的事情发生。为此，伦敦地铁 PPP 模式的合约中专门增加了定期审核机制，每七年半双方重新审定一次合约条款，且为了保证重新审核的公正性，设定了专门的仲裁机制，确保合约的有效执行。

2. 加拿大 PPP 模式的运用

加拿大是国际公认的 PPP 运用最好的国家之一。2013 年上半年，加拿大 PPP 国家委员会委托 VISTAS 咨询公司就加拿大 2003—2012 年实施的 PPP 项目对就业、收入和税收等方面的经济影响进行了评估。2013 年 12 月，《加拿大 PPP 十年经济影响评估报告（2003—2012）》（以下简称《报告》）发布。

《报告》认为 PPP 模式在加拿大得到了各级政府的大力支持，发展良好。加拿大 PPP 市场成熟规范，项目推进有力，各级采购部门经验丰富，服务效率和交易成本优势显著。1991—2013 年，加拿大启动 PPP 项目 206 个，项目总价值超过 630 亿美元，涵盖全国 10 个省，涉及交通、医疗、司法、教育、文化、住房、环境和国防等行业。

2008 年，加拿大政府组建了国家层级的 PPP 中心，即加拿大 PPP 中心。该中心是一个国有公司，专门负责协助政府推广和宣传 PPP 模式，参与具体 PPP 项目开发和实施。在推广和实践 PPP 方面发挥了积极重要作用。同时，加拿大政府还设立了总额 12 亿美元的“加拿大 PPP 中心基金”，为 PPP 项目提供占投资额最高 25% 的资金支持。截至 2013 年第一季度，该基金已为加拿大 15 个 PPP 项目提供资金支持近 8 亿美元，撬动市场投资超过 33 亿美元，成效显著。加拿大各级政府在制定基础设施规划方面表现积极，不断完善 PPP 项目采购流程。《报告》指出，10 年间，加拿大 PPP 项目的建设、运营与维护提供了广泛的就业机会，有效增加了国民收入、国内生产总值和各级政府税收，从多方面对经济发展起到了积极作用。

2003—2012 年，加拿大共有 121 个 PPP 项目完成了融资方案，进入建设或运营阶段。《报告》从直接、间接和诱发性影响（指直接或间接的就业者花费工资收入产生的影响）3 个方面，分析和评估了这些项目对就业、国民收入、国内生产总值与经济产出

4 个经济指标的影响。

从 PPP 项目运营周期看，在建设阶段，PPP 为建筑、供水、电力、项目管理和工程等行业直接创造就业机会，同时拉动原材料生产、机械和设备制造等相关行业。2003—2012 年，121 个 PPP 项目在建设过程中的资本投入共计 384 亿美元，创造了 37 万个等效全职就业岗位，拉动国民收入增长 230 亿美元，对加拿大国内生产总值贡献超过 338 亿美元，提高经济产出 682 亿美元。各行业中，值得关注的是，医疗保健行业的贡献最大，直接吸引了资本投入 178 亿美元，创造了 10 万个等效全职就业岗位，带来了国民收入 63 亿美元，对国内生产总值的贡献达 81 亿美元。

PPP 项目运营与维护阶段的资金投入和效益产出也十分可观。121 个 PPP 项目在 10 年间的运营与维护投入共计 128 亿美元，创造等效全职就业岗位 14 万个，拉动国民收入增长 92 亿美元，对加拿大国内生产总值贡献超过 143 亿美元，提高经济产出 238 亿美元。各行业中，仍然是医疗保健行业的贡献最大，直接花费运营与维护费用 49 亿美元，创造了 3.9 万个等效全职就业岗位，带来了国民收入 31 亿美元，对国内生产总值的贡献达 35 亿美元。

《报告》提出，这 121 个 PPP 项目在建设、运营与维护阶段，累计创造了 52 万个等效全职工作岗位，带动国民收入增长 322 亿美元，对加拿大国内生产总值贡献超过 480 亿美元，提高经济产出 920 亿美元。对经济的影响体现在直接影响、带动供应链上相关产业发展产生的间接影响，以及因创造就业带来收入增加产生的诱发性影响等。

PPP 项目也是联邦和省级政府税收收入的主要来源之一。2003—2012 年，PPP 项目相关企业和员工缴纳的税收总额约为 75 亿美元，其中，联邦政府取得税收收入近 52 亿美元，省级政府取得税收收入超过 23 亿美元。这些 PPP 项目减少了政府资金投入，在顺利完成项目目标的基础上实现了物有所值。根据省级采购主管部门评估，2003—2012 年，121 个 PPP 项目的融资方案实现的物有所值价值约 99 亿美元。从实践看 PPP 模式对加拿大国家、地区和城镇的经济发展与进步起到了积极的催化作用。面对基础设施老化、人口增长与预算限制等挑战，加拿大政府借助 PPP 模式整合、利用市场主体的资金、专业技能和经验，在政府资金有限的情况下，有效扩大了基础设施投资总额和公共服务范围，使民众生活质量得到切实改善。具体表现为：通过 PPP 项目，数百万加拿大民众享受到了快捷的交通环境、先进的医疗服务、完备的市政设施、优质的公共教育和可靠的司法系统，以及音乐、体育等文化娱乐场所，与此同时，减少了交通拥堵、意外伤害和疾病造成的损失和浪费，提高了劳动者素质和教育水平，改善了社会治安和公共安全，从而促进了加拿大整体社会的生产效率和质量。

3. 澳大利亚 PPP 模式的运用

澳大利亚 20 世纪 80 年代为了解决加快基础设施建设而带来的资金不足问题，开始在基础设施建设领域运用 PPP 模式。其最普遍的 PPP 模式是，投资者成立一个专门的项目公司（Special Project Vehicle，通常简称 SPV），由 SPV 与政府就项目融资、建设和运营签订项目协议，协议期限一般为 20~30 年。SPV 再与另外一些公司签订执行项目各项任务的协议；为了保证这些公司能够按时按质地履约，确保项目进展顺利，政府也和这些公司签订协议，一旦这些公司出现不能履行合约的状况，政府可以随时跟进。

政府通过赋予 SPV 长期的特许经营权和收益权来换取基础设施的快速建设和高效运营；一旦合同到期，项目资产无偿转交给政府。需要注意的是，澳大利亚政府运行 PPP 模式并非一帆风顺，1980 年代在刚开始运行 PPP 模式时，政府主要是为了减少财政支出，但较少向企业转嫁项目的建设和运营风险，当时运行 PPP 模式取得了显著的效益，以至于 20 世纪 90 年代开始，澳大利亚政府为了促进经济增长和提高效率，开始更多地引入私人资本，并将项目建设和运营的风险更多地交由企业承担，以至于私人公司风险负担过重，不少项目资金难以为继，以失败告终。2000 年以来，在澳大利亚财政较 20 世纪 80 年代、90 年代大有改善的基础上，政府也总结了以前的教训，为了本国的重大工程项目顺利实施，采取对现行法律进行合理的修正，甚至制定一项特别法律的措施，以便充分利用政府和私人公司各自的优势，较为理性地把政府的社会责任、远景规划、协调能力和私人公司的资金、技术、管理效率结合起来，通过公私双方共同合作，取得运用 PPP 模式的“双赢”结果。

4. 菲律宾 PPP 模式的运用

20 世纪 80 年代后期，菲律宾经济发展开始加速，工业化和城市化的双重压力开始显现，但配套的基础设施建设却难以满足现实的需要，其滞后性使得资本不足的窘况更加凸显，加上菲律宾本国经济发展和政治历史的特殊性，基础设施建设选择市场化和利用非公有资本的政策迫切性十分强烈。选择市场化渠道，引入非公资本进入基础设施建设领域，不仅能够减轻菲律宾政府的财政压力，还可以打破融资渠道狭窄的限制，提高资源的配置效率，进而促进企业生产效率提升；同时，完备的基础设施建设能够显著改善投资环境，直接增强菲律宾对外资的吸引力。1987 年，菲律宾政府开始在基础设施建设中对 PPP 模式的运用进行探索，在宪法中承认私人部门的重要性，在进行国企私有制改革的同时，开始关注公私合作，以期在本国经济发展中能够发挥出私人部门在资金、技术、管理上的优势，提升国家资源和私人资源的经济效率。此后，为了促使政府与私营机构的合作更加顺畅，先后出台了 1990 年的第 6957 号国家法令和 1994 年的第 7718 号法令，奠定了菲律宾推行 PPP 模式的法律框架，并形成相对完善的配套法规。菲律宾 PPP 项目主要集中在能源领域和交通领域，环境、信息技术领域也已涉及。能源类的项目最早产生效益，在这些项目投入运营后，能够基本满足当时菲律宾国内对电力的需求。交通类的 PPP 项目主要涉及航空港、铁路和高速公路。除此之外，在旅游业和商业中引入 PPP 模式也已在菲律宾政府的计划之列。

（三）PPP 在我国的应用

1. PPP 在基础设施、公用事业领域的应用

20 世纪 80 年代，在基础设施、公用事业领域我国就已经出现一些 PPP 项目，其作为一种管理模式登上改革历史舞台与我国城镇化、市场化、国际化步伐加快密不可分。城镇化过程涵盖了包罗万象的基础设施、公共工程升级换代的要求，对于政府产生了较大的财政压力，这种现实生活中的财政压力如果上升到理论层面，实际上又包含制度运行成本过高的问题，而市场取向改革和对外开放，恰恰提供了运用市场机制和借助国际

经验与国内外资金降低交易费用与综合成本的可能。深圳沙角 B 电厂 BOT 项目被认为是中国第一个具有现代意义的 PPP 项目，该项目由深圳经济特区电力开发公司与香港合和电力（中国）有限公司于 1985 年合作兴建，1988 年 4 月正式投入商业运营。沙角 B 电厂项目的开展，为中国的基础设施建设提供了崭新的思路，自此以后，PPP 模式在中国逐步发展起来，经历了探索阶段、试点阶段和普及阶段 3 个阶段。

（1）探索阶段（1984—1992 年）

以深圳沙角 B 电厂项目为起点，中国开始逐步探索 PPP 模式在电力和交通等基础设施领域的应用。由于当时虽已确立了对外开放的基本格局，但国内对是否允许非公有制经济发展仍存较大争议，因此，这一阶段的社会资本以外国资本为主。1986 年，国务院颁布了《关于鼓励外商投资的规定》，在优惠政策的鼓舞下，外国资本掀起了投资中国的热潮。在开放较早的广东沿海地区，一些外商华侨部分出于支持家乡建设的考虑，开始以合资企业的形式探索进入中国的基础设施建设领域。他们的资金主要投向了一些电力和交通项目，除了前文提到的深圳沙角 B 电厂项目外，还有广州北环高速公路项目、广深高速公路项目、顺德德胜电厂项目等。这些项目以 BOT 模式为主，通常采取“一事一议”的方式，由投资人发起，经与地方政府谈判协商后执行。在这一阶段，PPP 尚未引起中央政府的关注与重视，主要靠民间“自下而上”地“摸着石头过河”。

（2）试点阶段（1993—2002 年）

党的十四大和分税制改革以后，中国政府开始注意到 PPP 在基础设施市场化投融资改革中的作用，并在小范围内进行试点。1995 年，国家计划委员会选择了广西来宾 B 电厂、成都第六水厂、广东电白高速公路等 5 个 BOT 项目进行试点。同年 8 月，国家计划委员会、电力工业部、交通运输部联合下发了《关于试办外商投资特许权项目审批管理有关问题的通知》，为试点项目提供政策依据。在国家试点的带动下，各地政府也陆续推出了一些 PPP 项目，如上海黄浦江大桥项目、北京第十水厂项目、北京肖家河污水项目等。这些项目的投向虽仍以电力和交通为主，但已开始逐步向污水处理及通信设施等领域扩展。同时，虽然本阶段的社会资本仍以外国资本为主，但国内民间资本也开始尝试性地进入 PPP 领域，如 1995 年开工的泉州刺桐大桥项目，是第一个以内地民营资本投资为主的基础设施 BOT 项目。在整个试点阶段，PPP 的作用逐渐被政府发现并认识。同时，中国在 PPP 方面也积累了一些经验和教训，为下一步的大规模推广奠定了理论和实践基础。

（3）普及阶段（2003 年至今）

在党的十六届三中全会和中国经济持续高速增长的大背景下，中国政府开始推广 PPP 在基础设施建设领域的应用，PPP 在中国迎来了一段较快的发展时期。2003 年，党的十六届三中全会通过了《关于完善社会主义市场经济体制若干问题的决定》，明确提出“放宽市场准入，允许非公有资本进入法律法规未禁入的基础设施、公用事业及其他行业和领域”。这为民营资本全面进入基础设施和公用事业领域打下了坚实的理论基础。2003—2007 年，中国经济连续 5 年保持了 10%以上的增长。经济的高速增长，凸显了中国在能源、交通等基础设施方面面临的瓶颈。为填补经济发展所需的巨额基础设施投资缺口，各地政府纷纷开始调动当地民间资本的积极性。而PPP作为民间资本进入基础设施领域的重要途径，由于有了上一阶段的经验积累，开始被政府大力推广。

在这一阶段，PPP项目的开展也逐步规范。比较典型的是市政项目的特许经营，它改变了以往由投资方与地方政府直接协商发起项目的方式，引入了更加规范的竞争性招投标机制。2002年底，建设部发布了《关于加快市政公用行业市场化进程的意见》，鼓励社会资金、外国资本采取独资、合资、合作等多种形式，参与市政公用设施的建设。随后，建设部又出台了《市政公用事业特许经营管理办法》，要求通过公开招投标等市场竞争机制选择市政公用事业的投资者或者经营者。该办法的出台为这一阶段规范化地开展PPP项目奠定了法律基础。同时，在中央政策的鼓励下，地方政府也积极跟进。以北京为例，2003年8月，北京市政府发布了《北京市城市基础设施特许经营办法》，在2008年奥运会筹办过程中，约30个奥运场馆中的半数是以特许经营的方式建设的。经历了这一阶段，PPP被中国各界所广泛认识，并逐步走向规范。

PPP作为市场和政府合作的天然载体，受到了政府的高度重视。“兵马未动，粮草先行”，在这一阶段，中国政府出台了许多规范PPP发展的重要文件。其中，最为重要的是2015年5月19日国务院办公厅转发财政部、国家发展改革委、人民银行《关于在公共服务领域推广政府和社会资本合作模式的指导意见》（以下简称42号文）。42号文明确了要在能源、交通运输、水利、环境保护、农业、林业、科技、保障性安居工程、医疗、卫生、养老、教育、文化等公共服务领域广泛采用PPP模式，将PPP提升到了前所未有的战略高度。

2. 香港特别行政区PPP模式的运用

我国香港特别行政区有着较丰富的PPP模式运用历史，从红磡海底隧道到大榄隧道，再到人们所熟悉的香港迪士尼公园都是香港运用PPP模式的项目。其PPP模式通常是，香港特别行政区的某个公共部门以政府采购的形式进行招标，由中标的单位联合组建专门项目公司SPV，双方签订10~30年的特许合同。SPV与投资人、贷款人、保险公司、设计及施工承包商、营运商签订相应的协议，负责项目的全过程运作，从项目的融资、设计、建设和营运直至项目的移交。香港特别行政区政府为了鼓励私营机构参与到PPP模式中来，专门制定了相应的政策：一是当工程项目由政府公营部门转移至私营机构时，政府向服务项目的所有利益相关者做出咨询；二是财务安排上，PPP模式项目中涉及政府财政支持的部分，须经所属政策局、政策委员会或行政会议、立法会的批准；三是成立专门的业主委托人小组（Intelligent Client Team，ICT），并详细制定了小组的责任。该小组负责对实行PPP模式的项目运营进行监督，其成员通常包括政府机构人员、建筑师、各相关的专业工程师、律师、财务顾问等，且小组成员可以根据项目的进展阶段做出相应的变动，确保实行PPP模式项目的运营质量。

3. PPP在我国农业的应用

（1）国家出台政策

2016年12月，国家发展改革委、农业部发布《关于推进农业领域政府和社会资本合作的指导意见》，明确在农业领域推进 PPP 模式，并且提出：“重点支持”高标准农田、种子工程、现代渔港、农产品质量安全检测及追溯体系、动植物保护等农业基础设施建设和公共服务；“引导”农业废弃物资源化利用、农业面源污染治理、规模化大型沼气、农业资源环境保护与可持续发展等项目；鼓励现代农业示范区、农业物联网与信息化、农产品批发市场、旅游休闲农业发展。

2017 年 2 月 5 日发布的《中共中央　国务院关于深入推进农业供给侧结构性改革加快培育农业农村发展新动能的若干意见》明确提出，推广政府和社会资本合作，撬动金融和社会资本更多投向农业农村，支持社会资本以特许经营、参股控股等方式参与农林水利、农垦等项目建设运营。

2017 年 2 月 17 日，国务院办公厅发布《国务院办公厅关于创新农村基础设施投融资体制机制的指导意见》，明确提出，引导和鼓励社会资本投向农村基础设施领域，提高建设和管护市场化、专业化程度，支持地方政府将农村基础设施项目整体打包，提高收益能力，并建立运营补偿机制，保障社会资本获得合理投资回报。

2017 年 6 月，财政部、农业部发布了《关于深入推进农业领域政府和社会资本合作的实施意见》，明确提出重点引导和鼓励社会资本参与农业绿色发展、高标准农田建设、现代农业产业园、田园综合体、农产品物流交易与平台、“互联网+”现代农业六大领域农业公共产品和服务供给。

（2）PPP 在我国农业应用的重点领域

①农田水利建设。

农田水利建设是我国农业应用 PPP 最早、项目最多、投资最大的领域。2014 年初，湖南入选财政部第一批 PPP 试点省份，在全国率先成立 PPP 工作领导小组及政府和社会资本合作（PPP）办公室，推进 PPP 示范项目。这是全国设立的第一个省级层面 PPP 专门工作机构。在农业基础设施领域方面，湖南省取得了较好的成绩。根据湖南省财政厅发布的湖南省第一、第二、第三批政府和社会资本合作示范项目名单，湖南省 PPP 模式省级示范类合作项目共计 199 个，涉及资金总额达3 109亿元。其中，农业基础设施相关类 PPP 项目共 30 个，投资资金总额 317. 7 亿元。财政部示范类项目 2 个，总额 25. 04 亿元；国家发展改革委项目 1 个，总额 3. 5 亿元；省级示范类项目 8 个，总额 159. 12 亿元。根据农业基础设施的性质，将农业基础类设施 PPP 项目划分为农业水利类、农业生态环保类和农业综合类。其中，农业水利类项目数量和投资金额均居第一位，分别占项目总数的 73. 33%和投资总额的 62. 29%。农业生态环保类和农业综合类项目数量较少，分别占项目总数的 10%和 16. 67%，占投资总额的 19. 59%和 18. 12%，相对于水利项目而言，均呈现少量单个投资规模较大的局面。而水利项目中，大江大河治理 PPP 项目数略多于中小型农田水利项目，这与大江大河本身的功能和性质相关。

②农村生活污水治理。

为了更好地适应未来发展的需要，尤其是为满足人民对美好生活的追求，常熟市于 2015 年在全国首推农村分散式污水处理 PPP 模式。2019 年常熟市农村分散式生活污水治理三期项目采用政府和社会资本合作（PPP）模式实施。按照“能集中则集中、宜分散则分散”的原则对常熟市下辖的 11 个镇与街道所涉及的 449 个自然村进行污水收集与处理，污水收集量为 4 397. 34 吨/天，受益户数约为 13 587户。项目采用 BOT 模式，项目建设期为 2 年，运营期为 25 年，总投资 49 628. 13万元。目前已进入项目执行阶段，运营期满后，项目公司将项目设施及相关权益无偿移交政府指定机构。

2015 年 10 月 11 日，云南省大理州洱海环湖截污（一期 2016 年—2020 年）PPP 项目正式落地开工，批复投资 45 亿元，该项目是财政部第二批 PPP 示范项目。环湖截污 PPP 工程包含 6 座污水处理厂及 300 多千米的截污干管（渠）等工程，完工后将彻底斩断流向洱海的生产生活污水。在项目市场测试中，有 20 余家社会资本方表达了合作意向，最终中标的社会资本方是中国水环境集团有限公司。经过中国水环境集团有限公司 40 余人技术团队历经半年的现场踏勘调研，采集 2 000多组数据，与国际、国内专家、团队论证后，比项目招标金额节省了约 6 亿元，最终的 PPP 协议签约控制价为 29. 8 亿元，节省投资 17%，充分体现出 PPP 机制的效用。该项目的回报机制为政府付费模式。经测算，该项目政府每年需要付费 3. 81 亿元至 3. 88 亿元，扣除大理市政府收取的洱海资源保护费（约 2. 19 亿元/年）、污水处理费（约 2 650万元/年）、上级财政补助（8 000万元/年），大理市财政预算每年需安排 6 250万元，占大理市 2014 年一般公共预算支出的 1. 49%，属于可承受范围之内。

福建省石狮市近年在下辖灵秀、宝盖、蚶江、祥芝、鸿山、锦尚、永宁 7 个镇开展农村生活污水治理项目，7 个镇共约 42 万农村人口的生活污水排污设施，设计标准为每天排放污水 36 645. 97 立方米，管径为 DN150 ~ DN300，其中，主干网与支管网的长度分别是 355 千米与 310 千米。主要建设的基础配套设施包含：污水管网及其泵站；微动力处理设施；项目建设用地；场地路面；绿化系统；供配电系统。拟投资总估算为 81 688. 45万元，且不含建设期间利息，主要分为建安费、工程建设其他费、基本预备费，分别为 70 612. 82万元、5 024. 63万元、6 051. 00万元。该项目合作期包含建设期与运营期，分别为 2. 5 年和 17. 5 年，共 20 年合作期。本次石狮市农村生活污水 PPP 自实施以来，在市政府及相关部门的大力推进下，边探索边实践，取得较大的进展。

③农业产业发展。

2012 年经国务院批准，由财政部联合中国信达、中信集团和中国农业发展银行共同发起设立了中国农业产业发展基金，这是我国农业投资领域第一次公私合作的全新探索。中国农业产业发展基金所投资的内蒙古科尔沁牛业股份有限公司（下面简称为科尔沁牛业）即为公私合作模式下以点带面成功的典型案例。为探索肉牛养殖行业更为安全的运营模式，科尔沁牛业在业内首先试行“大种植带动大养殖”的发展模式。科尔沁牛业位于内蒙古通辽市，具有临近内蒙古、吉林等粮食主产区的地理优势。为降低生产成本和行业风险，实现供给侧结构性改革，“科尔沁牛业”改造了大量的滩涂荒地和流转农用土地用于牧草种植，并通过购买技术先进的国外农业机械来进行规模化、集约化、机械化种植。“大种植带动大养殖”发展模式是畜牧业及种植业发展的重要方向，“科尔沁牛业”在这一模式上的成功将对我国畜牧业和种植业的发展产生深远的影响，因此受到了国家的大力支持。

三、PPP 模式在重金属污染耕地治理修复应用背景

PPP 模式虽然在全国已得到广泛推广，在农业领域的农田基本建设、水利建设、污水处理、土地整理、农业产业化建设及农业科技创新等方面也正在进行积极探索和尝试，且取得了较好的效果，但是重金属污染耕地治理修复中应用 PPP，无论是理论研究，还是实际应用，基本还处于空白状态，亟须取得突破。

（一）国家政策提倡

为贯彻落实《中共中央　国务院关于深入推进农业供给侧结构性改革　加快培育农业农村发展新动能的若干意见》《国务院办公厅关于创新农村基础设施投融资体制机制的指导意见》等文件精神，深化农业供给侧结构性改革，引导社会资本积极参与农业领域政府和社会资本合作（PPP）项目投资、建设、运营，改善农业农村公共服务供给，财政部和农业部 2017 年 5 月 31 日下发《关于深入推进农业领域政府和社会资本合作的实施意见》，明确提出“全面贯彻落实党中央、国务院关于农业、农村、农民问题的决策部署，牢固树立和贯彻落实新发展理念，适应把握引领经济发展新常态，以加大农业领域 PPP 模式推广应用为主线，优化农业资金投入方式，加快农业产业结构调整，改善农业公共服务供给，切实推动农业供给侧结构性改革”，“重点引导和鼓励社会资本参与耕地治理修复”。

2019 年 4 月 3 日，农业农村部办公厅、生态环境部办公厅发布《关于进一步做好受污染耕地安全利用工作的通知》，要求充分发挥财政资金的引导功能，创新资金筹集方式，完善多元化投融资机制，因地制宜探索通过政府购买服务、第三方治理、政府和社会资本合作（PPP）、事后补贴等形式，吸引社会资本主动投资参与耕地污染治理修复工作，建立健全耕地污染治理修复社会化服务体系。

（二）资金需求量大

2014 年发布的《全国土壤污染状况调查公报》显示，我国约有 2 000万公顷耕地受到了不同程度的重金属污染，其中重度、中度污染面积近 333. 3 万公顷，且大多分布在经济发达地区和鱼米之乡，其主要污染物为镉、砷、铅等元素[8]。近年来，政府部门相关政策措施相继出台，加大力度开展土壤污染修复工作，不断增加专项资金投入规模。2010—2017 年，我国环境污染治理总投资呈现总体增长趋势。2017 年，中国环境污染治理总投资 1. 9 万亿元，同比增长 63. 7%[9]。其中土壤污染防治工作专项资金支持不断完善，预计到 2020 年将达到 350 亿元[10]。

重金属污染耕地治理修复所需资金量较大，笔者调查结果显示，根据耕地污染程度不同，选择镉低积累水稻品种种植、优化水分管理、施用石灰、施用土壤调理剂、喷施叶面阻控剂、深耕改土、施用有机肥等农艺措施的几种，每亩耕地每年成本为 440～1 200元。耕地重金属污染具有隐蔽性、多源性、持久性等特点，且影响农作物吸收与积累重金属的因素众多，其治理修复涉及农学、土壤、环境和食品安全等多个学科，治

理难度和复杂性远超过工矿场地重金属污染的修复，已成为一个世界性的难题[11]，治理修复不可能一蹴而就，一般要持续数年，所需要的资金量是巨大的。

我国农业发展的资金来源可分为私人部门自有资金投入、政府农业财政支持、各类金融机构的农业信贷投入、其他机构的农业投入4类，但这些投资还远远不够。农业本身是个大行业，包括诸多细分行业，如土地开发，种子培育，农药化肥生产，农机研发制造，农产品加工、流通、销售等诸多生产及服务环节，每个环节都需要大量的资金投入。因此，仅仅依靠政府资金投入开展重金属污染耕地治理修复是远远不够的。

重金属污染耕地治理修复以农产品的自然生长周期为基础，其生产周期远长于第二、第三产业，生产周期长使得投资产生回报的周期也较长，此外，较长的生产周期使得农产品相关产业难以根据市场行情立即调整生产规模、改变产品类型，无法像第二、第三产业一样快速适应市场瞬息万变的形势，同时，农业生产会受到气候条件的影响，不确定因素较多，极端天气和病虫瘟疫灾害都会使得农业生产遭受巨大损失，导致重金属污染耕地治理修复效益不高甚至是负收益，这与资本追求短期收益的意愿正好相反。所有这些都使得资本在重金属污染耕地治理修复领域进行投资的意愿较低。

（三）工作机制创新需要

2014年1月19日，中共中央、国务院印发了《关于全面深化农村改革加快推进农业现代化的若干意见》，明确提出“启动重金属污染耕地修复试点”，同年，农业部、财政部在湖南省长沙、株洲、湘潭三市启动重金属污染耕地修复试点。《中华人民共和国国民经济和社会发展第十三个五年规划纲要（草案）》把“开展1 000万亩受污染耕地治理修复和4 000万亩受污染耕地风险管控”列入100项重大项目之一。2016年5月28日，国务院印发的《土壤污染防治行动计划》提出，到2020年，轻度和中度污染耕地实现安全利用的面积达到4 000万亩；在江西、湖北、湖南、广东、广西、四川、贵州、云南等省份污染耕地集中区域优先组织开展治理与修复；其他省份要根据耕地土壤污染程度、环境风险及其影响范围，确定治理与修复的重点区域；到2020年，受污染耕地治理与修复面积达到1 000万亩。

从湖南省长株潭试点，到全国多省开展重金属污染耕地安全利用，工作推进模式基本上都是采用政府行政推进型模式和第三方治理模式。政府行政推进型模式即政府制定实施方案，将耕地治理修复任务分解到所属各级政府及部门，由村及村民小组组织农户或组织施工队伍，按照政府制定的实施方案及污染耕地治理修复技术操作规程，实施污染耕地治理修复的各项技术措施。第三方治理即通过政府购买服务，委托有重金属污染耕地治理修复资质及实力较强的企业，承担一定区域的重金属污染耕地的治理修复，实现重金属污染耕地治理修复规范化、专业化。

这两种模式都存在一些弊端。政府行政推进型模式的弊端主要是：治理修复计划对实施主体约束力不强；政府既是实施者，也是监督者；治理修复结果不是由实施主体而是由政府负责。第三方治理也存在承接主体短期行为、难以调动农户积极性、实施主体成本过高等弊端。

这两种模式的弊端，造成重金属污染耕地治理修复不可持续性，影响重金属污染耕地治理修复的效果。要使重金属污染耕地治理修复实现可持续发展，达到理想效果，就要创新工作推进模式。

因此，为解决重金属污染耕地治理修复资金缺乏的困境，实现公共资源和私人资源的有机结合，在重金属污染耕地治理修复领域探讨公私合作模式具有现实且重要的意义。

四、重金属污染耕地第三方治理 PPP 模式属性的决定因素及作用

（一）PPP 模式属性的决定因素

2014 年，国家在湖南省长株潭地区开展重金属污染耕地治理修复试点，2016 年国务院印发《土壤污染防治行动计划》，提出：2016 年底前，在浙江省台州市、湖北省黄石市、湖南省常德市、广东省韶关市、广西壮族自治区河池市和贵州省铜仁市启动土壤污染综合防治先行区建设；根据土壤污染状况和农产品超标情况，安全利用类耕地集中的县（市、区）要结合当地主要作物品种和种植习惯，制定实施受污染耕地安全利用方案，采取农艺调控、替代种植等措施，降低农产品超标风险；到 2020 年，轻度和中度污染耕地实现安全利用的面积达到 4 000万亩。随后，部分省（区、市）陆续实施重金属污染耕地安全利用。但是，重金属污染耕地治理修复领域，虽然财政部、农业部 2017 年 5 月下发的《关于深入推进农业领域政府和社会资本合作的实现意见》明确提出重点引导和鼓励社会资本参与耕地治理修复，农业农村部办公厅、生态环境部办公厅 2019 年 4 月 3 日发布《关于进一步做好受污染耕地安全利用工作的通知》更进一步明确因地制宜探索通过政府购买服务、第三方治理、政府和社会资本合作（PPP）、事后补贴等形式，吸引社会资本主动投资参与耕地污染治理修复工作，建立健全耕地污染治理修复社会化服务体系，但是迄今未见地方政府公开采购重金属污染耕地治理修复 PPP 项目，未见公开文献报道重金属污染耕地治理修复中采用 PPP 模式，也未见公开发表相关的理论研究文章。笔者分析其原因，除了公众对 PPP 了解甚少、社会资本参与重金属污染耕地治理修复积极性不高，PPP 模式属性不清、PPP 项目应具备的条件不清应该是重要原因。重金属污染耕地治理修复具有与基础设施建设、工业生产完全不同的特点，与农产品生产相比，也具有特殊性。重金属污染耕地治理修复 PPP 模式的属性，由以下 5 个方面决定。

1. 公共项目

公共项目是 PPP 的前提条件，重金属污染耕地治理修复是政府提出的社会公益性项目。社会公益性体现在 3 个方面。

一是耕地性质。农村耕地集体所有制，农民承包土地，对耕地具有经营权、承包权。

二是通过对耕地治理修复，减轻耕地污染，具有公益性质。

三是通过对耕地治理修复，生产合格的、卫生的产品，提供给市场，具有巨大的社会效益。

2. 合作关系

合作关系是 PPP 的重要特征，它强调各个参与方平等协商的关系和机制，这是 PPP 项目的基础所在。合作关系必须遵从法治环境下的“契约精神”，建立具有法律意义的契约伙伴关系，即政府和非政府的市场主体以平等民事主体的身份协商订立法律协议，双方的履约责任和权益受到相关法律、法规的确认和保护。

社会资本通过政府购买服务承接重金属污染耕地治理修复项目，承接主体与政府成为该项目的合作伙伴，通过订立法律协议，确定双方的权利、责任与义务，并在项目实施中，履行各自的责任与义务，共同完成项目任务。

政府立项并给予承接项目的社会资本实施治理修复技术措施所需部分资金补贴，社会资本承担政府补助不足部分的资金投入和全部生产性支出，政府与社会资本形成重金属污染耕地治理修复的合作关系。

3. 获得土地经营权

区别其他行业 PPP 项目，重金属污染耕地治理修复 PPP 项目承接主体还需获得土地经营权。获得土地经营权，是确定重金属污染耕地治理修复 PPP 的关键因素。社会资本在获得土地经营权的土地所进行的生产和重金属污染治理修复，都由社会资本负责，所有投入也都由社会资本承担，土地所有产出都归社会资本所有，其生产和治理修复的盈亏都由社会资本负责，治理修复结果也由社会资本负责。社会资本如果没有获得土地的经营权，只是承接耕地重金属污染的治理修复，负责按政府规定的技术路径和相关技术规程实施重金属污染耕地治理修复技术，耕地治理修复后的农产品及收益均与承接主体无关，承接主体只是获得政府给予的实施耕地治理修复的资金补偿，这是典型的第三方治理模式。治理修复投入的资金全部为政府财政资金，社会资本实际上并未投入资金，政府资金投入并未起到带动社会资本投入重金属污染耕地治理修复的作用。只有在社会资本获得土地经营权后，社会资本才会真正投入资金。社会资本获得土地经营权的方式有以下 5 种。

（1）土地租赁

农民或合作社通过出租的方式将经营权流转至项目公司（社会资本），项目公司向农民支付租金，获得承包土地的经营权。此种模式下，农民或合作社获得相对固定的租金费用，项目公司承担经营亏损风险，但同时拥有较大的盈利空间。

（2）土地承包

农民或合作社通过分包的方式将经营权流转给项目公司，项目公司向农民或合作社支付年度基本承包费和一定比例的绩效费用。此种模式下，农民或合作社不仅可获得相对固定的基本承包费（一般较第一种租金费用略低），还可根据项目公司的经营状况分享部分经营红利。

（3）土地入股

农民或合作社通过经营权作价入股的方式将经营权流转至项目公司，农民或合作社成为项目公司的股东。一般而言，农民或合作社不对项目公司控股，不享有项目公司日常事务的决策权，但可按股权比例承担项目公司经营亏损并分享经营利润。此种模式下，项目公司无需单独向农民或合作社支付经营权流转对价，农民或合作社与项目公司的其他股东作为利益共同体，收益共享风险共担。

4. 利益共享

社会资本承接重金属污染耕地治理修复任务后，获得了政府补助，另外，获得耕地经营权后，通过对耕地进行治理修复和生产经营，并通过销售产品获得收益。公共部门虽然不能从销售产品中获得经济收益，但通过对耕地进行治理修复，生产优质农产品，增加市场优质农产品供给，产生巨大的社会效益，同时通过对耕地进行治理修复，改良了土壤，提升了地力，提高了耕地生产力水平。

5. 盈亏自负

社会资本获得土地经营权后，在按照重金属污染耕地治理修复技术规程实施治理修复技术前提下，自主安排生产，收获的产品自行处置，盈亏自负。

（二）重金属污染耕地治理修复 PPP 模式的作用

1. 有利于缓解重金属污染耕地治理修复资金紧张的困境

重金属污染耕地治理修复所需资金量巨大，仅仅依靠国家财政出资是难以为继的。通过 PPP 模式，吸收社会资本参与耕地治理，可以缓解重金属污染耕地治理修复资金紧张的困境。

2. 有利于提高耕地治理修复质量

社会资本通过流转土地，取得耕地经营权，投资耕地治理修复，其治理修复效果与自身利益息息相关，会更加认真进行耕地治理修复技术措施的实施，耕地治理修复质量会更高，效果会更好。

3. 有利于解决经营主体短期行为问题

社会资本取得耕地经营权，投资耕地治理修复，其治理修复效果与自身利益息息相关，在生产、经营中会更精细、更科学，收获的产品质量更好，售价更高，取得的效益更高，其投资、参与耕地治理修复的积极性就更高，有利于解决经营主体短期行为问题。社会资本通过流转获得土地经营权，自主经营，自负盈亏，在公共部门对耕地治理修复进行补偿的背景下，社会资本收获的产品质量更好，售价更高，取得的效益更高，社会资本投资、参与耕地治理修复的意愿就更强，补偿停止后，为确保农产品优质，社会资本还会继续开展耕地治理修复，耕地治理修复的稳定性、可持续性就更强。

4. 可以避免生产和治理修复脱节问题

社会资本取得耕地经营权，自主经营，统筹规划、安排生产、经营和耕地治理修复，可以避免生产和治理修复脱节问题。

五、PPP 模式类型

（一）重金属污染耕地治理修复 PPP 模式类型

国内对 PPP 模式的分类方法多种多样，PPP 模式类型可以从不同角度进行分类。

在基础设施建设领域，一般根据社会资本参与程度由小到大所作的三分法即将 PPP 模式分为外包类、特许经营类和私有化类。在科研协作领域，有的将政府参与合作内容作为分类依据，分为研发补助金（Research Grant）、专利授权（Patent Licensing）、合作研发与合资（CRADA Joint-venture）、研究联合会（Research Consortium）、国际研发联盟（Global Research Alliance）[12]。本章根据社会资本参与程度，将重金属污染耕地治理修复 PPP 模式分为项目总承包，平行承包和采购-实施承包 3 种类型。

1. 项目总承包模式

（1）特点

又称计划、采购、实施一体化模式。是指在项目决策阶段以后，从计划开始，经政府购买服务，遴选一家社会化服务组织，对计划-采购-实施进行总承包。在这种模式下，按照承包合同规定的总价或可调总价方式，由项目承接主体按照自有技术及技术路线组织项目实施；自主采购治理修复物资，对项目的实施进度、费用、质量、安全进行管理和控制，并按合同约定完成项目。

（2）优点

一是由一家社会化服务组织承接整个项目，用自家的技术，选择最有针对性、最合适的治理修复物资，有利于内部管理，有利于质量控制。

二是有利于各环节衔接协调，避免技术方案与实施的矛盾，提高项目实施总体效率。

三是可节约多方参与、多方管理带来的管理及生产成本。

四是政府从参与者、监督者双重身份转变为监督者单一身份，有利于政府监管。

五是责任单一。从总体来说，重金属污染耕地治理修复项目的合同关系是业主和承包商之间的关系，业主的责任是按合同规定的方式付款，总承包商的责任是按业主要求实施治理修复，实现治理修复目标，总承包商对于项目实施的全过程负有全部的责任。

（3）缺点

一是对总承包主体要求高，从技术方案、施用物资、技术措施实施过程每一个细节把握不到位，就会造成治理修复效果达不到既定目标。

二是对总承包主体的协调能力、管理水平的要求更高，总承包主体承担的经济风险更大。

三是对总承包主体综合水平、整体能力要求高了，进入门槛更高了，竞争性低了，政府遴选到合格总承包主体难度就大了。

2. 平行承包模式

（1）特点

是指在项目决策阶段以后，政府将计划、采购、实施分成 3 块，委托一家科研院所承担计划即项目实施方案的编制，通过公开招标采购治理修复物资，政府经购买服务，遴选一家社会化服务组织，对项目技术措施实施进行承包。在这种模式下，项目承接主体按照承包合同规定的总价或可调总价方式，按照政府编制的项目实施方案、政府规定的技术措施、技术路线，使用政府购买的治理修复物资，组织项目实施；对项目的实施进度、费用、质量、安全进行管理和控制，按合同约定完成项目。

（2）优点

一是表现在管理方法较成熟，各方对有关程序都很熟悉，有利于各方内部管理，搞好各自质量控制。

二是可以调动各方积极性，有利于发挥各方特长和优势。

三是可采用各方均熟悉的标准合同文本，有利于合同管理、风险管理和投资管理。

四是有利于政府监管。

（3）缺点

一是多方分别承担项目的不同板块，环节增加，各环节之间衔接难度增加，影响项目总体效率的风险增加。

二是政府与承接项目各环节主体分别签约，管理费较高。

三是技术措施实施主体按照政府编制的治理修复技术方案实施，容易出现操作人员对技术方案理解掌握不到位，控制项目目标能力不强。

四是不利于效果不达标的责任划分。如果治理修复效果不达标，在技术方案、治理修复物资和治理修复技术措施到位三方面容易出现责任划分不清和争端。

3. 采购-实施承包模式

（1）特点

是指在项目决策阶段以后，政府委托一家科研院所编制项目实施方案，政府经购买服务，遴选一家社会化服务组织，对采购-实施进行总承包。在这种模式下，项目承接主体按照承包合同规定的总价或可调总价方式，按照政府编制的项目实施方案、政府规定的技术措施、技术路线，组织项目实施；自主采购治理修复物资，并对项目的实施进度、费用、质量、安全进行管理和控制，按合同约定完成项目。

（2）优点

一是由政府委托科研院所编制技术方案，可以选择最先进、最成熟的技术。

二是有由承接项目实施的售后服务组织自行采购治理修复物资，有利于 2 个环节的衔接，提高项目实施总体效率。

三是减少了 1 个环节，可节约管理及生产成本。

四是政府不参与物资采购，有利于政府角色转换，亦可以减轻政府工作负担，有利于政府监管。

（3）缺点

一是技术措施实施主体按照政府编制的治理修复技术方案实施，容易出现操作人员对技术方案理解掌握不到位，控制项目目标能力不强。

二是不利于效果不达标的责任划分。如果治理修复效果不达标，在技术方案和治理修复技术措施到位两方面容易出现责任划分不清和争端。

（二）不同重金属污染耕地治理修复 PPP 模式适用性分析

1. 项目总承包模式适用性

项目总承包模式对社会资本的要求较高，既要有满足一定规模重金属污染耕地治理修复的研发人员和现场技术指导人员，也要有相应的管理人才，如果市场中没有足够数量能承担大规模重金属污染耕地治理修复的社会资本，则一方面导致市场进入竞争性不够，从而社会资本可能要求过高的回报率或服务收费价格；另一方面从整个重金属污染耕地治理修复市场看，可能会形成寡头垄断局面。同时有可能更优秀的重金属污染耕地治理修复技术不能在实际中应用，而导致治理修复项目不能达到最优效果。

项目总承包模式较适用于具有雄厚重金属污染耕地治理修复技术力量和管理能力的社会化服务组织较发达、重金属污染耕地治理修复市场成熟的阶段。

2. 平行承包模式适用性

平行承包模式由政府通过政府购买服务方式分别遴选技术方案编制、治理修复物资供应和技术措施实施的社会化服务组织，可以实现最优技术方案、质量最好治理修复物资和组织能力最强施工队伍的结合。虽然对承担技术措施实施的社会化服务组织的专业化要求更高，更有利于技术措施实施达到更高水平，但是，由于减少了对其编制技术措施实施方案和供应治理修复物资的要求，相对而言，对其总体要求要低一些，即降低了进入门槛，从而使市场进入竞争性较强，社会资本要求的回报率或服务/收费价格可以达到一个合理水平。

平行承包模式较适用于重金属污染耕地治理修复社会化服务组织总体实力不强，但技术措施实施能力和管理能力较强的社会化服务组织，适用于重金属污染耕地治理修复市场发育的初始阶段。

3. 采购、实施承包模式

采购、实施承包模式由政府委托科研院所编制技术方案，可以选择最先进、最成熟的技术。由承接项目实施的社会化服务组织自行采购治理修复物资，有利于 2 个环节的衔接，提高项目实施总体效率；中间减少了由政府通过政府购买服务遴选的治理修复物资供应商环节，可节约管理及生产成本；可以实现最优技术方案和组织能力最强施工队伍的结合。虽然对承担技术措施实施的社会化服务组织的专业化要求更高，更有利于技术措施实施达到更高水平，但是，由于减少了对其编制技术措施实施方案的要求，相对而言，对其总体要求低于项目总承包模式，高于平行承包模式，市场进入竞争性也介于项目总承包模式与平行承包模式之间。

采购、实施承包模式较适用于研发实力不强、具有雄厚重金属污染耕地治理修复技术力量和管理能力的社会化服务组织，一般在重金属污染耕地治理修复市场从初始向成熟的过渡阶段应用。

六、重金属污染耕地治理修复推行 PPP 模式的难点

PPP 模式自 20 世纪 90 年代初兴起，我国各级政府在规范、推广 PPP 方面不遗余

力，在基础设施等方面的应用也取得了明显成效，但是在农业领域，PPP 模式的应用却进展缓慢，在耕地重金属污染治理修复方面，尽管财政部、农业部 2017 年 50 号文明确提出要重点引导和鼓励社会资本参与耕地治理修复，但各地在实践中却鲜有应用，基本还处于空白状态。PPP 模式在耕地重金属污染治理修复方面的应用难点主要有 5 个方面。

（一）一些理论问题需解答

重金属污染耕地治理修复 PPP 的应用之所以进展缓慢，理论上还存在很多阻碍其应用发展的盲点待解答。

1. 公私合作的界定

（1）投入方式

政府与社会资本作为公私合作的双方，是否均需要资金投入，投资是否贯穿合作期？重金属污染耕地治理修复有其自身的特点，不是一次投资就完成，而是只要生产就要投入，没有投入，就没有效果。

（2）合作方式

允许哪些合作方式，限制哪些合作方式，哪些合作方式属于 PPP，哪些合作方式不属于 PPP，合作方式的边界在哪里，等等，这些问题都需要做出回答，没有明确规定，社会资本不知从何做起。

2. 社会资本的界定

参与重金属污染耕地治理修复社会资本的范畴有哪些，参与重金属污染耕地治理修复社会资本的条件有哪些，合作社是否可以作为社会资本，关于这些问题目前既没有政府部门的政策文件明确其答案，学术界也没有这方面的文献论述。在农业生产中，合作社扮演了越来越重要的角色，重金属污染耕地治理修复没有合作社参与是不可想象的。

3. 利益共享的界定

农业尤其是水稻种植业，本来就是低效产业，加之增加重金属污染治理修复的投入，以及自然灾害的影响，产出效益就更低了。如果公私双方共享经济利益，怎么共享；共享利益分配办法有哪些；公私双方共享经济利益后，社会资本所获利益会不足以吸引其参与其中，怎么解决。这些问题也亟待回答。

（二）体制机制障碍

1. 体制机制不健全可能造成不同机构参与 PPP 机会的不平等

PPP 的协同效率需要参与者对合作项目进行有效管理。Rowe 等[13]梳理了 11 项国际 PPP 管理机构的共同原则，这些原则包括利用合作伙伴的能力、合作者的互补性、责任与透明、项目选择的公正和利益公开、诚信沟通、目标一致且清楚、成果的公益性、信任与合作、广泛合作、对伙伴关系的战略规划与长期资助、识别和管理潜在的法律与道德问题。这些原则反映了 PPP 合作中潜在影响因素和存在问题。

管理原则有利于管理的规范化和科学化，但无法忽视的是管理者本身偏好可能对

PPP 产生显著影响。Hartwich 等[14]认为，公共部门的决策大部分由管理者做出，决策结果更可能反映管理者的个人偏好而不是公众的需求，导致公共研究主体目标的偏离。Spielman 等[15]研究表明，决策者或管理者的行为直接影响私人预期，那些给私人留下行动迟缓、效率低下和因循守旧等负面印象的公共机构通常会给私人带来消极的预期，从而导致合作失败。因此，在 PPP 中保持公共与私人部门管理者之间的高度协同是成功合作的关键点之一。PPP 的资助者同样对公共研究机构的合作参与有决定性作用[14]。由于重金属污染耕地治理修复 PPP 的经费很多来自政府部门的竞争性项目经费，因此，经费管理人员在制定经费使用标准和条件时，已经间接决定了哪些机构可以参与 PPP，从而可能造成不同机构参与机会的不平等，不利于效率优势的发挥。

2. 体制机制不健全导致 PPP 运行的交易成本较高

PPP 的基本合作框架是通过公共部门和私人部门之间缔约而建立起来的。由于项目合作关系的长期性及经济、政治环境的不确定性，PPP 合同具有天然的不完全性[16]。

契约的不完全会导致交易成本的产生，从而影响 PPP 的效率，体制机制方面的缺陷会提高 PPP 运作的交易成本。

（三）制度约束障碍

构建明确规范的 PPP 管理与支持政策对其有效运用非常重要。制度建设包括宏观层面的法律与政策，同时也包括微观的激励与管理措施。以美国为例，从 20 世纪 80 年代开始，陆续建立了一系列有助于私人参与和合作的法律法规与政策，并进行动态调整与修订，为私人研发投资、参与扫清了障碍。

但是，我国目前在重金属污染耕地治理修复方面，制度建设基本还是空白。PPP 的运作需要通过制度明确政府部门与社会资本在项目中享有的权利，需要承担的责任、义务和风险，通过完善的制度、法规，对参与双方进行有效约束，最大限度发挥合作双方的优势和弥补不足，有力保证、保护双方利益。

（四）土地流转困难

1. 农民惜租

土地流转是重金属污染耕地治理修复 PPP 运行的前提，只有耕地顺利流转，才能做到耕地集中，实现规模化经营，社会资本才会参与耕地重金属污染治理修复。

但是在我国相当大部分地区，耕地流转并不是一件容易的事情，相当多的农户因为租金、口粮保障等原因不愿意出租土地，导致耕地破碎化，增加规模化经营难度，由此而增加重金属污染耕地治理修复各项技术措施实施的难度，从而增加成本，减少实施主体经济效益，导致 PPP 项目成功率降低。

2. 租赁期不确定性大

在土地流转中，有的农民因为对粮食市场稳定性不确定性的预期等原因，不愿意长期出租土地，有的农民则由于找到好的生产项目或因为回乡务农等原因，中途要收回出租土地。这样有造成 PPP 项目半途而废的风险，或者达不到社会资本对项目盈利预期，而使社会资本望而却步。

（五）投资风险大

1. 治理修复难度大

耕地重金属污染治理修复技术措施多达近 10 项，有的技术措施实施难度大，稍有不慎，措施就不能完全到位，达不到应有治理修复效果。如优化水分管理，伴随水稻生长全生育期，时间跨度大，且水稻不同生育时期其灌水深度不一样，要做到全生育期及每个生育时期灌水完全符合技术规程要求，难度确实很大。另外，由于气候异常等原因，治理修复效果具有反复性，当年效果好，来年效果不一定好，达不到治理修复目标。

2. 受气候等不确定因素影响大

水稻是受气候等因素影响大的作物，容易因气候原因减产。

3. 粮食市场价格波动大

粮食市场市场化改革后，粮食价格受市场调控，尽管国家实行最低保护价粮食收购政策，但是，该政策并不是年年实施，也不是有收尽收，受仓容等因素限制，农民收获的粮食并不能确保按最低保护价交给国家粮库。

七、重金属污染耕地第三方治理 PPP 模式推广运用策略

重金属污染耕地治理修复推广运用 PPP 模式，有利于缓解重金属污染耕地治理修复资金紧张的困境，有利于提高耕地治理修复质量，有利于解决经营主体短期行为问题，可以避免生产和治理修复脱节问题，是推进重金属污染耕地治理修复高质量、可持续发展的必然要求，也是公共部门对契约理念的尊重和对契约约束力的认同，有助于全社会契约精神的培育。无论从国际经验还是国内发展实践看，PPP 模式发展潜力巨大。引入 PPP 模式对于解决我国重金属污染耕地治理修复过程中所面临的诸多难题具有积极的意义。经过多年的探索，我国农业领域应用 PPP 已取得了较大进展，这为重金属污染耕地治理修复应用 PPP 模式打下了基础。为推动重金属污染耕地治理修复 PPP 模式的实施，提出以下建议。

（一）大胆进行理论创新

重金属污染耕地治理修复 PPP 应用缓慢，理论上有很多问题没有解决是重要原因之一。从 PPP 模式的内涵中可知，运用 PPP 模式应当根据具体情况来选择合适的形式，这就给政府或管理机构以及模式的参与各方提供了一定的可选择空间，为了达到运用 PPP 模式的预期目标，应该大胆创新发展理念，使这种模式的优势更好地发挥出来。例如，为了维护合约双方的权益，重新审核合约必须在独立、权威的前提下进行。伦敦地铁 PPP 模式项目就在这种情况下，创造性地引用了仲裁机制。再比如，为了调动承包商的积极性，澳大利亚公路 PPP 模式项目将风险和责任转移给私营承包商的同时，

承诺只有在成功交付后才付费。此外，尽管我国在不断地简化项目的审批流程，但政府决策程序的规范性和可能遭遇到的官僚作风，使项目审批花费时间长且成本高。再加上，地方政府在履行合约过程中存在出现信用问题的可能性，都会使PPP模式项目被束之高阁或不了了之。解决这样的问题，只有通过创新发展理念，进一步加快行政审批制度改革，切实做到依法行政。

（二）完善重金属污染耕地治理修复PPP制度框架

1. 完善公共财政对“三农”投入的相关政策

完善公共财政对“三农”投入的相关政策，以此对私人资本进入重金属污染耕地治理修复领域起到引导作用。可通过透明的招标方式和对私人资本适当的政策倾斜来鼓励私人资本发起设立重金属污染耕地治理修复PPP项目。对于政府组织的重金属污染耕地治理修复PPP项目，应保证在合法合规的前提下，加强私人资本在其中的主导作用，政府的重点工作应放在资金的用途及投资效率的监管上。

2. 明确重金属污染耕地治理修复PPP模式中各参与方彼此之间的法律关系

PPP项目的运作是非常复杂的，完备的合同体系和良好的争议解决协调机制是项目长期顺利进行的重要保障。PPP项目通常投资额巨大、合作周期长，在运营期间会经历政府官员交替，为使民间资本、社会资金不受到不公平的待遇和不确定性的压力影响，需要通过法律法规来明确项目法人，理顺投资者、经营者、受益者之间的关系，在项目实施过程中，确保项目的推进完全符合法律法规的要求及合同的约定。应以法律的形式明确资金落实、质量监督和投资效率等问题。因此，在PPP创新和发展中，必须加快法律法规建设，争取先行完善政府制度约束。同时注重制定法律、法规保障非政府主体的利益。重金属污染耕地治理修复投资额高、收益低、影响项目的因素多、收益不确定性大，非政府主体在参与这些项目时会考虑进入后的风险。如果没有相应法律、法规来保障非政府主体利益，PPP模式就难以有效推广。只有通过立法等形式，对非政府主体利益予以保障，才能吸引更多民间资本进入。

3. 制定重金属污染耕地治理修复PPP项目实施的指导意见

以PPP模式整体制度框架和相关的法律法规为基础，在借鉴其他行业PPP项目成功经验和国外农业PPP项目成功经验的基础上，制定重金属污染耕地治理修复领域PPP模式的指导意见，通过清晰的制度框架来明确项目的准入条件、发起方式、融资结构、运营管理、投资回报等相关事宜，通过透明的法律法规、规范性和实用性强的指导意见来打消私人资本的顾虑，引导私人资本进行投资。

（三）培育契约精神，积极推动法治化契约制度建设

除法律法规体系的保障外，PPP项目的实施还需要培育契约精神。“契约”一词来自拉丁语contractus，所指是契约交易，在西方发源较早，后伴随宗教传播逐渐形成契约意识。PPP运行中强调的契约精神，实际上是其置身于政府与非政府主体合作的经济行为中所强调的自由、平等、互利、理性原则。这是对传统的政府单纯行政权力意识

的一种突破，要求形成以“平等民事主体”身份与非政府主体签订协议的新思维、新规范。重金属污染耕地治理修复 PPP 模式中，政府部门、社会资本和公众之间存在多重契约关系：第一，政府部门与公众之间存在契约关系，这种契约关系以政治合法性为背景，以宪法为框架，由政府在宪法范围内活动为公众提供优质农产品与服务，针对公众的需求履行承诺；第二，政府部门与社会资本之间形成契约关系，这种契约关系以双方就重金属污染耕地治理修复项目签订的合同为基础，由政府部门与社会资本通过合作来向社会公众提供优质农产品；第三，参与重金属污染耕地治理修复 PPP 的非政府的企业和专业机构、社会组织之间形成契约关系，在 PPP 总体契约中承担污染耕地治理修复与优质农产品的生产及供给，回应公众的诉求；第四，参与重金属污染耕地治理修复 PPP 的非政府的社会资本与农户之间形成契约关系，这种契约关系以双方就农户将耕地流转给社会资本签订的合同为基础，通过土地流转社会资本与农户合作来向社会公众提供优质农产品。PPP 直观形式上主要关注的是后三层契约关系，尤其重要的是第二层。作为制度供给的创新，PPP 更广泛的发展应以法治化的较高水平为前提，以诚信的商业文化和契约精神为铺垫。必须清醒认识 PPP 所带来的挑战与风险，各级政府需要加强自身的制度约束，提高对契约精神和契约约束力的认同，引导全社会培育契约精神。

（四）鼓励开展重金属污染耕地治理修复 PPP 试点

1. 相关机构可以积极试点重金属污染耕地治理修复 PPP 可行模式

重金属污染耕地治理修复是一个复杂的系统工程，与农业领域的种植业、养殖业相比较，有其自身的特点，因此重金属污染耕地治理修复 PPP 项目的模式更加灵活多变，具体执行过程中的困难也更多，但这些困难大多需要在执行过程中进行解决，因此，实力雄厚、容错性较强的机构，如规模较大的农业环保企业可选择符合条件的项目积极开展试点，在探索和实践中摸索出在我国可行的重金属污染耕地治理修复 PPP 模式。

2. 改革公共产品的投融资方式

可以通过投融资方式的改革带动供给侧结构性改革，改变过去政府财政对农业的政策性筹资方式，积极探索政府财政和民间资本共同投资的模式，进而提高重金属污染耕地治理修复项目的开发和经营效率。

3. 有能力的机构可以积极探索和总结重金属污染耕地治理修复 PPP 领域的经验

在项目实施过程中对各个环节进行科学合理的评估，实施过程中做到关键环节精准发力，并最终形成可推广的经验。

（五）选择高质量、可靠的社会资本合作伙伴

第一，重金属污染耕地治理修复专业程度较高，选择在重金属污染耕地治理修复方面有经验、有管理能力的社会资本方，为确保实现重金属污染耕地治理修复提供坚实基础。第二，PPP 项目需要大量的资金支持，社会资本方是否能承担起该项目的资金投

入也是至关重要的。第三，选择在重金属污染耕地治理修复方面有经验、有管理能力的社会资本，也能降低政府的工作压力。

（六）加强重金属污染耕地治理修复 PPP 技术支撑

1. 编制 PPP 相关的技术支撑文件

相比于农业领域的其他 PPP 项目，重金属污染耕地治理修复 PPP 模式相关项目的实施方案更为复杂，项目实施过程中，各个环节的专业性和技术性也更高。为确保项目的顺利实施，可通过召集金融、财务、法律、农业等不同领域专家共同对项目进行科学评估和论证，并编制相应的技术支撑文件。

2. 加强政策研究和评估

公私合作的概念在我国出现较早，但 2014 年以来引入了通过公私合作模式来增加公共产品供给、提高公共产品运营效率的全新理念。财政部、农业部于 2017 年 5 月 31 日下发《关于深入推进农业领域政府和社会资本合作的实施意见》文件，明确提出重点引导和鼓励社会资本参与耕地治理修复。因此，可以组织各方面的专业人士对其进行专题研讨，通过梳理政策框架，开展政策评估，来推动重金属污染耕地治理修复 PPP 项目的顺利落地。

3. 各方合作培养重金属污染耕地治理修复 PPP 领域的专家

现有的 PPP 咨询专家大多从事工程设计、基础设施建设和资讯类业务，对农业领域尤其是对重金属污染耕地治理修复的 PPP 模式并不熟悉，农业项目专家包括重金属污染耕地治理修复专家对 PPP 模式也较为生疏。因此，可以鼓励相应的科研机构对个别符合条件的重金属污染耕地治理修复项目进行探索性设计与试点，在探索过程中积累经验，培养重金属污染耕地治理修复领域 PPP 行业专家。

（七）创新金融支持模式，多方合力支持 PPP 机制推广

1. 推进完善 PPP 融资支持政策

一是设立中央财政 PPP 融资支持基金，考虑通过债权、担保、股权等形式，为难以获得市场融资的 PPP 项目提供资金支持。在项目实施成功之后，由投资人把前期垫付的费用补偿回来，回到资金池里面，相当于资金得到循环利用。二是尽快制定完善现有专项资金管理办法，将 PPP 项目纳入支持范围。三是建立 PPP 项目投资交流机制。

2. 金融机构要积极创新融资管理方式和融资产品，以更好地匹配 PPP 项目的融资需求

运用商业银行贷款、信托、基金、项目收益债券、资产证券化等金融工具，建立多元化的项目融资渠道，根据项目建设内容匹配相适应的融资方式，降低融资成本，提升资本运作效率，发挥 PPP 模式的优势。

（八）建立规范系统的监督管理机制

PPP 项目的监督管理不同于一般项目的管理。PPP 项目都是公共投资项目，涉及

公众利益，政府要维护公众利益，对项目的全周期运行负有监管责任。地方政府在 PPP 模式中，既是履约的一方，又是监管方，对非政府主体参与方的利润进行调节，在代表公众利益的同时保证非政府主体参与方能够得到合理收益。良好的监管能力的执行，是一个项目得以顺利完成以及使未来的运营顺畅的重要环节。政府监管必须确定一种承诺机制以降低企业融资成本并给企业提供投资的激励。同时，政府监管必须能够保证企业生产或运营的可持续性，让接受监管的企业得到合理的利润收入。与基础设施建设、工业等项目不同，重金属污染耕地治理修复属于低效产业，所以政府必须建立一个适合项目长期发展的程序，并有一个相应的监管规则。重金属污染耕地治理修复 PPP 项目具有可持续性的前提是项目公司必须保持良好的财务状况，同时利益相关方一定要进入监管过程。政府监管不力将会带来各种各样的风险，监管效率应成为政府监管的最重要目标。

聘请公众参与监督。由于重金属污染耕地治理修复 PPP 项目与社会公众、项目所在地农民的利益直接相关，缺乏了公众的监督，PPP 项目的各签约方也可能都不遵守契约内容，直接导致项目实施和管理的内在不稳定性。为了能够保证项目的公正性，澳大利亚在运用 PPP 模式的高速公路项目中，不仅使用了民意调查、公开听证等监督方式，还专门设立了沟通机构方便随时听取民众的意见。我国香港在实施的 PPP 模式项目中，让公众从项目规划到合约谈判一直参与项目的进展，公众的利益能够在政府和私营机构的合约中得到反映。由于公众的利益得到了充分的保障，香港 PPP 模式项目得到充分的认可，项目的实施才得以顺畅地进行下去，否则前期的辛苦工作很可能“付之一炬”。

（九）建立绩效考核体系

1. 建立重金属污染耕地治理修复绩效考核指标

要针对重金属污染耕地治理修复 PPP 项目特点，制定不同的绩效考核指标、考核重点。不同地区不同类型的重金属污染耕地治理修复 PPP 项目存在不同的要求与目标，要因地制宜构建绩效考核指标、考核重点。

2. 建立信息数据库网络系统

充分利用信息化的资源，利用统一的标准和测算方式建立数据库。加快推进生态数据的收集与整理工作，实时监控，提高数据质量并提高数据利用率。

3. 加强农民参与，提高考核主体多元性

农民在重金属污染耕地治理修复 PPP 项目的绩效考评中占主体性地位，加强农民参与有利于政府工作进一步满足公众需要，提高公众满意度。充分利用互联网信息技术，提高农民、媒体等评估主体在重金属污染耕地治理修复 PPP 项目绩效考核中的参与度。

参考文献

[1]　李秀辉，张世英 . PPP 与城市公共基础设施建设［J］. 工程规划，2002，26

(7)：74-76.

[2] 刘晓凯，张明．全球视角下的 PPP：内涵、模式、实践与问题［J］. 国际经济评论，2015（4）：53-67.

[3] 刘薇．PPP 模式理论阐释及其现实例证［J］. 财政税收及资本市场，2015（1）：78-89.

[4] 萨瓦斯 E S. 民营化与公私部门的伙伴关系［M］. 北京：中国人民大学出版社，2002：105.

[5] 国家发展改革委关于开展政府和社会资本合作的指导意见［EB/OL］. http：www.sdpc.gov.cn/gzdt/201412/t20141204—651014.html.

[6] 贾康，孙洁．公私伙伴关系（PPP）的概念、起源、特征与功能［J］. 财政研究，2009（10）：2-10.

[7] 贾康 孙洁．公私合作伙伴关系理论与实践［M］. 北京：经济科学出版社，2014：43.

[8] 中华人民共和国环境保护部．全国土壤污染状况调查公报［EB/OL］.（2014-04-17）. http：//www. zhb. gov. cn/gkml/hbb/qt/201404t20140417_270670. htm.

[9] 董战峰，璩爱玉，王夏晖，等．设立国家土壤污染防治基金研究［J］. 环境保护，2018，46（13）：53-57.

[10] 隋易橦，王育才．我国土壤污染修复资金保障法律机制研究［J］. 西安建筑科技大学学报（社会科学版），2018，37（3）：67-74.

[11] 黄道友，朱奇宏，朱捍华，等．重金属污染耕地农业安全利用研究进展与展望［J］. 农业现代化研究，2018（6）：1030-1043.

[12] 包月红，高芸，赵芝俊，等．农业研发领域的公私合作伙伴关系［J］. 农业技术经济，2017（1）：75-84.

[13] ROWE S，ALEXANDER N，KRETSER A，et al. Principles for building public-private partnerships to benefit food safety，nutrition，and health research［J］. Nutrition Reviews，2013，71（10）：682-691.

[14] HARTWICH F，GANZáLEZ C，VIEIRA L F. Public-private partnerships for innovation-led growth in agrichains：a useful tool for development in Latin America?［Z］Washington，DC，International Food Policy Research Institute，2005.

[15] SPIELMAN D J，VON GREBMER K. Public-private partnerships in international agricultural research：an analysis of constraints［J］. The Journal of Technology Transfer，2006，31（2）：291-300.

[16] 赖丹骅，费方域．公私合作制（PPP）的效率：一个综述［J］. 经济学家，2010（7）：97-104.

第十章　重金属污染耕地第三方治理监督机制

第三方治理在大规模重金属污染耕地治理修复中作用越来越显著，应用越来越广泛。强化第三方治理监督，对保障重金属污染耕地治理修复质量及效果具有极其重要的作用。但是迄今为止，未见对重金属污染耕地第三方治理监督机制进行系统研究的报道。本章将对重金属污染耕地第三方治理监督体系构建及运作规律进行研究，分析在第三方治理监督实践中存在的问题和产生问题的原因，提出完善重金属污染耕地第三方治理监督机制建议，为重金属污染耕地第三方治理监督机制构建提供参考。

一、研究目的与意义

（一）第三方治理监督机制含义

监督，兼含监察、督导、检查、督促之意。重金属污染耕地第三方治理的“监督”指的是，为保证第三方治理实施主体耕地修复技术措施的有效落地以及治理修复过程中各项信息的公开透明，由一定的权力主体和社会机构监控重金属污染耕地治理修复过程中的各种活动。

根据不同的监督主体划分，监督分为外部监督和内部监督。重金属污染耕地第三方治理外部监督是指来自第三方治理实施主体以外的监督，包括政府、农户和第三方监理组织；内部监督是指第三方治理实施主体对内部各部门和治理修复各个环节的监督以及各部门相互监督。

根据监督的不同时段划分，监督分为事前监督、事中监督和事后监督。事前监督是为防患于未然，重金属污染耕地第三方治理专业性很强，项目前期准备、论证是否充分、合理、合规，将会给项目后续实施、管理带来重大影响。因此，从重金属污染耕地第三方治理发展形势和模式特点出发，在项目技术措施落地之前，对项目的准备、物资采购、经济承受能力、实施方案进行分析、监督，发现问题及时予以规范、纠正。事中监督是为了及时发现问题，纠正偏差，对第三方实施主体在重金属污染耕地治理修复实施过程中进行的监督，发现问题及时以书面或口头形式通知第三方实施主体并督促其整改。事后监督是在项目实施完成后对第三方治理项目的实际成果和效益来分析评价，通过经验和教训的总结，为新项目的决策提供较为可靠的依据。

按照监督的不同方式划分，监督分为一般监督和专业监督。在这里一般监督是指对第三方治理实施主体在重金属污染耕地治理修复实施中的综合监督，包括治理修复实施方案是否科学合理，治理修复投入物资质量是否合格，治理修复技术措施实施是否符合实施方案和操作规程的规定，第三方治理实施主体内部监督是否到位，项目验收是否符合相关规定，项目各类文件资料是否及时整理归档等。而专业监督是指专业的第三方监理公司对第三方治理实施主体在重金属污染耕地治理修复实施过程中的监督，主要包括监督第三方实施主体治理修复投入物资质量是否合格，治理修复技术措施实施是否符合实施方案和操作规程的规定。

本章研究的第三方治理监督机制即围绕确保重金属污染耕地第三方治理各项措施高质量实施落地这一目标，研究各监督主体与监督客体之间的内在联系及运行方式，包括相关制度和具体措施。

（二）研究目的

耕地重金属污染具有隐蔽性、多源性、持久性等特点，其治理难度和复杂性远超过工矿场地重金属污染的修复，已成为一个世界性的难题[1]，重金属污染耕地修复属于生态修复工程，生态修复与传统的恢复原状不同，生态修复不是“一次性”的，它是一个整体的、系统的、长期的工程[2]。第三方在重金属污染耕地治理修复中由于自身利益的考量，与政府、农民、村组集体、合作社、大户等多方利益的处理，都会影响重金属污染耕地治理修复技术措施的实施质量和实施效果。因此，修复技术的复杂性和持续的修复周期以及各方利益的处理必须构建相应的监督机制，以确保重金属污染耕地第三方治理各个工作环节的公开透明和各项技术措施的有效落实，实现治理修复预期目标。

（三）研究意义

1. 创新监督机制

我国大面积开展重金属污染耕地治理修复时间还不长，借鉴环境污染第三方治理模式开展重金属污染耕地第三方治理也还处在探索阶段，对第三方治理的监督机制还不完善，随着第三方治理在重金属污染耕地治理修复应用越来越广泛，为使治理修复技术措施高质量落地，实现治理修复效果达标，必须对第三方主体开展治理修复进行有效监督。本章通过对重金属污染耕地第三方治理监督机制开展深入研究，探索第三方治理监督的体系、方法、内容，构建适用于重金属污染耕地第三方治理的监督机制理论体系，创新重金属污染耕地第三方治理监督机制。

2. 促进监督机制推广应用

随着重金属污染耕地治理修复的广泛开展、深入推进，第三方治理在重金属污染耕地治理修复中的应用会越来越广泛，在学习和借鉴国内外各行各业成熟先进监督机制的基础上，通过不断探索与创新，研究形成一套符合实际的、完善的重金属污染耕地第三方治理监督机制理论体系，有利于在重金属污染耕地第三方治理实践中推广运用，指导并推进在重金属污染耕地第三方治理中开展有效监督。

3. 保证各项技术实施到位

重金属污染耕地治理修复采用的 VIP+n 技术模式，技术措施种类多，有些技术操作较复杂，要使各项技术措施高质量实施落地到位，最大限度发挥作用，达到治理修复目的，不仅需要在现有政策和实践经验之中，完善相应的第三方治理运行管理机制，还要有完善的监督机制与之配套，这对各项修复技术措施的扎实落实起着至关重要的作用，关系到最终的修复效果。

4. 保证项目运行公开透明

研究重金属污染耕地第三方治理监督机制对于保证项目运行的公开透明十分重要。一方面，完善的监督体系有利于第三方治理项目管理人员随时掌握各项技术措施落实的情况，及时发现并纠正存在的问题，对切实推动重金属污染耕地治理修复技术模式的可持续、高效率推广，确保项目实施效果和质量有着重要意义；另一方面，有效的监督可推动第三方实施主体更加注重项目运行管理各个环节公开透明，提高项目管理流程的规范性，提升管理效率。

二、重金属污染耕地第三方治理监督机制构建

重金属污染耕地第三方治理监督机制构建可从 8 个方面着手进行。

（一）搞好顶层设计

顶层设计是运用系统论的方法，从全局的角度，对项目的各个方面、各个层次、各个要素的统筹规划，以期有效集中资源，高效快捷地实现目标。顶层设计对于项目的成功实施具有重大指导作用[3]。

为确保顺利构建重金属污染耕地第三方治理监督机制，首先要做好顶层设计。顶层设计的重点在于制定监督监管总体实施方案、分项技术和分项工作监督措施以及监督督查专项制度建设。

1. 监督监管总体实施方案

重金属污染耕地治理修复主管部门要做好第三方治理监督监管总体实施方案，这是实现监督工作规范化、制度化、科学化的前提。制定监督总体实施方案时应考虑重金属污染耕地治理修复监督制度对治理修复监督内容的具体要求。治理修复监督的主要内容包括：控制治理修复的投资、实施期限和质量；进行治理修复合同管理；协调有关单位间的工作关系等。这些内容涵盖了整个治理修复监督工作的组织、控制、方法、措施等各个方面，在制定监督总体实施方案时应逐一考虑。至于某个具体治理修复项目的监督实施方案，要根据委托监督合同确定的监督实际范围和深度来加以取舍。归纳起来，总体实施方案包括：项目概况、监督依据、监督工作范围及工作目标、监督模式、监督工作内容、监督工作流程、监督工作的控制要点、监督工作的方法及措施、项目实施质量问题的处理方法及程序、监督体系构成、监督工作组织领导及人员构成、技术及经济资料与档案管理制度、监督工作人员培训、

做好监督工作的保障措施。

2. 分项技术和分项工作监督措施

为确保第三方治理各项技术措施优质高效实施落地，除了做好第三方治理监督监管总体实施方案，还要抓好对各项技术措施的实施落地、实施进度、实施质量、物资管理等方面的监督，各级政府及其部门要制定并出台相关文件，在分项工作安排中均列入相应的监督督查内容，对治理修复各项技术措施，如物资（石灰等）、设备（翻耕机等）、技术措施（深耕改土等）和服务（技术措施落地等）以及试点资金用途、使用范围、支出内容、发放标准、分配方法、支付方式、绩效评估、考核验收等方面都作出明确规定，要求各级财政农业部门和有关单位应加强项目资金管理，对资金使用进行全程监管和记录，并接受财政、农业、审计、监察等部门的监督检查。

3. 监督督查专项制度

根据监督工作需要，项目主管部门制定监督督查专项制度，内容涵盖监督督查的组织机构及相应工作职责、监督督查程序、工作重点和考评机制等，要求下级政府根据项目总体要求，结合本地实际制定监督督查专项制度。

（二）构建监督体系

项目监督是项目管理的重要组成部分。在项目运行中，享有监督权力的所有主体之和构成该项目实施过程中的监督体系，或者说，享有监督权的各个主体是整个监督体系中的子系统。

重金属污染耕地第三方治理，涉及面广、措施复杂、第三方实施主体众多，各实施主体是否能按质按量实现修复技术措施实施落地，不仅关系到项目的实施效果，更是关乎社会公众的利益。因此，建立科学的监督主体，构建层次清晰、职责明确的监督体系对于搞好项目监督工作、保证项目的有序高效运行尤为重要。

笔者在2015—2017年对湖南省长株潭三市重金属污染耕地修复及农作物种植结构调整试点项目进行抽样调查，共抽取样本514个，其中，市级农业局3个、县（市、区）级农业局15个、乡镇农技站152个、村委会54个、农户231户、企业及合作社等其他实施主体59个。以各级政府及其部门、参与修复农户、第三方治理公司以及监督、监理机构为调查对象。通过分层抽样和随机抽样相结合的抽样方式，对试点项目第三方治理监督进行了调查。长株潭试点项目主要采取的是传统的双管齐下的监督体系。

双管齐下监督体系即“政府+农户”的监督体系。政府监督主要是各级政府及其有关部门、乡镇农技站和村委会，对第三方治理实施主体开展重金属污染耕地修复各项技术措施的实施进度、实施质量、实施数量，进行定期或不定期监督检查。动员村民对第三方治理实施主体开展重金属污染耕地修复产品的数量、质量以及施工质量进行监督，对耕地治理修复资金补偿标准、到位时间进行监督，同时，村民也对政府在重金属污染耕地治理修复中的主体责任负责情况和对第三方治理监管情况进行监督（图10-1）。

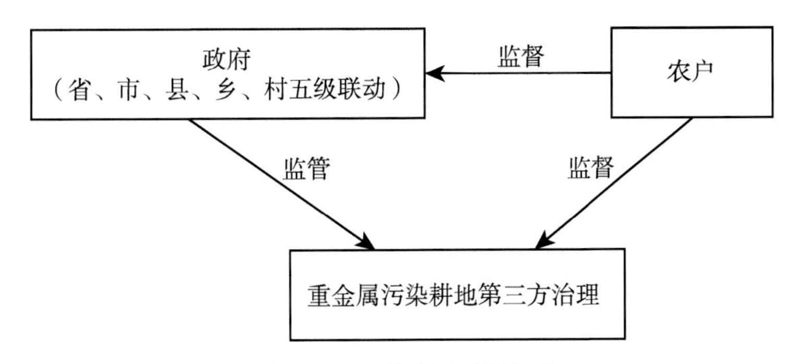

图 10-1　双管齐下监督体系

双管齐下监督体系的不足之处在于政府监管和农户监督均难到位，表现在以下 3 个方面。

（1）政府监督难以完全到位

①政府人力资源有限。

重金属污染耕地第三方治理政府监督涉及多个政府部门，而政府各部门事务繁杂，本来就存在人员紧张情况，且重金属污染耕地治理修复面积一般都较大、路途远、分布散，采用的技术措施多、季节性强、时间周期长，导致监督工作量大、时间长，政府部门时间与精力有限，监管难以面面俱到。

②政府缺乏专业技术人才。

重金属污染耕地治理修复的专业性、技术性很强，因此监督时，需要较多既懂农业生产技术又懂重金属污染耕地治理修复技术的专业技术人才，才能胜任治理修复监督任务。而政府除农业部门外，其他部门很少有符合要求的专业技术人才，农业部门也因为农业工作千头万绪，各方面对专业技术人才需求较多，没有足够的人员参与治理修复监督工作，远远满足不了治理修复监督需要。政府一般工作人员不懂重金属污染耕地修复技术，对重金属污染耕地修复技术实施状况是否符合技术规程判断不清。由此可见，专业技术人才的缺乏是政府对污染耕地修复进行有效监督的一大制约因素。

（2）农民监督难以完全到位

①农户对治理修复要求了解不详细。

对重金属污染耕地治理修复实施进行监督的依据是治理修复实施方案和有关技术规程，而农民往往对这些掌握不够甚至完全不了解，因此，对第三方实施主体的实施质量是否符合要求和技术规程，农民难以判断，难以发现第三方实施主体技术措施实施中存在的问题，更提不出改进完善的意见和建议。

②农户缺乏监督必需的专业技术知识。

重金属污染耕地治理修复的专业性、技术性很强，因此要求监督者既要懂农业生产技术又要懂重金属污染耕地治理修复技术，而农民恰恰缺乏必需的专业技术知识，即使到了现场，对重金属污染耕地治理修复技术实施状况是否符合技术规范也难以判断清楚，因而也难以提出有针对性的改进意见和建议。

③劳动力缺乏。

重金属污染耕地治理修复 VIP+n 技术模式采用的技术措施多，实施时间长，操作复杂，有的技术实施需要全天跟随监督，如石灰、土壤调理剂、叶面阻控剂等治理修复材料的施用，有的技术措施实施时间长达几个月，监督也要与技术措施的实施同始终，如优化水分管理技术。重金属污染耕地治理修复需要既懂技术又有充足的时间参与监督工作的劳动力。但是，目前我国农村劳动力大量向城市和非农产业转移，从事农业生产的劳动力老龄化、妇女化趋势明显[4]，从事水稻种植的劳动力既存在总量上的短缺，又存在懂技术、年轻力壮劳动力的结构性短缺。因此，在重金属污染耕地治理修复实施中，劳动力的缺乏进而造成农户监督的缺位。

（3）监督信息传递不通畅

及时交流、传递现场监督中发现的治理修复技术措施不到位、质量不符合技术规程的情况，有利于及时纠正发现的问题，提高治理修复技术措施实施质量。但是，在政府监督人员和农户之间往往没有建立畅通的信息传递通道，对于治理修复施工现场的情况，双方难以及时交流，尤其是农民因为对治理修复的质量要求掌握不充分，对现场施工质量把握不准，在现场没有政府监督人员情况下，需与政府监督人员联系、交流，就会因为信息不畅通导致难以及时发现问题，纠正错误。

（三）打造“三位一体”监督体系

由于双管齐下监督体系存在不足之处，要补齐双管齐下监督体系的短板，需对其进行改进、优化，增加第三方监理，探索运用第三方监理模式，形成以政府、农户、第三方监理组织为监督主体的“三位一体”监督体系（图 10-2）。

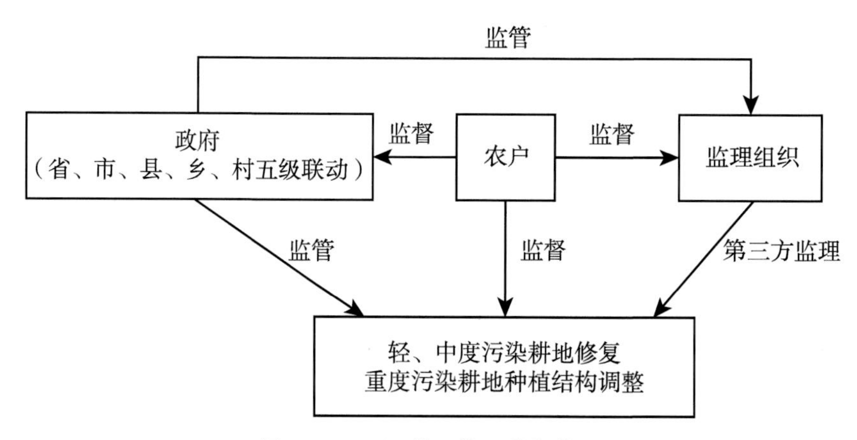

图 10-2　“三位一体”监督体系

第三方监理，指监理组织以独立的第三方身份按照项目负责单位的委托和授权，委派监理人员到项目实施现场，依照项目实施方案、技术规程和验收标准，充分运用项目管理以及与项目有关的其他专业知识，综合采用法律、经济、行政和技术手段，针对项目的总体规划、方案设计、措施实施、验收等各个阶段，对项目实施者行为进行监督、约束管理和协调，并采取相应的措施，制止项目实施者行为的随意性和盲目性，有效保障项目的质量和效益[5]。

在“三位一体”监督体系中，政府、第三方监理组织、农户共同对第三方实施主体开展重金属污染耕地治理修复进行监督，同时，相互之间也进行监督，三者既是监督者，也是被监督者。由于第三方监理组织参与监督，“三位一体”监督体系在一定程度上弥补了双管齐下监督体系存在的人员不足、技术力量不足、信息传递不通畅的缺陷，在治理修复监督实际运行中也更具科学性，三者取长补短、共同发挥作用，确保对重金属污染耕地治理修复第三方实施主体的监督工作真正做到位。

1. 政府监管

推行第三方监理，构建“三位一体”监督体系，弥补了政府人力资源不足、专业人员缺乏、监督难到位的不足。但是，政府作为重金属污染耕地治理修复的责任主体，对第三方治理监督工作责任并没有减轻，需要更加重视、强化对第三方治理的监督。推行第三方监理之后，对实施主体耕地污染修复技术措施实施的日常具体监督主要由监理组织和农户承担，政府的监督对象有了相应的改变，从过去监督第三方实施主体、监督农户，转变为既监督第三方实施主体、监督农户，还要监督第三方监理。为适应这种变化，政府在监督方法上进行改进创新，从过去日常具体监督转变为抽查、不定期督查、专项督查等。为在新的“三位一体”监督体系下更进一步履行好政府职责，不是弱化而是更充分发挥政府的监督作用，根据政府监督对象、任务的变化，调整并细化各级政府对污染耕地第三方治理监督的分工、职责和任务。

（1）五级联动的政府监管模式

五级联动是指省一级的重金属污染耕地治理修复项目，省、市、县、乡、村五级共同发力，共同进行重金属污染耕地第三方治理的监督。

省政府负责提出重金属污染耕地第三方治理监督的总要求，制定监督工作总体实施方案，成立省监督督查组，不定期对各县（市、区）重金属污染耕地治理修复项目进展情况进行检查督导，督促县（市、区）落实各项监督措施，委派驻各县（市、区）督导特派员，代表省项目主管部门督促派驻县（市、区）严格按照省实施方案，做好重金属污染耕地第三方治理监督，全面落实完成重金属污染耕地治理修复项目工作任务。

市政府则以主管领导为核心成立督查小组，协调所属各县（市、区）监督工作，协助省政府对所属县（市、区）重金属污染耕地第三方治理项目进展情况进行检查督导，督促县（市、区）政府落实耕地修复各项监督措施。

县（市、区）政府成立本级重金属污染耕地治理修复监督工作领导小组，负责本县（市、区）耕地修复监督工作，明确各部门监督工作职责和任务，组织对本县（市、区）重金属污染耕地治理修复工作进行定期和不定期检查督导，对发现的问题提出整改意见。督促各部门、各乡镇做好本部门、本乡镇监督工作。对各乡镇派驻督导联络员，代表县（市、区）督促派驻乡镇政府严格按照县（市、区）实施方案，全面落实重金属污染耕地治理修复工作任务。

乡镇政府按照县（市、区）政府的要求，安排专人负责本乡镇耕地治理修复监督工作，督促各项目村落实修复技术措施，及时、高质量、全面完成耕地污染治理修复任务。对各村耕地修复实施进度每周一统计，实施质量每月一考评，并一周进行一次现场监督检查，实地核查各村上交的项目实施情况工作日志，将监督检查情况上报县（市、区）政府。乡镇政府委派本乡镇农技站负责在本乡镇范围施用耕地修复材料的数量核实、抽样送检。

村“两委”负责在本村范围实施的耕地修复监督工作，协助县乡两级政府对本村耕地修复各项技术措施实施进行跟踪监督，督促第三方实施主体按时按质开展耕地治理修复。及时公布本村耕地修复各项信息，包括耕地修复总面积、各组各户面积、耕地修复技术措施、耕地修复资金补偿政策、修复工作进展、修复技术实施质量情况等，并接受全村村民监督。

通过省、市、县、乡、村五级联动、层层递进的监督模式，确保各个环节监督到位，治理修复技术措施按时高质量落地。

（2）注重对第三方监理的监督

为确保第三方监理工作到位，充分发挥作用，对第三方监理进行监督非常必要，政府对第三方监理进行监督，可从以下 7 个方面开展工作。

一是监督第三方监理组织是否对现场监理员进行过培训。

二是以项目村为基本单元，监理员是否及时登记监理台账，监理台账和日志的内容是否真实、准确。

三是监理组织是否以村为单元，抽查第三方实施主体单项技术措施实施情况，包括治理修复材料、物资的数量、品牌、品种、质量、规格等，技术措施到位率等是否与监理记载情况一致。

四是督查对技术措施实施不到位的第三方实施主体是否建议采取补救措施，直至责令返工，返工质量是否合格。

五是督查监理组织对群众的举报是否进行了调查核实，对举报属实的问题是否进行了整改，是否将核实和整改情况向群众进行了反馈。

六是监理组织对每天的监理情况、包括对问题的处置及结果，是否记录在监理日志上。

七是督查监理组织是否严守工作纪律，是否存在下列违规现象：接受监理对象的红包礼金、接受监理对象的请吃、与监理对象串通弄虚作假、以次充好、向监理对象索取服务费用。发现上述行为，是否进行了严肃查处。

2. 农户监督

农户作为我国农村经济最基本的微观单元，不仅是耕地的使用者和耕地保护的直接责任主体，也是耕地治理修复的参与者和受益者，其对于耕地治理修复项目各项措施实施的效果的感知是最及时也是最直观的。由于引进第三方监理机构，农户的监督工作也发生相应的改变，总工作量减轻，农户有更多的时间来监督技术措施的实施效果，这提高了农户监督的科学性与积极性。总之，农户作为“三位一体”监督体系中最为直接的监督主体，不仅能及时反映各项技术措施的实施效果，对第三方实施主体进行最为直接的监督，同时也增强农户在项目实施过程中的参与度，增强对各项技术措施的认知，提升项目实施的主体意识，为项目的进一步推广和可持续发展增强群众基础。

（1）对第三方实施主体的监督

在“三位一体”监督体系中，农户主要是采取现场观察的方法，对第三方实施主体在耕地重金属污染治理修复的过程中，治理修复材料、物资数量、质量是否符合要求，治理修复技术措施操作时间、质量是否符合技术规程要求，发现问题及时指出并通报给第三方监理机构和政府监督人员。

（2）对第三方监理组织的监督

在监督对象上，农户除了对第三方实施主体的监督外，也要对第三方监理组织进行监督，主要监督第三方监理组织是否按时履行监理职责，是否在监理中做到高度负责和公平公正，是否在工作中与第三方治理企业串通一气等。发现问题及时指出并通报给政府监督人员。

3. 第三方监理

第三方监理作为独立于政府和第三方治理实施主体的第三方机构，具有较好的独立性，能从客观的角度对实施过程以及实施效果进行监督，同时第三方监理具备相关专业知识以及项目管理经验，在监督过程中能及时、准确地发现问题并解决问题，协调好第三方实施主体和农户之间的关系，保证项目的完成质量。

（1）监理主体

①主体类型。

应根据重金属污染耕地治理修复项目地区生态环境、地形地貌、社会人文、治理修复项目技术模式等特点，选择合适的第三方监理主体。第三方监理主体主要有 4 种类型。

第一种：监理企业。监理企业是指具有法人资格，取得营业执照和监理单位资质证书，主要从事环境治理工程监理工作的机构。监理企业一般通过政府购买服务承接重金属污染耕地治理修复的监理任务。监理企业的优势：一是设备齐全；二是资金雄厚；三是人力资源丰富；四是技术力量雄厚；五是具有环境污染治理工程监理的经验。监理企业的短处：一是缺乏重金属污染耕地治理修复项目监理所需专业技术人才；二是缺乏重金属污染耕地治理修复项目监理的经验，目前承担重金属污染耕地治理修复项目监理的主要是环境污染治理工程的监理企业。监理企业适用于监理投资大、面积大、规模大的重金属污染耕地治理修复项目。

第二种：村“两委”。即村民委员会和村党支部委员会。村“两委”一般受重金属污染耕地治理修复项目主管部门委托承担本村范围内重金属污染耕地第三方治理项目的监督工作。村“两委”的优势：一是对本村情况熟悉；二是方便就地开展监督工作。村两委的短处：一是缺乏重金属污染耕地治理修复知识；二是如果承接重金属污染耕地治理修复任务的是本村村“两委”干部任职的合作社，则有利益牵连，影响监督公正。村“两委”适用于监督在本村范围内实施的重金属污染耕地治理修复项目的监督。

第三种：村务监督委员会。村务监督委员会是依法设立的村务监督机构，负责村民民主理财，监督村务公开等制度的落实，其成员由村民会议或者村民代表会议在村民中推选产生。村务监督委员会一般受重金属污染耕地治理修复项目主管部门委托承担本村范围内重金属污染耕地第三方治理项目的监督工作。村务监督委员会的优势：一是对本村情况熟悉；二是方便就地开展监督工作。村务监督委员会的短处：一是缺乏重金属污染耕地治理修复知识；二是村务监督委员会主任一般由党支部成员担任，如果承接重金属污染耕地治理修复任务的是本村村“两委”干部任职的合作社，则有利益牵连，影响监督公正。村务监督委员会适用于监督在本村范围内实施的重金属污染耕地治理修复项目的监督。

第四种：监督小组。监督小组由重金属污染耕地治理修复项目主管部门委托乡、村组织成立，成员一般包括村党支部委员（任组长）、乡农技站技术人员（任副组长）、党员代表和村民代表 3~5 人。监督小组一般受重金属污染耕地治理修复项目主管部门委托承担本村范围内重金属污染耕地第三方治理项目的监督工作。监督小组的优势：一是对本村情况熟悉；二是方便就地开展监督工作；三是懂重金属污染耕地治理修复技术。村务监督委员会的短处主要是监督小组组长一般由党支部成员担任，如果承接重金属污染耕地治理修复任务的是本村村“两委”干部任职的合作社，则有利益牵连，影响监督公正的问题。监督小组适用于监督在本村范围内实施的重金属污染耕地治理修复项目的监督。

②主体组织形式。

重金属污染耕地项目监督主体的组织形式是指项目监督主体具体采用的管理组织结构。应根据重金属污染耕地治理修复项目的特点、治理修复项目组织管理模式、政府委托的监督任务及监督主体自身情况而确定。根据对湖南、广东、广西等省区的调查，治理修复第三方监督主体组织形式主要有以下 2 种：直线制监督组织形式、矩阵制监督组织形式。

第一种：直线制监督组织形式（图 10-3）。这种组织形式是一种传统的组织结构形式，最早从古代军队指挥系统移植而来。特点：一个下级只接受一个上级领导者的指令，一级对一级负责；指挥统一，责任和权限比较明确；不另设职能部门。优点：机构简单、机动灵活；命令统一、权力集中；职责分明、隶属关系明确；决策及信息传递迅速。缺点：实行无职能部门的“个人领导”；对负责人要求全能；专业人员分散使用。

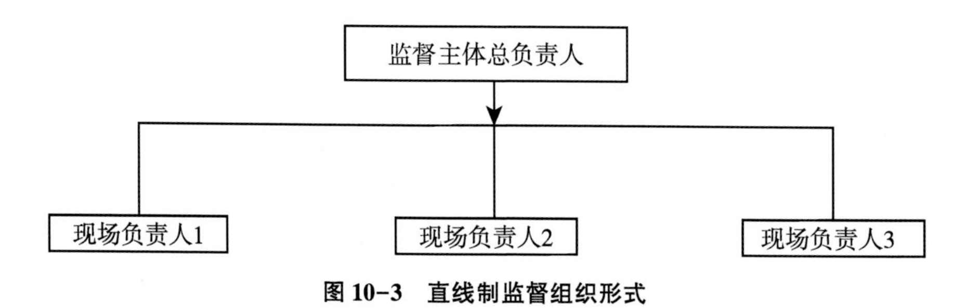

图 10-3　直线制监督组织形式

第二种：矩阵制监督组织形式（图 10-4）。矩阵制监督组织形式是由纵横两套管理系统组成的矩阵性组织结构，一套是纵向的职能系统，另一套是横向的子项目系统。特点：纵向管理系统为职能系统；横向是按职能划分的子项目系统。优点：加强了各职能部门横向联系；有较大机动性（职能人员调动）；将上下左右、集权与分权最佳结合；

督者又是项目的委托方。从本质上来看，这反映了目前的监督体系未跳出“自己监督自己、自己管理自己”的行政监督方式，存在“自己制定规范，自己执行规范，出现问题后自己来裁决”的行为模式。在这种情况下，难以保持项目监督方的独立性，无法做到客观公正的监督，易滋生腐败，损害项目实施效果。另一方面，在监督要求中虽反复强调实施技术的落地率和项目资金的规范使用，但在监督实施方案中并未细化相关具体监督内容，也没有在监督效果评估标准、监督管理办法以及监督实施细则上给予相关的制度支持，这使得现有监督机制中存在“灰色地带”，导致一定程度上监督机制的失灵。同时，“无制可依”也不利于对各实施方的工作进行奖惩。

2. 基层监管主体定位不清，政府、农户监督不到位

作为基层的组织单位，农村村级集体经济组织由于农村基本经营制度统分结合的双层经营体制存在“双缺位”（即以村级集体经济组织为主体的统一经营层次管理和服务缺位，以农民土地承包经营为主体的分散经营层次责任和义务缺位）和发展动力机制不足的问题，导致农村党支部、村委会和农村集体经济组织定位界限不清，使得农村党支部、村委会在耕地修复 VIP+*n* 技术模式落地过程中既是实施组织主体，又是监督责任主体，主体定位不清晰，同样存在“自己监督自己”的问题，在监管上难以形成合力。

同时，大部分的技术措施实施需要一定的专业技术，而农户普遍素质偏低，如湖南省长株潭试点在 2015 年开始引入第三方治理企业后，农户普遍只参与镉低积累水稻品种播种和优化水分管理两项技术措施的实施，参与度较低，这导致其项目监督的主体意识和参与积极性都有待提高，农户未能完全发挥其基层监督作用。

3. 项目本身复杂，监管难度大

由于项目的公益性质、修复技术措施多以及实施时间安排等因素使得项目实施较为复杂，监管难度较大。

首先，重金属耕地污染治理修复属于技术类公益项目。一方面，与其他项目中相关政府部门可以作为独立的第三方进行监督不同，公益项目往往是由政府主导实施，同时又由政府对实施的效果进行监督，存在着一定程度上的监督失灵的情况，而国内外此类项目的监管机制都还处在探索阶段，没有相关的模式可以借鉴，政府只能“摸着石头过河”；另一方面，由于技术类项目专业性较强，涉及的技术措施又较多，且大多数技术实施过程复杂，各监督主体缺乏相关的经验和专业知识，在监管过程中阻力较大。

其次，VIP+*n* 技术模式涉及多种修复物资的撒施，由于物资种类多、数量大，而且物资质量检测程序复杂、耗时长，在所有物资质量是否符合标准上，相关监督主体很难进行全面有效的监管。

最后，从实施时间来说，重金属污染耕地治理修复 VIP+*n* 技术模式涉及大量的物资采购，而公开招标采购物资程序时间长且存在流标延期等情况，为不影响修复措施实施效果，各项措施实施需根据农时进行安排，这造成项目实施时间比较紧张，监督工作也十分被动。另外，实施区域面积大、范围广，对每项措施实施的监督都需要投入大量人力，但在目前的监督体系下，现有基层监督人员数量有限。在这种时间紧、任务重又

人力资源有限的情况下，监督各类物资实际撒施数量是否达到要求难度非常大。

4. 第三方监理作用难以充分发挥

“三位一体”监督体系在推动重金属污染耕地治理修复向纵深发展能发挥重要作用。“三位一体”监督体系中，第三方监理作为新生事物，组织发育还不成熟，具体表现在两个方面：一是专业性不强，参与第三方监理的社会组织基本上都没有从事过重金属污染耕地治理修复的监督监理，监理企业原来主要从事工程监理，不了解农业和重金属污染耕地的治理修复，对农时、耕地治理修复技术措施不熟悉，村“两委”、村务监督委员会、监督小组对重金属污染耕地的治理修复也不熟悉，因此难以有针对性地根据农时要求和修复技术措施特点开展监理监督；二是管理不到位，在人员调配、监理监督方法选择及与地方管理部门联系沟通等方面还有待提高。因此，第三方监理难以避免存在监督方法欠科学、监督质量不高、监督时机不准确、监督效果欠佳、发现问题指出问题不及时和不准确等问题。

四、对策建议

1. 完善监管制度

省、市、县农业主管部门、环保、财政部门要根据本地实际，结合区域经济社会发展、环境保护等相关规划，因地制宜，指导做好重金属耕地污染治理修复的顶层设计，科学编制切实可行的项目实施方案、行之有效的项目工作监督细则，切实保障项目实施的操作性和实效性。

首先，针对目前的监管制度中存在的主体划分不明、职责不清晰的问题，可大力推行第三方治理模式和第三方监理监督模式，实行“管办分离”的管理模式，即政府保留目标制定、规则制定、标准制定的决策权，奖惩实施以及项目管理等权力，将监督、信息收集、调查、评估、执行以及行为变更等权力分离给第三方治理企业和第三方监管评估部门。

其次，针对监督内容、监督实施方案以及监督评价标准等可制定相关规范性文件，明确各监督主体的权利、义务、组织形式、结果反馈、监管工作的具体流程等内容，例如，在资金使用台账的监督管理上，对于台账的制作在事前规定统一的基本范式，包括各项数据收集的标准、方式和时间等，一方面提高监督工作的效率，另一方面也可提高项目管理工作的规范性。

最后，引导第三方监理机构，根据各地区的实际情况，完善规章、人员选用、资金使用等制度，并完善登记审核、过程监管和奖惩等规章制度，保证第三方监理机构合理发展。

2. 完善政府五级联动监督体系

政府五级联动监督体系是现有项目监督体系中的重要组成部分，也是“三位一体”监督体系中政府发挥其对第三方监理和农户监督的重要组织方式。目前第三方监理模式尚不成熟、农户作为监督主体的监督模式存在不足，都有监督不到位的情况，因此政府监管仍是不可或缺的，进一步完善政府五级联动监管体系是目前保障监督工作有效进行的重要环节。

首先，对没有实行第三方监理的地区，市、县级农业部门要牵头对试点项目实施、监督、管理等情况，进行定期督导检查，至少每月1次，并建立工作调度、通报及向上级部门报告制度和档案记录。

其次，对实行第三方监理的地区，第三方监理机构要定期出示绩效评价报告，各被监督单位要加强对第三方监督评价结果的分析、比较，找出个性、共性问题，要根据第三方监督评价监督结果及时跟进，及时查找发现工作上的短板或不足，及时整改到位；对整改不到位的，由纪检监察部门启动问责机制，严肃查处相关责任人和领导连带责任。

最后，省农委要会同相关部门定期组织对各市、县和第三方监理机构的工作情况进行检查抽查，结合各市、县和第三方监理定期报告的情况，每季度通报1次，被省通报2次以上存在重大问题的，将视情况核减年度中央与省级资金或取消资金支持。对截留、挤占、挪用骗取资金等违法违规行为，一经查实，除收回已安排中央和省级资金以外，依照《财政违法行为处罚处分条例》等有关规定依法依纪追究责任。

3. 加快培育第三方监理主体

针对目前第三方监理机构存在专业性不强、人员素质不高、管理不到位的问题，政府部门应完善相关第三方监理管理制度，优化现有第三方监理结构，加强政府对第三方监理的监管。

一是上级有关部门要建立健全与第三方监理运行机制相适应的管理监督制度，制定第三方监理机构及其成员的准入条件，规范第三方监督运行或操作方式，以问题为导向，探索建立科学有效的第三方监理考核评估机制，针对第三方监督机制的考核内容和标准进行评估和论证，强化第三方监督内容或操作方式的合理性和科学性。

二是要出台相关优惠政策，重点鼓励农村集体组织、合作社、农业科研机构和龙头企业加入第三方监理队伍，扩大第三方监理的市场竞争力，提升第三方监理的服务水平。

三是增强第三方监理主体的能力建设，向其征求意见，搜集培训需求信息，制订有针对性的培训计划。

四是要正确处理好第三方监理和政府的关系，加强政府对第三方监理工作绩效的能力识别研究，确保第三方监理工作效率达标。

4. 规范第三方监督主体选择机制

(1) 完善第三方监督主体选择标准

第三方监督主体选择标准关乎参与第三方监督主体的质量。第三方监督主体选择标准，即监督主体所具备的条件：主要包括主体类型、人员数量及素质、主体规模及主营业务、业绩与经验、技术水平以及资金、设备、诚信等情况。应注意条件宽严要适度，条件过低，社会组织参与者过多，加大政府选择难度；条件过高，影响社会组织参与积极性。

（2）主体类型选择要与承担监督任务相适应

要因地制宜、因事制宜选择第三方监理主体。投资大、面积大、规模大的重金属污染耕地治理修复项目，因其所需资金量大、设备多、人员多、技术要求高，应选择专业化的监理企业，有利于监督监理工作全面、迅速展开，监督监理措施落到实处。在偏远山区的1个村范围内的治理修复项目，可根据实际情况在村“两委”、村务监督委员会、监督小组3种主体中选择一种，但无论选择哪一种，都要避免监督主体或监督主体成员与被监督的实施主体存在利益关联，以免影响监督效果。

（3）完善监督主体选择方法

大型重金属污染耕地治理修复项目监督主体一般应选择专业化的监理企业，监理企业的选择，应通过政府购买服务进行，为切实保障政府购买公共服务的高效率和公平性，可建立独立的政府购买服务第三方评审体系，将具有丰富评审经验、专业知识、运作良好的社会评估机构纳入到评审主体中，运用科学的评估体系和评估方法，评选出真正能胜任重金属污染耕地第三方治理监督监理任务的监督监理主体。

5. 充分调动农户等农地经营者参与监督的积极性

作为耕地的直接使用者，农户等农地经营者在重金属耕地污染修复项目中，处于较为被动的立场，参与积极性有待提高。而从长期来看，VIP+n 耕地修复技术的推广实施，采用“政府唱戏、群众看戏”的执行机制难以为继。目前，大量实践工作证明，要全面调动人民群众的参与积极性，采取网格化全覆盖监督模式是发现问题、确保效果的主要方式和有效手段。因此，要大力推进农户等农地经营者、集体经济组织和农村基层管理组织参与重金属耕地污染修复项目的实施，需将部分易于操作的技术措施实施方案与技术知情权、材料采购和实施技术参与权、治理效果监督权交给农户等农地经营者和农村基层管理组织，这有利于调动农户等农地经营者、集体经济组织和农村基层管理组织“自己事自己办、自己污染自己治”的积极性，为完成重金属耕地污染修复这项艰巨任务提供坚实保障。

6. 强化信息公开制度

公开项目实施相关信息，一方面能使项目接受社会各方的监督，在一定程度上保证项目实施过程中的公正性；另一方面能拉近政府与民众的距离，增强农户等土地经营者在项目监督过程中的主体意识，提高农户参与监督的积极性。

首先，由各市、县（市、区）、乡镇（街道）、村（社区）完成本级重金属耕地污染治理网格的建立、实施和运行，及时公开治理项目实施方案、工作监督细则、每项治理技术以及工作监督措施，严格按照网格化监管体系的工作流程，认真履行耕地重金属污染修复监管职责。其次，相关部门应及时对外公布第三方机构的相关监督评价结果，接受社会各界的评价与监督。对第三方监理机构存在重大遗漏和失误的，应结合企业信用公示平台加入异常经营名录，给予警告，直至淘汰、撤销资质；对涉及腐败问题的，应承担相应的法律责任。

参考文献

[1] 黄道友，朱奇宏，朱捍华，等. 重金属污染耕地农业安全利用研究进展与展望 [J]. 农业现代化研究，2018，39（6）：1030-1043.
[2] 吴鹏. 最高法院司法解释对生态修复制度的误解与矫正 [J]. 中国地质大学学报（社会科学版），2015，15（4）：46-52.
[3] 王建民，狄增如. “顶层设计” 的内涵、逻辑与方法 [J]. 改革，2013（8）：139-146.
[4] 蒋和平. 粮食安全与发展现代农业 [J]. 农业经济与管理，2016（1）：13-19.
[5] 刘东波，陈玉娟，张自强，等. 基于第三方监理组织的虚拟企业动态监督机制 [J]. 计算机集成制造系统，2009，15（10）：2073-2079.

第十一章　重金属污染耕地第三方治理绩效评价

一、绩效评价定义、目的、意义及相关理论

（一）绩效评价定义

“绩效”一词来源于管理学，单纯从字面意思分析，绩效包括成绩和效益两个含义，“绩”是成绩，“效”是效益。关于“绩效”的含义，目前学术界还未有统一的定义，但形成了以下 3 种观点：一是结果观，认为绩效是在特定时间及空间范围内，特定活动及行为产出的成果记录；二是行为观，认为绩效是个人或组织活动中与组织目标相关联、可实测的所作所为；三是行为结果观，综合考虑行为与结果，不但要考虑工作结果，还要考虑工作过程，即绩效是行为与结果的综合评价。笔者认为绩效包含行为和结果两个方面，并由此将绩效定义为：组织为了达到某种目标而采取的各种行为、这些行为产生的结果及目标达成后产生的各种影响。绩效的内涵主要表现为三方面：一为效果，即产出，表示目标达到的程度及成果取得的情况；二为效率，表示投入与产出之间的比率关系；三为效益，表示取得成果所产生的作用和影响。

在对绩效概念及内涵的界定与分析的基础上，笔者将绩效评价的概念界定为：依据预先确定的量化指标、评价方法、评价标准，对评价对象计划目标的实现程度及为实现这一目标所采取行为的效率和效益进行科学、客观、公正和全面的综合评判过程。

重金属污染耕地第三方治理绩效评价是指依据预先确定的量化指标、评价方法、评价标准，对第三方治理主体的重金属污染耕地治理修复计划目标的实现程度及为实现这一目标所采取行为的效率和效益进行科学、客观、公正和全面的综合评判过程。

（二）绩效评价目的

重金属污染耕地第三方治理绩效评价为政府对第三方主体实施治理修复进行考核和验收提供依据；为第三方主体对所属部门、分支机构、员工及合作实体进行绩效考评提供参考信息；为第三方治理实施主体反馈治理修复各项技术措施实施质量情况，分析其存在的问题及产生问题的原因，为其改进技术措施，优化工作推进方式，调整下年度治理修复实施方案提供参考，促进第三方治理取得更好效果，推进区域内重金属污染耕地治理修复向纵深发展，实现治理修复的既定目标。

（三）绩效评价意义

目前我国对于重金属污染耕地第三方治理的绩效评价研究正处于起步阶段，还有很大的研究空间。通过建立绩效评价指标体系，明确评价标准，构建绩效评价模型，既丰富国内相关领域的研究内容，从理论层面为重金属污染耕地第三方治理绩效评价提供参考，也对在全国范围内推行重金属污染耕地第三方治理具有重要意义。

1. 全面评价重金属污染耕地治理修复现状

绩效评价是将重金属污染耕地第三方治理项目实施全过程的管理活动作为基本评价对象，能够对重金属污染耕地第三方治理过程中的各项管理活动以及管理活动的结果进行评价分析，有助于决策者对重金属污染耕地第三方治理现状进行全面了解。

2. 有利于监督第三方治理实施主体的责任落实

重金属污染耕地第三方治理项目绩效评价内容涵盖第三方治理主体在政策执行、技术措施实施、内部监督管理、项目验收等方面工作的质量、效果、效益，有利于政府及社会公众对第三方治理实施主体的行为进行监督，提高其责任感，落实相关责任，促使其不断提高工作的质量和效率。

3. 有利于发现问题，进一步优化第三方治理实施方案

绩效评价要求在第三方治理项目实施过程中将实际效果与可行性研究和实施方案中要达到的项目预期效果加以客观比较。如果两者背离较大，则要分析背离的原因，从各个逻辑层次出发进行主客观因素分析，发现问题所在并在此基础上对存在的问题提出改进措施，以评促改，优化重金属污染耕地第三方治理实施方案，提升项目实施效果。

4. 为重金属污染耕地治理修复资金的合理分配提供依据

重金属污染耕地治理修复周期长、成本高、资金投入大。近年来，中央财政对重金属污染耕地治理修复的资金投入仍远低于污染耕地治理修复的需求量。同时，目前重金属污染耕地治理修复项目完全由政府财政推动，社会资本参与不足。因此，在现有资金投入量刚性约束下，如何在全国范围内进行高效、合理的资金分配，如何评价治理修复资金投入实现的效益，都是进一步优化重金属污染耕地治理修复工作所必须解决的问题。通过对不同地区重金属污染耕地第三方治理项目所取得的绩效进行分析评价，能够为专项资金在地区之间分配提供参考依据，有利于优化稀缺资源的分配，合理确定地区间重金属污染耕地治理修复的规模和国家重金属污染耕地治理修复投资的合理流向，协调地区和项目类型之间的重金属污染耕地治理修复投资关系。

（四）绩效评价相关理论

1. 委托代理理论

当经济和社会发展到一定的程度，资源的所有者不能够亲自参与其资源的管理活动时，就会通过委托代理关系将资源委托给代理人管理，受托人按照一定的规定和原则管理受托财产，并报告其履行过程和结果[1-2]。在我国，政府作为社会公众的受托人，既承担对国家财政的管理，也负有环境管理的义务，主要通过投入资金、制定相关激励政

策的方式治理和改善环境。为确定政府环境保护资金的有效使用和环境保护责任的有效落实，环境项目绩效评价应运而生。环境项目绩效评价是对政府受托环境责任的有效控制机制，也是环境管理系统的组成部分。

我国耕地污染形势严峻。为此，国家陆续出台了一系列法律法规和政策文件，死守“十八亿亩耕地红线”不放松，大力推进重金属污染耕地治理修复及保护项目实施。但是，重金属污染耕地治理修复的周期长，资金投入量大，中间环节多，政策信息不够通达，资金使用端点远，媒体公众监督力量弱，容易出现资金到位不及时、资金使用不合规、效率不高、效果显示慢等情况。在此背景下，应有第三方机构基于政府对重金属污染耕地治理修复资金管理和耕地污染治理的受托责任，按照相关规定对重金属污染耕地治理修复项目实施监督、评价工作，检查相关项目的运营是否遵守相关法规和政策，审查资金筹集和使用的合理性和规范性，并对污染耕地治理修复的效果和效益进行评价，及时公布重金属污染耕地治理修复项目绩效信息，减轻公众与政府之间的信息不对称，维护社会公众权益。

2. 新公共管理理论

新公共管理理论起源于 20 世纪 70 年代，最初是为解决英国政府预算严重赤字且政府效率低下的问题。新公共管理理论认为，政府在一定程度上可以看作是运营整个国家的企业，其与私人企业之间有共同之处。因此，其主张引入企业管理模式，以市场或顾客为导向，提高政府服务的效能，用成本-效益分析法来评估政府的工作绩效，并基于此提出了著名的 3E 理论（economy、efficiency、effectiveness，经济性、效率性和效果性）作为政府行政行为和提供公共服务效果的最终衡量标准。其中，经济性是指从事一项活动并使其达到合格质量的条件下资源耗费的最小化；效率性是指投入资源与产出成果之间的相关性；效果性是指目标的实现程度。

耕地污染是环境问题，也是经济问题，在某种程度上来说也是社会问题。重金属污染耕地治理修复项目的核心目标是通过资金投入推动耕地的治理修复工作，生产合格优质农产品，实现农业经济和农村生态环境的协调发展。所以对重金属污染耕地治理修复项目进行绩效评价，在关注项目资金使用的合法合规性的同时，更应关注重金属污染耕地治理修复的工作的效率性和项目实施效益，通过绩效评价的监督职能和评价职能，推动重金属污染耕地治理修复工作不断完善。

3. 可持续发展理论

可持续发展是指在资源有限的条件下，既可以满足当代社会经济发展的需求又不会对后代人满足其需求的能力造成不可逆的影响。我国资源短缺、生态环境受到一定程度污染，可持续发展战略有利于协调经济发展、社会发展和环境保护之间的关系，是环境治理领域的指导思想之一。

耕地是人类食物生产的物质基础。进行重金属污染耕地治理修复和实施耕地地力保护，是落实我国“藏粮于地、藏粮于技”战略，保障我国粮食安全，促进我国农业可持续发展的基础性措施，也是实现我国农村经济、社会、生态环境协调发展必要手段。因此，在重金属污染耕地第三方治理绩效评价中，应考虑重金属污染耕地治理修复的经济效益、社会效益和生态效益。

二、绩效评价主体及关键点

（一）绩效评价主体

重金属污染耕地治理修复属于公益性环境资源保护项目，项目资金主要来源于国家财政。政府是项目的主管单位，是重金属污染耕地治理修复专项资金的受托者，也是重金属污染耕地治理修复责任的受托者，政府需要对项目专项资金和项目实施效果进行管理和监督。因此，政府应当是重金属污染耕地治理修复绩效评价的责任主体。

同时，由于重金属污染耕地治理修复项目涉及环境、土壤、农业等多个专业领域，进行绩效评价需要耗费大量的人力资源以及各领域的专家进行协同合作。因此，重金属污染耕地治理修复项目的绩效评价可以形成以政府部门为领导核心，各领域专家组成的第三方评估组为专业支撑的评价团队。

（二）绩效评价关键点

1. 树立结果导向的绩效评价观念

不同于事前的评审和事中的检查、监督，绩效评价是一种事后评价，其虽包括对项目过程和结果的评价，但重点在最终的结果和效果。因此，对重金属污染耕地第三方治理进行绩效评价要观察和评价项目目标的最终实现程度，据此评价项目管理活动对于实现预期目标的有效性。同时，重金属污染耕地治理修复项目周期一般是两年以上，但作为重金属污染耕地的主要农作物，水稻的生产具有周期性特点，一般是以一年为周期。每年在水稻生产周期结束后进行一次阶段性评价，有利于动态性获取项目实施效果，及时发现问题，提出改进建议，从而促进第三方治理实施主体优化实施方案。

总的来说，在重金属污染耕地第三方治理项目的绩效评价中主要围绕项目目标的最终实现程度评价项目的绩效，并结合项目过程性指标评价结果，适时开展阶段性评价，及时总结经验和教训，为相关决策部门和第三方治理项目实施主体提供参考。

2. 合理确定绩效评价的时间

重金属污染耕地治理修复项目的实施周期较长，且项目的效益和作用不能在项目完工后立即完全充分发挥出来，一些问题也不是在项目完工后立马就可以暴露出来。因此，对于重金属污染耕地第三方治理项目的绩效评价，要选择恰当的评价时间，对项目实施效果进行跟踪式动态评价。同时，由于重金属污染耕地治理修复是采用的生产式修复方式，而农业生产具有季节性，因此绩效评价还要选择合适的时机，既要考虑避开农忙季节，又要在农作物收获之后，方便获取数据和资料。同时，由于需要检测生态环境方面的指标，宜选择在植物生长旺盛的季节进行现场考评。

3. 做好评价人员保障

重金属污染耕地治理修复项目具有综合性，绩效评价的专业性强，难度较大。因此，在绩效评价中要做到评价过程中对人和对物的准确评价。一方面要保证评价团队中每个参与人员的专业性，做到对项目涉及专业的全面覆盖；另一方面要规范现场评价和样品的检测流程，保障评价结果和评价过程的科学性。

4. 选取科学全面的评价指标和合理的评价方法

项目绩效评价包括效率、效果和效益 3 个方面，不同的评价指标适用的评价方法也不同。因此，在绩效评价指标的选取时，需要兼顾科学性和全面性，既要考虑项目实施方案制定、工作推进、资金使用等体现项目实施效率的过程性指标，也要考虑直接体现项目实施的效果和展现项目实施后效益的结果性指标，并根据指标的特点选择合适的评价方法。

三、评价内容、指标及标准

（一）评价内容

重金属污染耕地第三方治理绩效评价是对第三方治理主体的重金属污染耕地治理修复计划目标的实现程度及为实现这一目标所采取行为的效率和效益进行科学、客观、公正和全面的综合评判过程。重金属污染耕地第三方治理绩效评价的定义说明，绩效评价内容包括：目标的实现程度，即实施效果；为实现目标所采取的行为的效率和效益，包括政策落实、资金管理、实施效益等方面。

1. 实施效果

实施效果包括面积完成情况、技术措施到位情况、耕地质量改善情况、降低稻谷重金属含量及提高稻谷重金属含量达标率情况、土壤及稻谷重金属污染风险情况、对水稻产量的影响情况。

2. 政策落实

包括政策落实方案和政策落实行动情况。

3. 资金管理

包括资金管理的效率性、合法合规性以及经济性的情况。

4. 实施效益

包括社会效益、经济效益和生态效益 3 个方面。

（二）评价指标

1. 指标体系设计的原则

（1）科学性

所选取的指标在现实中应当是可以通过一定的计算和观察或者其他的科学方法得到

的，在不同的地区之间、不同的第三方治理实施主体之间应该有一个基本统一的标准来进行对比和评价。同时，绩效评价指标体系的构建最终目的是通过指标的设置来调控耕地污染对生态环境和社会环境的影响，因而所选指标必须是能够通过环境的特点和需要来理性调控，这样才能更好地在实际工作中应用。

（2）系统性

重金属污染耕地治理修复是一项系统性的工作，涉及多方利益主体、多渠道管理、多技术应用、多地域关联的问题。在重金属污染耕地第三方治理绩效评价指标体系的构建过程中，应该从整体的角度来选取指标，所选取的指标既要符合指标体系的整体目标，又要符合不同评价内容对应的分目标，保证指标之间和指标与指标体系之间的逻辑性，保持指标间的层次性和相关性。

（3）定性与非定性相结合

定性指标和定量指标各自反映的内容不同，互有所长，相互补充。第三方治理绩效评价指标体系中，绝大多数指标都能以可量化的定量指标出现，但有些指标缺乏明确的、可量化的评价标准，需要通过描述绩效评价对象反映评价结果，如政策落实方案与落实行动、资金管理的合法合规性、监督管理、安全生产等，这时就需要设置定性指标。同时，重金属污染耕地治理修复涉及社会、经济和生态三方面，而体现社会效益和生态效益的部分指标可能难以全部用定量指标衡量，而全部用定性指标又难以保证公平。因此要在相关性、系统性的原则下选定指标，将定性指标与定量指标相结合，多角度、多层次地选择指标，并尽量保证与国内相关法律法规、国际相关领域标准接轨，使得构建出的绩效评价指标体系能客观、公正地反映第三方治理项目实施的具体情况，增强说服力，确保绩效评价质量。

2. 评价指标的选取依据

（1）国家和地方政策文件

重金属污染耕地治理修复必须根据国家和地方政策而进行。因此，对重金属污染耕地第三方治理进行绩效评价，要依据国家和地方的政策。国家和地方政府相关政策文件举例如下：

《土壤污染防治行动计划》；

《关于贯彻落实〈土壤污染防治行动计划〉的实施意见》；

《农用地土壤环境管理办法（试行）》；

《土壤污染治理与修复成效技术评估指南（试行）》；

《探索实行耕地轮作休耕制度试点方案》；

《污染耕地土壤治理与修复试点示范项目实施方案编制指南》；

其他省市级政策文件。

（2）技术规范及标准

重金属污染耕地治理修复技术措施实施需严格按照相关技术规范及标准而进行，相关技术规范及标准也是评价重金属污染耕地第三方治理技术措施实施是否科学规范的依据。重金属污染耕地第三方治理绩效评价常用技术规范、标准举例如下：

《土壤环境监测技术规范》（HJ/T 166—2004）；

《农田土壤环境质量监测技术规范》（NY/T 395—2012）；
《耕地地力调查与质量评价技术规程》（NY/T 1634—2008）；
《农、畜、水产品污染监测技术规范》（NY/T 398—2000）；
《食品安全国家标准　食品中污染物限量》（GB 2762—2022）；
《地表水和污水监测技术规范》（HJ/T 91—2002）；
《地下水环境监测技术规范》（HJ/T 164—2020）；
《环境空气质量手工监测技术规范》（HJ/T 194—2017）；
《土壤环境质量　农用地土壤污染风险管控标准（试行）》（GB 15618—2018）；
《耕地质量等级》（GB/T 33469—2016）；
《农用地土壤环境质量类别划定技术指南》；
《环境空气质量标准》（GB 3095—2012）；
《地表水环境质量标准》（GB 3838—2002）；
《地下水质量标准》（GB/T 14848—2017）。

（3）检测监测结果

对第三方治理技术措施实施过程进行检测和监测的结果是对第三方治理效果进行评价的重要依据，如农产品、土壤、灌溉水、投入品受污染的检测结果，农作物生长、土壤含水量变化的监测结果等。

3. 评价指标体系

本章通过"投入-产出"逻辑框架，基于政策落实、资金管理、实施效果、实施效益 4 个维度，从目标层（零级指标）、准则层（一级指标）、次准则层（二级指标）、指标层（三级指标）4 个水平层次构建重金属污染耕地第三方治理绩效评价指标体系。

（1）目标层

目标层是评价和监督重金属污染耕地第三方治理情况，以提高重金属污染耕地第三方治理绩效为目标的指标，是重金属污染耕地第三方治理绩效评价指标体系的最终评价结果。该指标通过对其他层次各类具体指标由下到上的综合分析，综合反映重金属污染耕地第三方治理绩效实现情况。

（2）准则层

准则层反映了目标层指标的基本内容，是对绩效评价指标体系的功能划分。本文基于"投入-产出"逻辑框架，将准则层指标划分为四大要素，包括政策落实、资金管理、实施效果和实施效益。其中，政策落实反映重金属污染耕地第三方治理政策落实方案合理性程度以及政策执行的绩效评价；资金管理反映资金在项目实施过程中的推动作用以及围绕该项目资金管理使用的绩效评价；实施效果反映项目的完成情况和项目实施对环境的影响；实施效益则是反映项目在实施过程中和结束后，给包括国家、人民、社会组织等在内的社会组成部分带来的经济效益、社会效益和生态效益。

（3）次准则层

次准则层指标是对准则层指标的进一步划分。本章从政策落实、资金管理、实施效果和实施效益 4 个方面为出发点，结合新公共管理中的 3E 理论和可持续发展理论，分别针对 4 个方面的特点针对性展开评价。

①政策落实。

政策是第三方治理主体开展污染耕地治理修复的起点，对第三方主体政策落实的评价包括两方面。一方面是政策落实方案，即检查其是否制定了依据国家可持续发展战略、关于耕地污染治理大政方针以及当地政府对治理修复关于目标措施的具体要求的重金属污染耕地治理修复实施方案。具体包括：是否制定重金属污染耕地治理修复目标，目标是否符合国家可持续发展战略要求；目标是否可以衡量且具有可实现性；是否制定了具体措施和目标任务细化方案；采取的技术路线及技术措施是否符合政府要求；是否建立健全了保障和监督机制；是否能实现政策目标。另一方面是政策落实行动，即检查评价第三方主体是否建立了实现预期目标需要与政策相适应的、科学合理的执行机制，包括责任机制、监督机制、激励机制等；检查并评价为保障重金属污染耕地治理修复顺利进行，在组织、技术、公众参与等保障机制方面的落实程度；检查并评价耕地环境保护监管制度，包括对重金属污染耕地治理修复项目实施过程的监督和可能对耕地造成二次污染行为的环境监管；检查并评价安全生产落实情况。

②资金管理。

重金属污染耕地治理修复需要投入大量的资金，对第三方治理的绩效评价不能脱离资金绩效而独立存在。第三方治理资金是开展绩效评价的主要内容之一，也是绩效评价进入重金属污染耕地治理修复领域的重要动因。因此，重金属污染耕地治理修复的项目资金的绩效评价开展应当在兼顾资金使用“合法合规性”评价的同时，关注对被评价对象“经济性”“效率性”的评价，评价内容包括每年资金安排方案以及资金投入、资金发放、资金使用、资金管理、资金监管等。

③实施效果。

——面积完成情况。

评价重金属污染耕地第三方治理任务面积完成数量，完成面积与合同规定或与实施方案计划面积相符情况。

——技术措施到位情况。

评价重金属污染耕地第三方治理技术措施总体实施到位情况和各单项技术措施实施到位情况，包括 VIP+n 各项技术措施，主要有重金属低积累水稻品种种植、优化水分管理、石灰施用、土壤调理剂施用、叶面阻控剂施用、有机肥施用、深耕改土、种植绿肥等以及这些技术措施所涉及物资的品牌和实际用量与合同规定的一致性；技术措施实施的时间节点、实施方式、实施质量等与国家及省主管部门公布的相应的技术规程、实施方案要求的一致性。

——耕地质量改善情况。

主要是对治理修复耕地土壤的土壤酸碱度、土壤有机质、土壤有效态镉含量改善情况进行分析评价。

——稻谷重金属含量达标情况。

根据第三方实施主体和样品检测单位提供的作物样品检测结果，评价第三方治理实施主体所负责的区域实施技术措施对降低作物重金属含量的效果，降低作物重金属含量及达标率是否达到年度计划目标，项目结束时是否实现项目实施区域耕地治理修复规定目标。

——土壤和稻谷重金属污染风险评价。

评价耕地土壤镉、砷等重金属污染风险及污染风险变化，稻米镉、砷（无机砷）等重金属污染风险及污染风险变化。

——对水稻产量的影响评价。

评价实施重金属污染耕地治理修复技术措施对水稻产量的影响。

④实施效益。

实施效益是资源投入和资源管理更高层面的产出结果，它反映了重金属污染耕地第三方治理政策的落实和执行、重金属污染耕地治理修复资金管理、重金属污染耕地治理修复项目管理运行的综合治理效果，是绩效评价中效益性原则的集中体现。根据可持续发展理论，重金属污染耕地第三方治理实施效益要从社会效益、经济效益和生态效益 3 个方面来综合来评价。

——社会效益。

重金属污染耕地第三方治理的社会效益主要包括 4 个方面：一是为社会提供更多的优质农产品，缓解消费者忧虑，确保国家粮食安全；二是使农户“放心种放心收”，增加投入，提高产量和收益；三是在治理修复过程中推动重金属污染耕地治理修复行业标准化、规范化、产业化发展；四是在重金属污染耕地治理修复过程中，第三方治理实施主体与大户、农业龙头企业和农业社会化服务组织建立密切联系，针对各主体开展相关技术方法与补贴政策的讲座，提高公众对治理修复的政策认知与参与意愿。

——经济效益。

污染耕地治理修复改善了土壤质量，降低了产出农作物的有害物质含量，从经济学角度而言，重金属污染耕地治理修复的经济效益包括达标粮食的产出效益、节约不达标粮食的仓储成本以及减少的不达标粮食处置损失等，对项目区的农业经济发展具有一定的贡献性。

——生态效益。

生态效益是重金属污染耕地治理修复项目最直接的产出结果，通过对受污染耕地实施治理修复技术，降低耕地土壤中有机污染物和无机污染物含量或其污染活性，增加土壤养分含量、改善土壤理化性质，提高耕地的土壤环境质量，从而提高以耕地为核心的环境系统整体效益。

（4）指标层

①指标层确定。

指标层指标是评价指标体系的基本构成要素，是准则层指标和次准则层指标的具体体现。本章根据相关性、系统性、定性与定量相结合的原则，借鉴学术界对环境政策、环保资金的绩效中运用的评价指标和国家相关政策性文件的要求，并通过征求重金属污染耕地治理修复领域的专家意见和结合笔者在实际工作以及学习中所获取的经验，筛选了 25 个指标，具体指标及其选取依据如表 11-1 所示。

表 11-1　三级指标及其选取依据

一级指标	二级指标	三级指标	指标选取依据
A1 政策落实	B1 政策落实方案	C1 目标合理性	专家咨询意见
		C2 技术路线正确性	专家咨询意见
	B2 政策落实行动	C3 组织实施情况	淄博市审计局课题组[3]；蔡春等[4]
		C4 技术保障情况	第三方治理实施方案
		C5 监督管理、安全生产情况	蔡春等[4]
		C6 公众参与情况	张丛林等[5]
A2 资金管理	B3 效率性	C7 各项经济业务的结算进度	专家咨询意见
		C8 预算执行率	周冠军等[6]；江西省审计学会课题组[7]
	B4 合法合规性	C9 财务制度完善性	专家咨询意见
		C10 资金管理规范程度	刘达等[7]
	B5 经济性	C11 单位面积治理修复成本	审计署深圳特派办理论研究会课题组[8]
		C12 投入产出比	审计署深圳特派办理论研究会课题组[8]；吴霄霄等[9]
A3 实施效果	B6 完成情况	C13 面积完成率	第三方评估及效果评价方案
		C14 技术措施到位情况	第三方评估及效果评价方案
		C15 耕地质量改善情况	第三方评估及效果评价方案
		C16 作物降铬/镉/汞/砷/铅达标率	第三方评估及效果评价方案
		C17 水稻产量评价	第三方评估及效果评价方案
	B7 风险评价	C18 土壤重金属污染风险评价	第三方评估及效果评价方案
		C19 稻谷重金属污染风险评价	第三方评估及效果评价方案
A3 实施效益	B8 社会效益	C20 公众满意度	蔡春等[4]；杨录强[10]；和杰等[11]
		C21 为市场提供优质农产品	吴建[12]；龙力涛[13]
		C22 劳动就业效益	吴建[12]；龙力涛[13]
		C23 新型农业经营主体发展	吴建[12]；龙力涛[13]
	B9 经济效益	C24 农作物经济贡献率	吴建[12]；吴霄霄等[9]
	B10 生态效益	C25 耕地土壤环境质量改善情况	第三方评估及效果评价方案，主要评价耕地治理修复过程外源物质引入是否增加耕地重金属总量；耕地治理修复后重金属活性是否明显降低；耕地治理修复后是否达到安全生产农产品的要求

注：指标设置及设置数量可以根据第三方治理项目目标结合实际情况确定。

综上，本章结合重金属污染耕地治理修复实际，以“投入-产出”逻辑框架为基础，按照评价指标选取原则，遵循新公共管理理论和可持续发展理论，构建了重金属污染耕地治理修复环境绩效评价指标体系，包括4个一级指标、10个二级指标、25个三级指标，具体内容见表11-1。

②指标性质。

指标按性质可分为定性指标和定量指标2种，如表11-2所示。

表11-2　重金属污染耕地第三方治理绩效评价指标体系

目标层	准则层（一级指标）	次准则层（二级指标）	指标层（三级指标）	指标性质
重金属污染耕地治理修复环境绩效	A1 政策落实	B1 政策落实方案	C1 目标合理性	定性
			C2 技术路线正确性	定性
		B2 政策落实行动	C3 组织实施情况	定性
			C4 技术保障情况	定性
			C5 监督管理、安全生产情况	定性
			C6 公众参与情况	定性
	A2 资金管理	B3 效率性	C7 各项经济业务的结算进度	定量
			C8 预算执行率	定量
		B4 合法合规性	C9 财务制度完善性	定性
			C10 资金管理规范程度	定性
		B5 经济性	C11 单位面积治理修复成本	定量
			C12 投入产出比	定量
	A3 实施效果	B6 完成情况	C13 面积完成率	定量
			C14 技术措施到位情况	定性
			C15 耕地质量改善情况	定量
			C16 作物降铬/镉/汞/砷/铅达标率	定量
			C17 水稻产量评价	定量
		B7 风险评价	C18 土壤重金属污染风险评价	定量
			C19 稻谷重金属污染风险评价	定量
	A4 实施效益	B8 社会效益	C20 公众满意度	定性
			C21 为市场提供优质农产品	定性
			C22 劳动就业效益	定量
			C23 带动新型农业经营主体发展	定性
		B9 经济效益	C24 农作物经济增长情况	定量
		B10 生态效益	C25 耕地土壤环境质量改善情况	定性

定量指标是根据具体的数据计算而得，相对于定性指标更容易获取，也更容易进行衡量。但是，不同指标的数量级和量纲等属性不同，所以须进行无量纲化处理，使得指标间具有统一的比较标准，便于做下一步的计算分析。

定性指标是指不能用数据计算获取，需要通过文字描述反映评价结果的指标。绩效评价不同于传统的财务会计评价，其所关注的效率性、效益性指标难以全部通过确定的数值进行衡量，其相应指标的确定通常需要通过问卷调查、走访等方式获取相应原始资料，并根据相应的评价标准由专家打分进行评价。

（三）评价标准

1. 定量指标评价标准

可采取标杆评价法，即通过与每一指标对应的标准水平进行对比后，找出与标准水平之间的差距，衡量目前指标值的完成水平。具体而言，即先设定每一个指标的标准水平，并根据实际值与标准值之间比值作为指标评价值。

重金属污染耕地第三方治理采取计分制作为评价标准，标准水平为满分 100 分，不同完成水平对应不同的分数。定量指标评价标准如表 11-3 所示。

表 11-3　定量指标评价标准

指标名称	单位	评价标准
（1）各项经济业务的结算进度（C7）	%	≥90%，100 分；80%～90%（不含 90%），85 分；70%～80%（不含 80%），70 分；<70%，55 分
（2）预算执行率（C8）	%	≥90%，100 分；80%～90%（不含 90%），85 分；70%～80%（不含 80%），70 分；<70%，55 分
（3）单位面积治理修复成本（C11）	元/亩	与中标值一致，100 分；上下浮动 10%以内，85 分；上下浮动 10%～20%，70 分；上下浮动 20%～30%，55 分
（4）投入产出比（C12）	%	≤10%，100 分；10%～20%（不含 10%），85 分；20%～30%（不含 20%），70 分；≤70%，55 分
（5）面积完成率（C13）	%	100%完成，100 分；95%～100%（不含 100%），85 分；90%～95%（不含 95%），70 分；<90%，55 分
（6）耕地质量改善情况（C15）		土壤酸碱度、土壤有机质、土壤有效态镉含量分 100 分、85 分、70 分、55 分 4 个档次。土壤酸碱度：一、二、三、四等耕地，pH 6.0～8.0 为 100 分；五、六等耕地，pH 5.5～8.5 为 85 分，七、八等耕地，pH 4.5～6.5 和 pH 8.5～9.0 为 70 分；九、十等耕地，pH>9.0 和 pH<4.5 为 55 分。土壤有机质：一、二、三等耕地，≥24 克/千克为 100 分；四、五等耕地，18～40 克/千克为 85 分；六、七、八等耕地，10～30 克/千克为 70 分；九、十等耕地，<10 克/千克为 55 分。土壤有效态镉含量：一、二、三等耕地，低于本底值 5%为 100 分；四、五、六等耕地，低于本底值 1%～5%（不包含 5%）为 85 分；七、八等耕地，与本底值持平为 70 分；九、十等耕地，高于本底值为 55 分
（7）稻米铬/镉/汞/砷/铅达标率（C16）	%	达标率≥95%，100 分；95%>达标率≥90%，85 分；90%>达标率≥85%，70 分；达标率<85%，55 分
（8）稻谷产量评价（C17）	%	治理修复技术措施实施后产量≥当地平均产量，100 分；当地平均产量的 90%≤治理修复技术措施实施后产量<当地平均产量，85 分；当地平均产量的 80%≤治理修复技术措施实施后产量<当地平均产量的 90%，70 分；治理修复技术措施实施后产量<当地平均产量的 80%，55 分

（续表）

指标名称	单位	评价标准
（9）土壤重金属污染风险评价（C18）		分无污染风险、低污染风险、中污染风险、高污染风险、极高污染风险5个档次。风险低于本底值2个档次及以上，100分；风险低于本底值2个档次，90分；风险与本底值持平，80分；风险高于本底值1个档次，60分；风险高于本底值2个档次，0分
（10）稻谷重金属污染风险评价（C19）		分无污染风险、低污染风险、中污染风险、高污染风险、极高污染风险5个档次。风险值低于土壤风险值2个档次及以上，100分；风险值低于土壤风险值1个档次，90分；风险值等于土壤风险值，80分；风险值高于土壤风险值1个档次，60分；风险值高于土壤风险值2个档次及以上，0分
（11）劳动就业效益提升率（C22）	%	≥30%，100分；15%~30%（不含30%），85分；项目实施前数值0~15%（不含15%），70分；<项目实施前数值，55分
（12）农作物经济增长率（C24）	%	≥20%，100分；10%~20%（不含20%），85分；项目实施前数值0~10%（不含10%），70分；<项目实施前数值，55分

注：每一指标的标准值可以根据项目实施的目标结合实际情况设定。

2. 定性指标评价标准

（1）目标合理性（C1）

目标的合理性主要体现在耕地治理修复目标是否体现国家关于耕地保护的决策部署和政策规定，目标是否明确，实现程度是否可测量。分合理、较合理、一般、差4个档次，对应分数为合理100分、较合理85分、一般70分、差55分。

（2）技术路线正确性（C2）

技术路线正确性是指采取技术措施承包和由政府规定技术措施的采取效果承包的第三方主体所实施的技术措施和应用流程是否符合政府的要求，采取自主选择技术措施的第三方主体所实施的技术措施和应用流程是否符合相关技术规程的规定。分正确、较正确、一般、差4个档次，对应分数为正确100分、较正确85分、一般70分、差55分。

（3）组织实施情况（C3）

组织实施情况主要包括治理修复组织机构成立、责任分工、责任状签订、实施方案及发放、工作记录等情况。分好、较好、一般、差4个档次，对应分数为好100分、较好85分、一般70分、差55分。

（4）技术保障情况（C4）

技术保障情况是指技术人员到位、技术培训方案编制、技术培训资料编写与发放、技术培训班组织等落实情况。分好、较好、一般、差4个档次，对应分数为好100分、较好85分、一般70分、差55分。

（5）监督管理、安全生产情况（C5）

监督管理、安全生产情况是指是否建立全方位的监管管理体制，实现对重金属污染耕地治理修复过程的全过程监督；技术措施实施在安全方面是否符合技术规范要求；是有利于解决复杂难题及人员培养。缺点：组织结构复杂，纵横向协调工作量大，处理不当易产生矛盾。

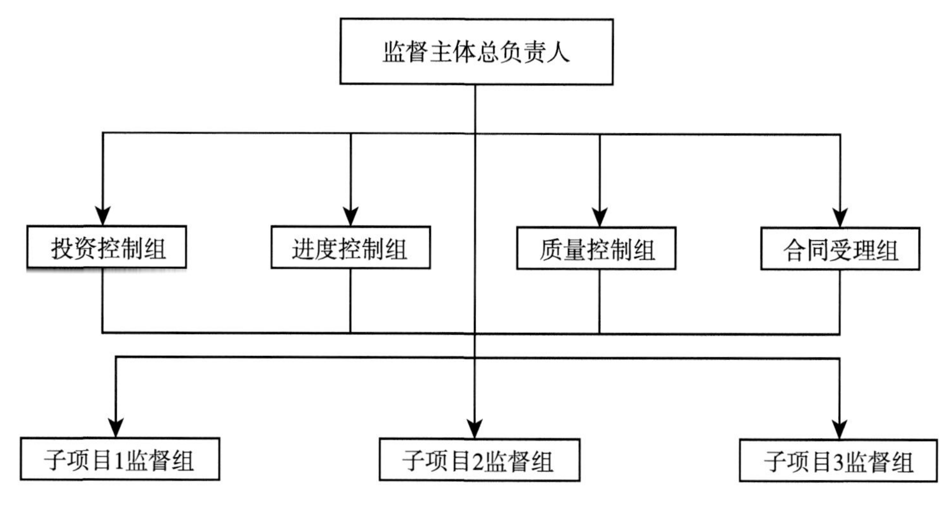

图 10-4 矩阵制监督组织形式

③主体组织形式适用性。

直线制监督组织形式适用性：适用于重金属污染耕地治理修复技术措施实施现场作业管理；适用于重金属污染耕地治理修复投资小、面积小、规模小的项目监督；适用于偏远山区、耕地分散地区。有利于减少成本，明确责任，信息快速传递。

矩阵制监督组织形式适用性：这种组织形式只适用于特大型项目，既有利于强化各子项目监督工作的责任制，又有利于监督工作总负责人对项目实施进行全局性的规划、组织和指导，同时有利于统一监督工作的要求促进监督工作的规范化。

（2）监理内容

第三方监理的监督内容依据重金属污染耕地治理修复项目的规定，每个项目会根据资金多少、项目要求、技术路径、目标等，选择符合本地实际情况的技术措施。以湖南省长株潭试点项目为例，其选择的是 VIP+n 技术模式，技术措施及要求如下。

第一，种植镉低积累水稻品种（V）：治理修复的田块是否种植了镉低积累水稻品种。

第二，优化水分管理（I）：灌溉水质必须符合有关规定要求；水稻全生育期实行淹水灌溉，水稻不同生育时期内田面水深及允许缺失时限为：返青分蘖期水深 4~5 厘米，允许缺水时限<2 天；分蘖末期至孕穗期水深 6~7 厘米，允许缺水时限<1 天；扬花期水深 5~6 厘米，允许缺水时限<1 天；灌浆期水深 4~5 厘米，允许缺水时限<1 天；乳熟期水深 3~4 厘米，允许缺水时限<1 天；蜡熟期及以后自然落干。抽穗前 7 天观测 1 次，抽穗至收割前 5 天观测 1 次。

第三，施用石灰（P）、土壤调理剂（n_1）、有机肥（n_2）和叶面阻控剂（n_3）等治理修复材料，监督产品质量是否符合合同要求，施用数量、施用时间及施工质量是否与项目主管部门制定的实施方案及有关部门颁发的技术规程及承包合同的规定相符。

（3）监理方式

重金属污染耕地治理修复第三方监理是新生事物，专业的第三方监理机构凤毛麟角，与重金属污染耕地治理修复市场需求相差甚远。在此背景下，进入重金属污染耕地治理修复第三方监理的专业机构，基本上都是从工程监理领域转入重金属污染耕地治理修复监理的企业和村"两委"、村务监督委员会及监督小组。工程监理企业和村"两委"、村务监督委员会及村监督小组对重金属污染耕地治理修复及其监理不熟悉，在开展重金属污染耕地治理修复监理中，可借鉴工程监理方法，根据污染耕地治理修复实际情况，在方法上进行创新。

一是在传统方法上创新。工程监理传统方法主要是旁站、巡查、工作联系单、整改通知以及周报日报制度等。在此基础上，充分发挥工程监理机构自身优势，运用先进网络技术等手段在监管方式进行创新。可充分发挥互联网在监理中的作用，利用企业的网络平台，对耕地修复技术措施落地进行监管，同时运用GPS、电子地图管理、每日远程工作会议以及水分相位测量尺等一系列新技术新方法，对技术措施的实施质量、效率进行有效监督，这一系列监督技术、方法的提升，相比于原来传统的方法，将大大提高监督效果和效率（表10-1）。

表10-1　传统方法与互联网技术监理比较

类别	方法	措施
传统方法	旁站	由监理员对每日施工地点进行旁站
	巡视	监理组长每日抽查监理员到位情况、记录情况等
	工作联系单	告知施工单位甲方要求
	整改通知	对施工单位问题现场下发整改通知单并上报甲方
	周报日报制度	每周提交监理报告
企业网络平台	企业网络平台	通过电子设备上传每日记录，及时发现问题
	GPS	各监理员配备定位仪
	电子地图管理	由电子地图记录施工及问题地点，留下监理痕迹
	每日远程工作会议	召开线上日会
	水分相位测量尺	巡视水分管理

二是细化治理修复技术措施各环节监理方法。VIP+n重金属污染耕地治理修复技术模式采用的技术措施多，根据这一特点和项目实施地区的实际情况，第三方监理组织要细化每项治理修复技术各实施环节的监理措施，每一环节严格控制，精益求精，确保监督真正到位。

三是种植镉低积累水稻品种。在种子接收过程中，第三方监理必须核对送货信息，分早、中、晚稻接收、核查，确认后签字、拍照、保留送货单。监督按生产片区和农民种植意愿，及时分发到农户。第三方监理协助县级项目主管部门加强对种子质量监管，及时把种子样品送达国家质检部门检测，以保证镉低积累水稻种子符合质量要求。

四是优化水分管理。监理人员积极巡查优化水分管理措施实施状况，一旦发现没有按照相关要求进行水分管理的情况，及时下发书面通知整改，确保优化水分管理措施实施到位，对拒不整改的企业，坚决按照政府采购合同进行处罚。

五是石灰、土壤调理剂、叶面阻控剂等修复产品施用。一是监督第三方实施主体是否向县级项目主管部门、政府监督督查机构、第三方监理机构报告耕地治理修复各项技术措施实施进度。二是监督各种治理修复产品数量。以整村为单元，以计税面积乘以该修复产品中标企业在招投标文书中承诺的每亩施用量，总量必须达标。中标企业每车修复产品到村，必须有第三方监理人员和村干部现场核实并签字。

4. “三位一体”监督体系的重要性

（1）确保监督体系更高效科学

一方面，“三位一体”监督体系的构建进一步理清了政府的职责，促进了政府角色和职能的转变，使其跳出了“自己监督自己”的局限，从而让监督体系更具科学性。另一方面，它促进了污染耕地治理修复工作高效推进，而且在推广应用中不断改进升级，使监督机制更具实用性。

（2）有利于加强组织领导、改善行政管理

“三位一体”监督体系下，项目有关各级政府采取各种形式对重金属污染耕地第三方治理进行监管，发挥了监督过程中政府的组织领导作用，保证了监督监管工作的顺利开展。将日常具体监督交给第三方监理组织承担，使得政府有更多的时间和精力去完善其他各项事务，为项目的下一阶段发展进行战略谋划，促进项目的可持续发展。

（3）有利于优化项目资金使用效益

将第三方监理模式引入项目监督体系，本质上是将市场力量引入公共服务项目。从专业化角度来说，是专业人做专业事，使得监督工作更专业，既优化了资源配置，也使得项目在监管上所配备资金的使用效益得到提高。

（四）强化过程监督

过程监督也称实时监督，是对项目实施的各个环节进行动态控制，以期获得项目实施过程的实时反馈，并根据反馈进行及时调整，从而确保监督工作的有效性。过程监督机制也是项目实施质量的关键。为确保能保量、优质完成修复项目监督任务，对第三方实施主体治理修复实施过程主要从质量监督、进度监督、验收监督 3 个环节严抓过程监督。

1. 质量监督

为达到质量要求所采取的技术和活动称为质量监督。这就是说，质量监督是为了通过监督质量形成过程，消除质量环节上所有不符合预期效果的因素。质量监督是过程监督的重要环节，也是决定项目最终实施效果的重要环节。

质量监督主要分技术措施实施前、实施过程中两个阶段进行。

（1）技术措施实施前：做好信息公开和施工准备工作的监督督查

一是做好信息公开的监督督查。信息公开，让公众了解修复项目基本情况，是广大公众参与监督的前提。第三方实施主体要利用宣传栏、墙报主动向村民公开耕地修复项目信息，包括实施地点、农户、面积，修复技术措施内容、方法、数量与质量要求，资金补偿标准等。一方面让村民了解耕地修复项目基本情况，监督项目实施；另一方面也起到宣传项目、营造项目实施氛围的作用。

二是做好对各项技术措施实施准备工作的监督督查。各级项目主管部门逐级下达项目实施和监督方案，并检查开工前准备工作的质量，保证正常施工及工程施工质量；对由政府负责采购的治理修复物资、设备，积极进行细化物资、设备、技术服务等分项安排，倒推监督时间，严格按照政府采购法以及政府有关部门关于规范耕地重金属污染修复产品和服务技术质量要求的指导意见，抓好统一采购、审计、审核等监督监理工作。同时，要求项目区基层政府及村、组做好供应商、村联络与衔接工作，督促监理各村收货人员做好原材料过磅、验收工作，检查原材料及设备到户到田情况。对于第三方治理企业提供相关修复物资的地区，各村组负责人以及第三方监理现场监督员在技术实施前对到田相关物资进行检测抽查和数量核对，监督相关物资的质量和数量是否符合合同标准。

（2）技术措施实施中：五法并举，强化现场监督

现场监督是监督治理修复技术措施实施的关键。在耕地修复技术措施实施质量现场监督中，根据重金属污染耕地治理修复的特点，探索创新监督方法，采取“GPS 定位+巡查+跟随+旁站+拍照、摄像”五法并举的现场监督方法。根据不同技术措施及实施方法特征，有针对性地采取不同现场监督方法，及时掌握技术措施实施质量、效果，发现问题及时采取改进优化措施。在技术措施落实过程中，主要监督、检查施工机械设备、材料、施工方法及工艺、操作及环境条件等是否处于良好的状态以及是否符合保证工程质量的要求，若发现有问题，及时指出并督促改进优化（表 10–2）。

表 10–2　污染耕地修复技术措施主要监督方式

耕地修复技术措施	主要监督方式
施用石灰	巡查+旁站+拍照、摄像
优化水分管理	巡查
施用叶面阻控剂	旁站+抽查+跟随+拍照、摄影
施用有机肥	旁站+抽查+拍照、摄像
施用土壤调理剂	旁站+抽查+拍照、摄像
种植绿肥	旁站+巡查
深耕改土	巡查+旁站

一是 GPS 定位。主要用于土壤和作物样品采集。按照样品采集规定，用 GPS 选点、定位，并设置参照物，便于以后找到原有点位采样。

二是巡查。巡查采取定期、不定期和连续不间断 3 种方式，对优化水分管理采取定期巡查方式，一般 3~5 天巡查 1 遍，对种植绿肥则采取不定期方式巡查，对深耕改土及施用生石灰、土壤调理剂、有机肥、叶面阻控剂等要在短期内集中实施的项目，采

取连续不间断巡查方法。巡查中若发现未达到技术要求的情况，立即通知相关单位或人员，责令其改进。

三是跟随。对无人机和机械撒施叶面阻控剂等流动性强的作业，采取跟随方式监督，及时发现问题及时纠正。

四是旁站。对深耕改土和人工施用石灰、土壤调理剂、有机肥等流动性小的作业，主要采用旁站方式监督，及时发现问题及时纠正。

五是拍照、摄像。运用拍照、摄像等先进手段，现场采集影音资料并上传现场资料到监督责任单位等方式及时掌握任务落实、工作进度、技术措施实施质量及效果等情况，并及时采取优化措施。在石灰、土壤调理剂、有机肥等施用时，使用无人机拍照、摄像，可以掌握大面积的措施实施情况，能及时发现问题，及时采取措施改进。拍照、摄像获取的信息也可为项目后期评估验收提供有效证明资料。

2. 进度监督

耕地重金属污染治理修复与农事活动结合进行，实施进度控制非常重要：在项目实施前，制订详细实施进度计划；项目实施过程中，随时检查计划的时间控制点，动态了解项目进度计划的实施情况，发现偏差及时调整。

（1）合理编制施工进度计划细则

结合农事农时规律和第三方实施主体技术措施实施方案，以年为单位编制技术措施实施进度监督计划，落实全年对各单项技术措施实施情况进行监督的时间节点（表 10-3），并要求项目区基层政府确定一名项目进度监督专员。严格要求技术措施实施主体按年计划时间节点提交各分项技术措施年进度计划，合理有序地安排劳动力、材料和机械设备调配，尽量避免出现时而窝工、时而又追赶时间进度的不科学安排。

表 10-3　各项修复技术实施进度监督计划安排

时间	内容
1—2 月	选择镉低积累水稻品种并采购
2—3 月	选择土壤调理剂、叶面阻控剂并开始采购；选择石灰并启动政府采购；选择深耕改土专业化企业；发放并指导种植早稻镉低积累水稻种子；明确相关措施技术要求，落实实施人员并开展技术培训
4—6 月	全面实施早稻修复优化水分管理、施用叶面阻控剂、施用土壤调理剂等技术措施；组织翻耕改土；开展修复措施的技术指导与监督
6—7 月	采集早稻土壤与稻谷样品；落实晚稻修复所需镉低积累水稻品种、土壤调理剂、叶面阻控剂等产品
8—10 月	采集晚稻土壤与稻谷样品，种植绿肥，参与实施主体其他分项技术措施实施情况的年度验收
11—12 月	总结本年度实施情况，制订来年计划

（2）加强进度计划实施的监督

项目主管部门依据年度技术措施实施进度监督计划，加强对年度技术措施实施进度监督计划的审核。对技术措施实施主体实施进度进行跟踪监督检查，在计划实施的过程中，建立反映工程进度情况的监理台账，并不定期报送技术措施实施进度情况；定期或不定期检查施工管理人员、操作人员到位情况；定期或不定期检查材料、设备到位情况，以确保工程的进度按计划实现。

3. 验收监督

项目验收，是核查项目计划规定范围内各项工作或活动是否已经全部完成，可交付成果是否令人满意，并将核查结果记录在验收文件中的一系列活动。通过项目验收判断项目实施是否合乎污染耕地修复的目标，验收是项目监督的重要保障。项目主管部门要特别重视项目验收，建立严格规范的项目验收制度，每项技术措施实施结束、每个区域修复任务完成，都要按规定进行验收。验收依据项目的原始章程和合法变更行为进行，对项目成果和之前全部活动过程进行审验。同时，建立治理修复工作奖惩机制，对领导高度重视、项目管理规范、实施效果好、验收合格的第三方实施主体予以表彰奖励；对领导重视不够、项目管理不规范、专业人员缺乏、项目实施效果不好、验收不合格的第三方实施主体，予以通报批评并限期改正，并对有关责任人进行问责；问题严重的，收回项目资金，依法依纪处理。

（五）强化采购监督

在物资采购上，严格按照政府采购法和政府有关规定，抓好统一采购审计审核等监督监理工作，把监督监理贯穿物资采购活动的全过程，是夯实技术措施高效落地的第一道防线。

1. 加强项目物资发放专项检查

对政府负责采购的治理修复物资，要对物资的发放过程进行全程监管、随机抽样检测，严格把关中标企业配送物资质量。重点强化项目实施物资在制订计划、价格咨询、签订合同、质量验收和结账付款 5 个环节的监督。对物资采购计划，主要审核采购计划的合理性和准确性；对物资价格，主要检查中标企业报价的合理性；对采购合同，主要审核其合法性和公平性；对物资质量验收，重点是监督检查实施物资验收过程是否降低标准，是否弄虚作假；对物资付款，重点是监督检查是否按程序、按合同履行。

2. 按照财政、监察、招标采购部门物资或技术服务合同规定的验收程序要求进行验收

项目物资采购单位纪检监察部门和同级财政、审计等部门强化对项目物资采购的监督检查，严格比对项目物资采购合同清单，现场逐一查验货物的数量、品牌、型号及技术参数。严格履行项目物资采购变更申报手续，对确有必要变更合同标的物资，及时向政府采购监督管理部门履行申报手续，经批准后方可依法依规变更；加强对验收小组成员的责任考核，失职采购人员由纪委监察部门严肃处理；对项目物资采购专家成员，禁止其再参与政府采购项目的评审或验收工作；加强对供应商的诚信考核，严格结合企业信用公示平台，对项目物资采购中违规企业曝光进入企业经营异常名录，并依法依规做出处罚，禁止其再参与项目物资采购。

（六）强化资金监督

1. 专账管理，封闭运行

为确保专项经费、资金的专款专用，项目区在财政部门设立修复资金专门账户，单独管理、单独核算。事前依据施工合同的有关条款，对造价对策、目标进行风险预测，并采取相应的防范措施。事中监督技术措施第三方实施主体遵守实施方案及合同规定情况，严格签证。涉及项目的物资购入、资金补偿、奖励等支出必须由监督部门核实，并经监督对象核实后签字。事后认真审核第三方实施主体提交的项目结算书，并对年度各专项资金使用情况的绩效进行专业评估，不断提高治理修复资金管理水平与使用效益，防范和化解治理修复资金管理、使用过程中的潜在风险。

2. 对应补损，直接拨付

省级项目由省财政厅将效益风险补损资金拨付到各县（市、区）财政局，县（市、区）财政部门按规定方式和程序，将补损资金通过一卡通直接支付到各项技术措施实施主体（生产经营单位或农户）的相关账户，并张榜公示。同时，省农业主管部门同省财政厅采取现场调查、随机抽查和走访补损对象等方式，对补损资金的合理有效性和真实发放情况进行监督管理。任何单位和个人不得虚报冒领、挤占、挪用，违者按照《财政违法行为处罚条例》等国家有关规定追究责任，触犯刑法的，移交司法机关处理。

3. 加强考评，强化监督

项目资金的使用管理实行公示制，各市、县（市、区）、乡镇（街道）、村（社区）采取适当的形式，将治理修复技术措施实施情况、资金使用以及酬劳等情况及时向群众张榜公示，接受社会和群众监督。各级财政部门建立健全项目管理和资金使用情况统计报告制度，按照要求定期上报项目进展和资金支付进度。各级财政建立绩效考评制度，将项目建设的组织管理、建设进度、实施质量、资金投入、资金使用和监管等因素纳入考评范围。考评结果作为下一年度分配资金的重要因素。同时，在资金管理、检查验收等方面落实“痕迹化管理”。

（七）加强组织建设

加强重金属污染耕地治理修复项目监督的组织建设，是项目监督及治理修复工作高效运转的重要内容。

省级重金属污染耕地治理修复项目要在省市县各级成立监督督查领导小组和工作组。其中，省级政府成立耕地重金属污染治理修复领导小组，由分管副省长任组长，并在省项目主管部门设立办公室，再由领导小组办公室根据监督督查内容组织省农业、财政、国土等成员单位组成监督督查组，对某项具体内容进行专项监督；市级政府设立监督督查小组，实行政府主管领导负责制，由市级政府督查室牵头对项目进行专项督查管理，并将责任落实到单位、个人，通过项目实施进度、质量月报告、季调度等方式，重点对责任落实、技术落地、物资采购及发放、工作日志及台账记录、资金管理使用等情况进行检查审阅。在项目地区构建“1+1+1”的监督督查模式，即受县（市、区）人民政府委托，县（市、区）项目主管部门牵头负责，由1名县（市、区）农业技术人员、1名乡镇主管领导、1名村干部组成监理小组，县（市、区）农业技术人员为组长，以乡镇为单位进行监理，以村组为单元建立监理台账，每个组负责2~3个乡镇或2~3个第三方实施主体的监督督查。

在技术指导和督查上，省级项目由省耕地重金属污染治理修复领导小组办公室组织本省大专院校、科研院所有关专家组成技术督查组，负责对全省项目区第三方实施主体技术措施实施情况督查。同时，各县（市、区）也针对各项修复技术措施实施成立专项督查组。

（八）注重人员培训

对第三方实施主体是否进行培训是项目能否按照实施方案稳健进行的重要因素。一方面，项目实施主体相关人员的素质高低是影响项目是否能顺利进行的关键，有计划地对相关人员进行培训，提升其相关专业素质，为项目的顺利实施提供人力资源保障；另一方面，培训加强了各实施主体对于项目的了解，能在一定程度上增强其对项目的参与意愿，特别是对于普通农户来说，大部分农户知识水平较低，对于新农业技术的采用意愿很大程度上受到其对于技术的感知有用性和感知易用性影响，充分的培训能增强其对于项目的认同感，从而提升参与意愿。人员培训主要从以下3个方面进行。

1. 不断扩大培训项目主体范围

培训对象除了第三方实施主体人员，还应包括各级政府部门、农业、农技推广、粮食、经作、水利等部门参与监督工作的有关人员和试点区域乡镇村组干部、大户和生产农户。

2. 重点开展五项内容培训

培训内容包括：重金属污染耕地修复的实施方案；修复技术的原理、操作规程、注意事项；各种设备、工具使用操作方法；台账、日志及监督工作的各种表格、记录的填写要求；资料整理、归档办法及要求；等等。

3. 营造项目实施氛围

各乡镇街道、村、组层层召开会议，出动宣传车、拉设横幅、发放资料、宣传册等方式进行宣传，使农户提高认识，把握政策，了解VIP+*n*技术措施落地及修复效果的基本要求，充分认识重金属污染耕地修复的重要性，避免引起恐慌和误解，并增强监督的积极性和能力。

三、监督机制构建的障碍

1. 监管制度不完善，没有形成一套专门的监管制度

目前的监督制度中存在主体界定不清晰、制度规定不具体的问题。一方面，政府在项目实施过程中与第三方治理实施主体的关系界定不清晰，职责不明确，政府是项目监

否达到安全生产要求。分好、较好、一般、差 4 个档次，对应分数为好 100 分、较好 85 分、一般 70 分、差 55 分。

（6）公众参与情况（C6）

公众参与情况是指村组干部、农业经营合作组织、家庭农场、农户以及社会民众在政策制定、实施方案、技术措施采用、项目监督管理、评价、治理修复实施过程中的参与度和话语权情况。分好、较好、一般、差 4 个档次，对应分数为好 100 分、较好 85 分、一般 70 分、差 55 分。

（7）财务制度完善情况（C9）

财务制度完善情况包括财务原始凭证管理及填报制度、定额管理制度、计量验收制度、财产物资管理及清查盘点制度、价格管理制度、财务预算制度和财务分析制度是否完善，内部职责权限是否明确、财务资料的真实、合法及完整性。分完善、较完善、一般、差 4 个档次，对应分数为完善 100 分、较完善 85 分、一般 70 分、差 55 分。

（8）资金管理规范程度（C10）

资金管理规范程度包括资金使用流程规范性和台账记录规范性。分规范、较规范、一般、差 4 个档次，对应分数为规范 100 分、较规范 85 分、一般 70 分、差 55 分。

（9）技术措施到位情况（C14）

技术措施到位情况是指第三方治理技术措施总体实施到位情况和各单项技术措施实施到位情况，包括：所需各种材料、物资的来源、种子品质、实际用量等与合同规定或与实施方案的一致性；技术措施实施的时间节点、实施方式、实施质量等与国家及省主管部门公布的相应的技术规程、合同规定或与实施方案要求的一致性。分好、较好、一般、差 4 个档次，对应分数为好 100 分、较好 85 分、一般 70 分、差 55 分。

（10）公众满意度（C20）

社会公众包括项目实施地区的农户居民和非农户居民。公众满意度主要是衡量社会公众对治理修复项目实施的流程是否科学、项目执行负责人是否认真负责、项目实施效果等方面的认可程度。分高、较高、一般、差 4 个档次，对应分数为高 100 分、较高 85 分、一般 70 分、差 55 分。

（11）为市场提供优质农产品（C21）

主要体现为项目是否带动与重金属污染耕地治理修复有关的社会组织参与重金属污染耕地治理修复，促进重金属污染耕地治理修复产业规范化、产业化发展。分大幅增加、增加较多、持平、减少 4 个档次，对应分数为大幅增加 100 分、增加较多 85 分、持平 70 分、减少 55 分。

（12）带动新型农业经营主体发展（C23）

主要体现为是否促进家庭农场、大户、农业龙头企业和农业社会化服务组织等的农业先进生产力发展。分大幅增加、增加较多、持平、减少 4 个档次，对应分数为大幅增加 100 分、增加较多 85 分、持平 70 分、减少 55 分。

（13）耕地土壤环境质量改善情况（C25）

主要体现在耕地治理修复过程中外源物质引入是否增加耕地重金属总量，形成二次污染。分好、较好、一般、差 4 个档次，对应分数为好 100 分、较好 85 分、一般 70 分、差 55 分。

四、评价方法与评价流程

（一）定量指标评价方法

1. 各项经济业务结算进度（C7）

先通过财务资料核实实际结算数额，再计算结算进度，计算公式为：资金结算进度（%）= 实际结算资金数额（元）/应结算资金总额（元）×100。

2. 预算执行率（C8）

先通过财务资料核实预算执行实际数额，再计算预算执行率，计算公式为：预算执行率（%）= 年终实际支出金额（元）/［年初预算数额（元）+年中预算调整数（元）］×100。

3. 单位面积治理修复成本（C11）

单位面积治理修复成本（元）= 重金属污染耕地第三方治理总金额（元）/总面积（亩）。

4. 投入产出比（C12）

投入产出比（%）= 总资金投入（元）/农作物产值（元）×100。

5. 面积完成率（C13）

重金属污染耕地第三方治理面积完成率是指第三方主体年度完成治理修复的面积占合同或实施方案要求的面积任务目标的比例。面积核实方法如下。

（1）资料核实

根据第三方主体提供重金属污染耕地治理修复实施区域图、实施面积明细表（有农户、村、组签字）、政府有关部门监管台账或第三方监理台账、各阶段现场照片等有关资料分析核实实际完成面积。

（2）现场核实

采取随机抽样法抽取样本，运用 GPS 定位、实地丈量方法，根据实施区域图和实施面积明细表，现场测量、核实实施面积。

（3）走访村组干部和农民

采取随机抽样法抽取样本（在实施面积明细表上的农户中随机抽取），走访村组干部和农民，了解核实第三方主体治理修复实施实际面积。

面积完成率计算公式为

$$A\ (\%) = \frac{B \times C}{D} \times 100 \tag{11-1}$$

式中，A 表示重金属污染耕地第三方治理实施面积完成率；B 表示第三方主体上报完成面积；C 表示抽样符合率；D 表示合同或实施方案规定面积。

6. 耕地质量改善情况（C15）

参照农业部颁发的《耕地质量等级》（GB/T 33469—2016）标准，耕地质量分 10 个等级，耕地质量改善情况分 4 个档次。土壤酸碱度：一、二、三、四等耕地，pH 6.0~8.0 为好；五、六等耕地，pH 5.5~8.5 为较好；七、八等耕地，pH 4.5~6.5 和 pH 8.5~9.0 为一般；九、十等耕地，pH>9.0 和 pH<4.5 为差。土壤有机质：一、二、三等耕地，≥24 克/千克为好；四、五等耕地，18~40 克/千克为较好；六、七、八等耕地，10~30 克/千克为一般；九、十等耕地，<10 克/千克为差。土壤有效态镉含量：一、二、三等耕地，低于本底值 5%为好；四、五、六等耕地，低于本底值 1%~5%（不包含 5%）为较好；七、八等耕地，与本底值持平为一般；九、十等耕地，高于本底值为差。

7. 对降低作物重金属含量达标率的效果评价（C16）

评估重金属污染第三方治理实施方案规定的降低农产品重金属含量目标值、农产品重金属含量达标率、农产品重金属含量达标提高率等是否完成。

评价依据样品检测结果进行。

达标率计算公式为：达标率（%）= 农产品检测合格率/计划目标合格率×100。

达标提高率计算公式为：达标提高率=（本年度农产品检测合格率-上一年度农产品检测合格率）/上一年度农产品检测合格率。

8. 水稻产量评价（C17）

以第三方治理实施区域内农户为统计对象，计算当年亩产量（千克/亩）。此方法需避免将未进行治理修复的农户计算进来，保证数据准确。

①计算实施区域内当年亩产量：

$$\text{实施区域内当年亩产量} = \frac{\sum_{i=1}^{n} Y_i}{n} \tag{11-2}$$

式中，Y_i 表示实施区域内第 i 个农户的当年稻谷总产量；n 表示实施总面积。

②计算第三方治理实施区域以外周边当年稻谷平均产量：

$$\text{实施区域以外当年亩产量} = \frac{\sum_{i=1}^{n} Y_i}{n} \tag{11-3}$$

式中，Y_i 表示实施区域以外第 i 个农户的当年稻谷总产量（计算范围以村/镇/县为单位，根据项目实施具体情况而定）；n 表示实施区域以外总面积。

③比较第三方治理实施区域内当年亩产量与当地平均产量。

9. 土壤重金属污染风险评价（C18）

依据《土壤环境质量　农用地土壤污染风险管控标准（试行）》（GB 15618—2018），结合笔者多年研究的成果，以土壤重金属含量和 pH 值作为评价指标，划分不同 pH 值所对应的可能引起稻米超标的土壤重金属含量（全量）值的耕地土壤重金属污染风险等级。耕地土壤镉、砷、铅、汞、铬污染风险等级划分方法如表 11-4~表 11-8 所示。

表 11-4　不同土壤 pH 值下稻田污染风险的土壤镉含量临界值　单位：毫克/千克

风险级别	pH<5.5	pH 5.5~6.5	pH 6.5~7.5	pH>7.5
无风险$_{\text{I}}$	<0.2	<0.3	<0.4	<0.6
低风险$_{\text{II}}$	0.2~0.3	0.3~0.4	0.4~0.6	0.6~0.8
中风险$_{\text{III}}$	0.3~0.9	0.4~1.2	0.6~1.8	0.8~2.4
高风险$_{\text{IV}}$	0.9~1.5	1.2~2.0	1.8~3.0	2.4~4.0
极高风险$_{\text{V}}$	>1.5	>2.0	>3.0	>4.0

表 11-5　不同土壤 pH 值下稻田污染风险的土壤砷含量临界值　单位：毫克/千克

风险级别	pH<5.5	pH 5.5~6.5	pH 6.5~7.5	pH>7.5
无风险$_{\text{I}}$	<15	<15	<10	<10
低风险$_{\text{II}}$	15~30	15~30	10~25	10~20
中风险$_{\text{III}}$	30~110	30~90	25~70	20~60
高风险$_{\text{IV}}$	110~200	90~150	70~120	60~100
极高风险$_{\text{V}}$	>200	>150	>120	>100

表 11-6　不同土壤 pH 值下稻田污染风险的土壤铅含量临界值　单位：毫克/千克

风险级别	pH<5.5	pH 5.5~6.5	pH 6.5~7.5	pH>7.5
无风险$_{\text{I}}$	<40	<50	<70	<120
低风险$_{\text{II}}$	40~80	50~100	70~140	120~240
中风险$_{\text{III}}$	80~240	100~300	140~420	240~620
高风险$_{\text{IV}}$	240~400	300~500	420~700	620~1000
极高风险$_{\text{V}}$	>400	>500	>700	>1 000

表 11-7　不同土壤 pH 值下稻田污染风险的土壤汞含量临界值　单位：毫克/千克

风险级别	pH<5.5	pH 5.5~6.5	pH 6.5~7.5	pH>7.5
无风险$_{\text{I}}$	<0.3	<0.3	<0.4	<0.7
低风险$_{\text{II}}$	0.3~0.5	0.3~0.5	0.4~0.6	0.7~1.0
中风险$_{\text{III}}$	0.5~1.2	0.5~1.5	0.6~2.3	1.0~3.5
高风险$_{\text{IV}}$	1.2~2.0	1.5~2.5	2.3~4.0	3.5~6.0
极高风险$_{\text{V}}$	>2.0	>2.5	>4.0	>6.0

表 11-8　不同土壤 pH 值下稻田污染风险的土壤铬含量临界值　单位：毫克/千克

风险级别	pH<5.5	pH 5.5~6.5	pH 6.5~7.5	pH>7.5
无风险$_{Ⅰ}$	<100	<100	<150	<150
低风险$_{Ⅱ}$	100~250	100~250	150~300	150~350
中风险$_{Ⅲ}$	250~500	250~550	300~650	350~800
高风险$_{Ⅳ}$	500~800	550~850	650~1 000	800~1 300
极高风险$_{Ⅴ}$	>800	>850	>1 000	>1 300

10. 稻谷重金属污染风险评价（C19）

以重金属污染耕地第三方治理项目区域内耕地土壤污染现状监测结果为风险预警依据，以区域内农作物重金属（Cd、As、Pb、Hg、Cr）超标指数平均值和标准误为评价目标，依据国家农作物质量标准为预警标准。

第一步，确定农作物重金属污染指数（E_i）：

$$E_i = \frac{A_i}{S'_i} \tag{11-4}$$

式中，E_i表示协同监测的农产品中重金属 i 的单因子指数；A_i表示协同监测的农产品中重金属 i 的实测浓度；S'_i 表示农产品中重金属 i 的限量标准值。

第二步，确定农作物重金属污染指数平均值：

$$\overline{E_i} = \frac{(E_{i1} + E_{i2} + \cdots + E_{in})}{n} \tag{11-5}$$

式中，$\overline{E_i}$ 表示农作物各重金属污染指数平均值；E_{i1}、E_{i2}、E_{in}表示监测区域内第 1、第 2、第 n 个采样单元的农作物重金属污染指数；n 表示采样单位个数。

第三步，确定农作物重金属污染指数标准差（Sd）和标准误（Se）：

$$Sd = \sqrt{\frac{(E_{i1} - \overline{E_i})^2 + (E_{i2} - \overline{E_i})^2 + \cdots + (E_{in} - \overline{E_i})^2}{n}} \tag{11-6}$$

式中，$\overline{E_i}$ 表示农作物各重金属污染指数平均值；E_{i1}、E_{i2}、E_{in}为监测区域内第 1、第 2、第 n 个采样单元的农作物重金属污染指数；n 表示采样单位个数。

$$Se = \frac{Sd}{\sqrt{n}} \tag{11-7}$$

式中，Sd 表示监测区域内不同采样单元农作物重金属污染指数的标准差；Se 表示监测区域内不同采样单元农作物重金属污染指数的标准误。

第四步，对耕地重金属污染风险采取农作物重金属污染指数进行分级，以平均值与其区域内各监测单元的标准误的 2 倍为评判值：

$$Q_{综合} = \overline{E_i} + 2Se \tag{11-8}$$

式中，$Q_{综合}$表示污染指数；$\overline{E_i}$ 表示农作物各重金属污染指数平均值；Se 表示监测区域内不同采样单元农作物重金属污染指数的标准误。

农作物重金属污染风险评价结果对存在超标风险的重金属元素均进行标识。具体风险预警分级如表 11-9 所示。

表 11-9　农作物重金属污染风险分级

指标	无风险	低风险	中风险	高风险	极高风险
$Q_{综合}$	<0.7	0.7~1.2	1.2~1.7	1.7~2.2	>2.2

在稻米存在污染风险的前提下，如果土壤中各重金属含量低于表 11-4 至表 11-8 临界值，说明该区域不存在土壤重金属污染风险，而可能存在非土壤污染风险，包括农田生产管理风险和农田污染源风险，进一步评价污染源风险和农田生产管理风险。

如果土壤超过表 11-4 至表 11-8 的临界值，说明该区域农田存在土壤内源污染风险，需要根据土壤污染程度采取相关的调理、修复或改制非食用农作物等措施，以确保稻米质量安全。

11. 劳动就业效益增长率（C22）

劳动就业效益增长率（%）=（项目实施之后活劳动消耗量所创造的实际收益-项目实施之前活劳动消耗量所创造的实际收益）/项目实施之前活劳动消耗量所创造的实际收益×100。

12. 农作物经济增长率（C24）

农作物经济增长率（%）=（项目实施之后农作物收入-项目实施之前农作物收入）/项目实施之前农作物收入。

（二）定性指标评价方法

1. 目标合理性（C1）

主要评价耕地治理修复目标是否体现国家关于耕地保护的决策部署和政策规定，目标是否明确，实现程度是否可测量。在评价过程中，利用德尔菲法，由专家根据上述信息对目标合理性进行打分，满分为 100 分。

2. 技术路线正确性（C2）

评价采取技术措施承包和由政府规定技术措施的采取效果承包的第三方主体所实施的技术措施和应用流程是否符合政府的要求，采取自主选择的技术措施的第三方主体所实施的技术措施及应用流程是否符合相关技术规程的规定。在评价过程中，利用德尔菲法，由专家根据上述信息对技术路线正确性进行打分，满分为 100 分。

3. 组织实施情况（C3）

评价内容主要包括治理修复组织机构成立、责任分工、责任状签订、实施方案及发放、工作记录等情况。在评价过程中，利用德尔菲法，由专家根据上述信息对组织实施情况进行打分，满分为 100 分。

4. 技术保障情况（C4）

评价内容主要有技术人员到位、技术培训方案编制、技术培训资料编写与发放、技术培训班组织等落实情况。在评价过程中，利用德尔菲法，由专家根据上述信息对技术保障情况进行打分，满分为 100 分。

5. 监督管理、安全生产情况（C5）

评价是否建立全方位的监管管理体制，实现对重金属污染耕地治理修复过程的全过程监督；评价技术措施实施在安全方面是否符合技术规范要求。是否达到安全生产要求。在评价过程中，利用德尔菲法，由专家根据上述信息对监督管理、安全生产情况进行打分，满分为 100 分。

6. 公众参与情况（C6）

评价村组干部、农业经营合作组织、家庭农场、农户以及社会民众在政策制定、实施方案、技术措施采用、项目监督管理、评价、治理修复实施过程中的参与度和话语权情况。实施方法：对项目实施区域公众进行问卷调查，根据公众对上述问题的评价分 4 个档次打分，满分 100 分。

7. 财务制度完善性（C9）

评价原始记录管理及填报制度、定额管理制度、计量验收制度、财产物资管理及清查盘点制度、价格管理制度、财务预算制度和财务分析制度是否完善，内部职责权限是否明确、财务资料的真实、合法及完整性。利用德尔菲法，由专家根据上述信息对财务制度完善性进行打分，90 分以上为优秀，80~90 分为良好，70~80 分为合格，70 分以下为差。

8. 资金管理规范程度（C10）

评价资金使用流程规范性、台账记录规范性。利用德尔菲法，由专家根据上述信息对资金管理规范程度进行打分，满分 100 分。

9. 技术措施到位情况（C14）

技术措施到位情况即措施实施质量，实施质量评价包括单项技术措施实施质量评价和多项技术措施实施质量综合评价。

（1）单项技术措施实施质量评价方法

单项技术措施实施质量评价采用评分方法，包括自评和他评，满分为 100 分。通过求取自评和他评的权重值并求取质量得分，表现实施区域或实施主体单项技术措施实施的质量。

（2）多项技术措施实施质量综合评价方法

第一步：用德尔菲法确定面积到位率、实施时效、实施质量 3 个评价因子的权重。

第二步：利用加权合成法求取多项技术的综合得分，公式如下：

$$X = \sum_{i=1}^{n} X_i \times W_i \tag{11-9}$$

式中，X 表示综合评分值；X_i 表示单个指标评价值；W_i 表示指标权重；n 表示个数。

10. 公众满意度（C20）

评价社会公众对第三方主体治理修复项目实施的流程是否科学、项目执行负责人是否认真负责、项目实施效果等方面的认可程度。实施方法：对项目实施区域公众进行问卷调查，根据公众对上述问题的评价分 4 个档次打分，满分 100 分。

11. 为市场提供优质农产品（C21）

评价第三方治理实施主体生产稻谷重金属含量达标情况，控制超标稻谷流入生产情况。利用德尔菲法，由专家根据上述信息对为市场提供优质农产品情况进行打分，满分 100 分。

12. 带动新型农业经营主体发展（C23）

评价第三方治理项目是否促进家庭农场、大户、农业龙头企业和农业社会化服务组织等的农业先进生产力发展。评价方法：利用德尔菲法，由专家根据上述信息对带动新型农业经营主体发展进行打分，满分 100 分。

13. 耕地土壤环境质量改善情况（C25）

主要评价在耕地治理修复过程中外源物质引入是否增加耕地重金属总量，形成二次污染。评价方法：利用德尔菲法，由专家根据引入的外源物质、土壤、稻米检测结果等信息对耕地土壤环境质量改善情况进行打分，满分 100 分。

（三）评定第三方治理绩效评价结果

重金属污染耕地第三方治理绩效评价的结果分优秀、良好、合格、不合格 4 个档次，步骤如下。

1. 对每项任务指标完成情况进行评分

首先对每项任务指标完成情况评定原始分（满分 100 分），再按原始分乘以该项任务指标的权重得到该项任务的最终分数。

（1）确定指标权重

①指标权重确定方法。

目前确定指标权重的方法主要有层次分析法、熵值法和因子分析法（表 11-10）。

表 11-10　指标权重确定方法

权重计算方法	计算原理			适用性
	数据信息大小	数据间相关关系	其他	
层次分析法	√	—	主观赋权，专家打分	适用于对多个层次指标计算权重，专家打分赋权有一定的主观性
熵值法	—	—	熵值，信息量大小	适用于对指标较多的底层方案层指标计算权重。但对样本的依赖性较大，随着样本数据的变化，权重会有一定的波动，适合与专家打分法结合使用

（续表）

权重计算方法	计算原理			适用性
	数据信息大小	数据间相关关系	其他	
因子分析法	—	√	信息浓缩	适用于评价指标较多时，降维能得到具有可解释性的因子权重，也可单独得到各指标权重，但需要大量的样本数据

注：“√”表示适用该计算原理，“—”表示不适用该计算原理。

——层次分析法。

层次分析法（AHP）由美国运筹学教授萨蒂提出，其将定量分析与定性分析相结合，是经济、管理、社会等研究领域确定权重最常用的方法。层次分析法的基本原理是将复杂目标层次化，把目标分解成多个层级和众多影响因子，然后通过对各层因子进行两两比较，构建判断矩阵，求解判断矩阵特征向量，并对特征向量进行归一化处理，得到同一层次下每个因子的相对权重。最后，按照“从下至上”的顺序，对每层级权重进行加权求和得出最终的目标值。

——熵值法。

熵值法属于一种客观赋值法，其利用数据携带的信息量计算权重，得到较为客观的指标权重。熵值是不确定性的一种度量，熵越小，数据携带的信息量越大，权重越大；相反熵越大，信息量越小，权重越小。

熵值法广泛应用于各个领域，对于普通问卷数据（截面数据）或面板数据均可计算。在实际研究中，通常情况下是与其他权重计算方法配合使用，如先进行因子分析得到因子权重，即得到高维度的权重，然后再使用熵值法进行计算，得到具体各项的权重。

——因子分析法。

因子分析法是指从研究指标相关矩阵内部的依赖关系出发，把一些信息重叠、具有错综复杂关系的变量归结为少数几个不相关的综合因子的一种多元统计分析方法。其基本原理是根据相关性把变量分组，使得同组内的变量之间相关性较高，但不同组的变量不相关或相关性较低，每组变量代表一个基本结构即公共因子。因子分析法可消除部分指标间信息重叠部分对综合指标的影响，其综合评价结果较为准确。但因子分析法需要在历史数据分析的基础上进行，不适用于无往期数据的指标体系权重确定。

②层次分析法确定指标权重。

目前，由于重金属污染耕地第三方治理项目的绩效评价指标层次多，既有定量指标又有定性指标，因此目前重金属污染耕地第三方治理项目绩效评价指标权重的确定适宜采用层次分析法。

层次分析法确定指标权重的基本步骤如下。

——构建递阶层次结构。

本章将重金属污染耕地治理修复绩效评价体系分为 4 个层次，即目标层、准则层、次准则层、指标层。具体的层次结构模型如表 11-11 所示。

表 11-11　重金属污染耕地治理修复绩效评价指标层次结构模型

目标层	准则层	次准则层	指标层
重金属污染耕地第三方治理绩效	A1 政策落实	B1 政策落实方案	C1 目标合理性
			C2 技术路线正确性
		B2 政策执行	C3 组织实施情况
			C4 技术保障情况
			C5 监督管理、安全生产情况
			C6 公众参与情况
	A2 资金管理	B3 效率性	C7 各项经济业务的结算进度
			C8 预算执行率
		B4 合法合规性	C9 财务制度完善情况
			C10 资金管理规范程度
		B5 经济性	C11 单位面积治理修复成本
			C12 投入产出比
	A3 实施效果	B6 完成情况	C13 面积完成率
			C14 措施到位情况
			C15 耕地质量改善情况
			C16 作物降铬/镉/汞/砷/铅达标率
			C17 水稻产量评价
		B7 风险评价	C18 土壤重金属污染风险评价
			C19 稻谷重金属污染风险评价
	A4 实施效益	B8 社会效益	C20 公众满意度
			C21 为市场提供优质农产品
			C22 劳动就业效益
			C23 带动新型农业经营主体发展
		B9 经济效益	C24 农作物经济贡献率
		B10 生态效益	C25 耕地土壤环境质量改善情况

——构造判断矩阵。

根据建立的层级结构，通过专家打分法获得对同一层次下指标两两比较的结果，确定每一层次的判断矩阵 $\boldsymbol{A}=(A_{ij})$。A_{ij}表示要素 i 与要素 j 之间的重要性比较结果，如表 11-12 所示。

表 11-12　重要性标度

因素 i 相对于因素 j	重要性标度 A_{ij}
同等重要	1
重要	3
很重要	5
非常重要	7
极重要	9
介于上述重要性等级之间	2，4，6，8

根据现有研究，进行指标两两比较的专家人数在 10~50 人，获得的评价结果更全面客观[14-15]。因此，笔者研究认为，聘请农学、管理学、会计、审计、环保、土壤、生态、食品质量与安全等领域的 35 名专家，对重金属污染耕地第三方治理绩效评价指标进行综合评价比较合适。专家组构成如表 11-13 所示。

表 11-13　专家组成构成

专业	人数
食品质量与安全	3
农学	5
环境学	5
土壤学	5
生态学	5
审计学	3
会计学	4
管理学	3
社会学	2

——层次单排序及其一致性检验。

层次单排序是指通过计算该层次元素重要性评价结果构成的判断矩阵的最大特征根，并按照列进行归一化得到的特征向量就是该层次元素相对于上一层元素的权重。一致性检验则是要确定判断矩阵是否存在不一致的情况，一致性检验的结果是确认层次单排序的评判标准。

假设 n 表示唯一非零特征根，λ 便是判断矩阵的最大特征值，则 $\lambda \geq n$，并且仅当 $\lambda = n$ 时，判断矩阵为一致矩阵。同时，若 λ 和 n 相比越大，则越不一致，一致性指标用 CI 表示，公式为：

$$CI = (\lambda - n) / (n-1) \tag{11-10}$$

当 $CI=0$ 时，则判断矩阵为一致矩阵，具有完全一致性；CI 的值越大，越不一致。同时，引入随机一致性指标 RI 来衡量 CI，随机一致性指标 RI 和判断矩阵的阶数有关，其对应关系如表 11-14 所示。

表 11-14　随机一致性指标 *RI*

指标	矩阵阶数								
	1	2	3	4	5	6	7	8	9
RI	0	0	0. 52	0. 89	1. 12	1. 26	1. 36	1. 42	1. 46

随机性的存在可能会导致一致性的偏离，因此在检验判断矩阵是否具有满意的一致性时，可以用 CI 和 RI 的比值，即检验系数 CR 来表示，$CR=CI/RI$。当 $CR<0.1$，则通过一致性检验；否则就需要对判断矩阵进行调整，直到得出的结果符合一致性。

——层次总排序及其组合一致性检验。

层次总排序即计算所有指标相对对于目标层的权重。同时，为防止单个层次非一致性积累导致层次总排序的非一致性，需要对层次总排序进行一致性检验。计算公式为：

$$CR = \frac{\sum_{i=1}^{m} a_i \times CI_i}{\sum_{i=1}^{m} a_i \times RI_i} \tag{11-11}$$

式中，CR 表示检验系数；a_i 表示第 i 个指标的权重；CI_i 表示第 i 个指标的一致性指标；RI_i 表示第 i 个指标的随机一致性指标；m 表示指标个数。

根据前述步骤计算得出重金属污染耕地第三方治理绩效评价指标体系权重表，如表 11-15 所示。

（2）计算每项任务指标得分

$$E_{终} = E_i \times W_i \tag{11-12}$$

式中，$E_{终}$ 表示单项任务指标的最终得分；E_i 表示单项任务指标的原始得分；W_i 表示单项任务指标所对应的权重。

2. 计算全部 25 项指标总得分

25 个单项任务指标最终得分之和为第三方治理项目最终总得分。

3. 评定最终评价结果

同时，为更好地对绩效评价结果进行量化，将评价等级进行分数量化。量化标准如表 11-16 所示。

表 11-15　重金属污染耕地治理修复绩效评价指标体系权重

目标层	A 准则层	A 层指标相对于目标层权重	B 次准则层	B 层指标相对于 A 层指标权重	C 指标层	C 层指标相对于 B 层指标权重	C 指标相对于目标层指标权重
重金属污染耕地第三方治理环境绩效	A1 政策落实	0. 134 3	B1 政策落实方案	0. 584 3	C1 目标合理性	0. 491 5	0. 046 9
					C2 技术路线正确性	0. 508 5	0. 048 5
			B2 政策执行	0. 415 7	C3 组织实施情况	0. 294 0	0. 020 0
					C4 技术保障情况	0. 324 2	0. 022 0
					C5 监督管理、安全生产情况	0. 124 1	0. 008 4
					C6 公众参与情况	0. 257 7	0. 017 5
	A2 资金管理	0. 158 7	B3 效率性	0. 397 8	C7 各项经济业务的结算进度	0. 594 6	0. 038 6
					C8 预算执行率	0. 405 4	0. 026 4
			B4 合法合规性	0. 400 6	C9 财务制度完善性	0. 558 8	0. 036 6
					C10 资金管理规范程度	0. 441 2	0. 028 9
			B5 经济性	0. 201 6	C11 单位面积治理修复成本	0. 492 4	0. 016 2
					C12 投入产出比	0. 507 6	0. 016 7

（续表）

目标层	A 准则层	A 层指标相对于目标层权重	B 次准则层	B 层指标相对于 A 层指标权重	C 指标层	C 层指标相对于 B 层指标权重	C 指标相对于目标层指标权重
重金属污染耕地第三方治理环境绩效	A3 实施效果	0. 583 4	B6 完成情况	0. 700 0	C13 面积完成率	0. 109 3	0. 038 3
					C14 措施到位情况	0. 135 2	0. 047 3
					C15 耕地质量改善情况	0. 257 7	0. 090 2
					C16 作物降铬/镉/汞/砷/铅达标率	0. 406 9	0. 142 4
					C17 水稻产量评价	0. 090 9	0. 031 8
			B7 风险评价	0. 300 0	C18 土壤重金属污染风险评价	0. 441 2	0. 066 2
					C19 稻谷重金属污染风险评价	0. 558 8	0. 083 8
	A4 实施效益	0. 123 6	B8 社会效益	0. 416 1	C20 公众满意度	0. 367 8	0. 026 5
					C21 为市场提供更多优质农产品	0. 266 1	0. 019 2
					C22 劳动就业效益	0. 226 7	0. 016 3
					C23 带动新型农业经营主体发展	0. 139 4	0. 010 1
			B9 经济效益	0. 283 5	C24 农作物经济贡献率	1. 000 0	0. 049 1
			B10 生态效益	0. 300 4	C25 耕地土壤环境质量改善情况	1. 000 0	0. 052 1

表 11-16　评价等级分数量化标准

项目	评价等级			
	优秀	良好	合格	不合格
评价分数	90 以上	80~90	70~80	70 分以下

根据 25 项评价指标总得分，按优秀、良好、合格、不合格 4 个档次给出评价结果。90 分以上为优秀，80~90 分为良好，70~80 分为合格，70 分以下为不合格。

（四）评价流程

1. 项目背景调查

一是了解第三方治理项目实施区域的农业生产地位、农业生产条件、农业生产水平以及干部群众意愿等因素。二是从法律法规和政策研究出发，通过收集资料和现场勘查，明确第三方治理所面临的现实困难，判定重金属污染耕地第三方治理项目的政策目标及可实现程度。

2. 评价方案制定

制定评价实施方案，明确评价对象、评价内容、评价方法等内容，报有关管理部门审议通过之后实施。

3. 确定评价指标及权重

根据第三方治理项目实施的具体措施选取相应的评价指标，并根据数据获取情况选择恰当的方式确定每一指标的权重。

4. 资料收集

资料收集是绩效评价的基础环节，即首先根据工作评价、效果评价的各项指标内容，制定资料收集清单，然后按照评价工作各阶段的要求，全面收集重金属污染耕地第三方治理项目区域管理部门和第三方实施主体基本情况和工作台账资料，对资料进行分类整理、审查和分析。具体的资料收集清单如表 11-17 所示。

表 11-17　重金属污染耕地治理修复绩效评价资料收集清单

类别	资料清单
图件	地理位置图、地形图、地表径流图、污染范围图、超风险范围图（风险评价）、项目实施范围图
调查报告	人员访谈记录、土壤现场采样照片、采样工作量清单、现场土壤采样记录及样品流转记录、质量控制表、检测报告、实验室资质证明材料、场地土壤理化性质
合同协议资料	项目招投标文件、管理部门与各项目实施主体及监理机构、样品检测机构签订的合同、实施方案变更协议等
实施方案	项目实施行政区重金属污染耕地治理修复实施方案及各单项工作实施方案；第三方实施主体实施方案

（续表）

类别	资料清单
监理资料	监理方案、监理日志、监理记录、监理报告
组织实施资料	第三方主体施工期的组织方案、进度计划、物资购买和使用记录、农产品检测报告、现场记录和台账等
验收资料	第三方治理项目验收报告、验收会材料、质量保障方案等
财务资料	第三方治理项目预算文件、招投标文件、采购合同、资金拨付文件及相关凭证
其他资料	各级政府部门签订的责任状；与重金属污染耕地治理修复相关的文件，如所在地用地规划、环境功能区划、相关环境保护规划和行政规范性文件；实施面积统计表等

5. *现场调研*

（1）现场考评

根据第三方治理项目区的工作具体安排和实施进度，对第三方治理项目实施地点进行现场评价、勘察、巡查，核实所掌握的有关信息资料。选取典型的重金属污染耕地治理修复实施区域，对各技术措施落实情况进行综合评价。

通过现场考评，可直接看到技术措施实施效果，获取信息，避免存在资料后期补造、“润色”和伪造等风险。同时，现场考评应注意以下 3 点。

第一，应自主选择考察区域。自主选择考察区域是为避免政府或实施主体的提前准备，考察到所谓的“形象工程”，避免影响评价的客观真实性。

第二，善于发现问题，现场及时总结。要从细节入手，对于发现的问题要及时反馈给政府和实施主体，同时将问题记录下来，便于日后评价工作的总结。

第三，注重评价的时效性。重金属污染耕地治理修复项目的实施与农时紧密结合，因此现场调研评价方法也应与农时紧密结合，一方面避免给相关政府部门和实施主体增加麻烦，另一方面也可保证评价结果的准确性。

（2）问卷调查

问卷调查的主要内容包括对实施主体负责人、项目管理人员、项目技术人员、项目实施区域基层干部、农户和监管、监理人员等开展问卷调查，以此评价基层干部和群众对重金属污染耕地第三方治理项目实施的满意度。

问卷调查评价方法是与群众联系最为广泛、最为密切的方法，该评价方法的优势也正在于此。通过对上述多类群体的问卷询问，可找到群众最关心的问题，同时也可以了解到项目在实施过程中遇到的难题，从而推动项目的有力实施。

问卷调查评价方法须注意以下 2 点。

第一，保证调查对象的广泛性。调查不能只针对政府人员、实施主体施工人员和农户中的一个主体，而是应追求调查对象的多样化，从多个角度得到不同群体对项目的认识，了解项目实施的多方面的问题。

第二，保证调查情况的真实性。主要是应尽可能避免政府或实施主体的“安排调查”，调查时尽可能深入农户家庭。

6. 资料审查

根据评价工作的需要和要求，对收集的基础信息资料、调研所获得的资料以及调查问卷，进行分类整理、审查和分析。

资料审查评价方法的优势在于以下 3 点。

第一，施工记录翔实。施工的资料众多，例如监理日志、组织实施资料类别中的物资购买和使用记录、现场记录和台账等。评价机构可通过这类施工记录资料核查是否按时按量按质施工，同时可与现场考察情况作对比分析，检验施工记录资料的准确度。

第二，综合多方评价报告。评价机构所审查的资料当中，涉及有政府自评报告、实施主体自评报告、第三方监理对第三方治理企业的评价报告、验收报告等众多评价报告性质的资料，一方面可以从多角度反映污染治理效果，另一方面可为第三方评价机构的年度评价提供参考依据。

第三，其他类型资料充足。其他类型资料，例如图件、合同协议、实施方案等也是效果评价的重要依据。

资料审查有 3 点要求。

第一，注重资料的全面性和具体性。具体要求为检查资料是否齐全；资料内相关信息是否记录到位，是否形成对项目的全过程记录。

第二，注意各资料中相关数据准确衔接。所谓准确衔接，即指实施时间、实施主体、实施区域、施用物资数量和质量、物资品牌、资金使用等信息在各资料记录中是否保持一致性。

第三，资料审查人员需具备多方面的专业素养。重金属污染耕地治理修复涉及多专业学习，因此资料审查人员也需具备多专业的知识储备，熟悉相关技术规程，能对施工记录资料中各治理修复技术是否准确实施做出正确判断。若条件允许，也可委派多名生产人员协同资料审查人员针对不同类型的资料进行审查。

7. 样品分析

样品分析方法，可通过最直接的农产品、土壤检测数据反映重金属污染耕地第三方治理实施效果。样品分析方法主要采用两种方式：一种是跟踪抽样，对样品进行分析；另一种是数据复检，从样品检测实验室随机抽取 2% 的农产品样品送第三方检测机构复检。

样品分析方法的最大优势在于其数据的说服力。农产品和土壤样品的检测数据，是反映重金属污染耕地第三方治理项目实施效果的最客观的数据。因此，样品分析法使用的要求也最为严格，主要包括以下两点。

第一，确保检测机构的独立性。要避免检测机构与实施主体直接接触，禁止产生“暗箱操作”，一方面是为了保证数据的真实性，另一方面是对所有实施主体的负责，以免引发群众的不满情绪，更重要的是保证项目实施的可信度，以免引起不良的社会舆论。

第二，确保采样的科学性。采样是样品分析方法的第一步，也是最关键的一步。

因此，采样需严格按照相关的技术要求落实。

8. 专家咨询

专家咨询法，即汇总评价报告和工作调研中的重点难点问题后，通过组织 1~2 次专家研讨会，并辅以多次网络或电话咨询等形式的讨论，获取各领域专家的问题解决方案。

专家咨询法的优势在于保证了评价结果的专业性。该方法也要求所咨询的专家来自多个研究领域。受污染耕地重金属污染耕地第三方治理绩效评价，是一项涉及多领域、多学科的评价机制，从企业管理到土壤生态学，从农业经济学到农学，不仅研究领域广泛，而且参与的研究机构也广泛。因此，在咨询专家的选择上，应注意研究领域和研究机构的来源宽泛性，可组织涵盖经作、粮油、蔬菜、水产养殖、土肥、农化、生态、环保、农经、财会等专业的专家，根据评价方案确定的指标体系、评价标准和评价方法，依据收集的基础资料、调研掌握的信息、检测数据及地方政府和实施单位提供的自评报告，对工作实施情况进行全面的定量、定性分析和综合分析，并形成评价结论。

9. 报告编制

根据收集到的基础资料、调研掌握的信息、检测数据资料和项目实施单位总结报告及专家评价意见，对第三方治理项目各项工作实施效果和工作组织情况进行评价，撰写绩效评价报告，报告内容包括绩效评价分数评定、工作实效评价、各个单项工作效果评价、实施效益、经验与模式总结、问题与建议和评价结论等模块。

五、绩效评价组织实施与成果

（一）评价团队组织

组建一支素质高、人数充足的评价团队是确保按时按质完成评价工作的重要前提和组织保障。重金属污染耕地第三方治理项目的绩效评价是一项复杂的系统工程，与此相适应，评价团队的组成，要注意两个兼顾：一是兼顾多学科多专业人员，人员组成要与重金属污染耕地治理修复多学科的特点相适应，组建一支涵盖多学科多专业的人员队伍，主要包括农业、环保、土肥、生物、经作、粮油、饲料、水产养殖、农产品加工、经济类等学科和专业；二是兼顾多类型人员，统筹安排理论分析、技术操作、现场调研、数据统计、报告编写等工作，合理分工协作，共同完成评价工作。

（二）评价保障措施

1. 人员保障

（1）专业性

绩效评价要想达到理想的目标，必须有过硬专业知识的评估人才，评价人员要由各有关专业人员组成。

（2）独立性

独立性是开展评价工作的前提。评价机构在评价过程中充当了连接第三方治理主体与公众桥梁的作用，保持评价机构的独立性和客观性是必要的。评价的独立性避免利益关系的操作，影响评价过程形成良性循环。影响评价独立性的主要因素包括评价组织与被评对象的利益关系（尤其是经济关系）、评价组织及其人员能力和素质、监督效果。因此，要保证评价组织评价的独立性，一是要评价组织要尽可能避免与被评对象的利益关系，特别是评价主体是具有营利性质的专业公司时，要避免其与被评对象的直接经济利益关系；二是评价机构不仅需要具备相关的专业评价能力，更要有社会责任感和公民的价值取向，要求评价工作人员具有专业精神、社会道德感和客观负责的态度。

2. 保密制度

参与评价工作的评价单位严守保密纪律，评价团队成员做好评价数据的保密工作，遵守评价工作的保密规定。

3. 公正性保障制度

评价对象及相关部门，不得干扰阻挠评价工作的开展，对敷衍应付评价活动、利用职权影响评价结果等行为，一经查实依法依规严肃处理，并公开通报。

评价方在开展评价过程中，严禁干扰评价对象正常工作，严禁参与任何可能影响评价公正性的活动，对相关违规行为经查证属实的，不再委托其从事评价工作。

评价组织方积极协助评价机构开展评价工作，被评价方应积极配合，向评价机构提供相关资料，如实说明项目/工作实施的有关情况、实施过程中存在的突出问题，并提出相关建议。

（三）评价时间计划

为确保评价工作有序进行，要做好评价工作实施的时间计划。时间计划包括效果评价各项主要工作实施和完成的时间节点。

（四）评价成果

绩效评价的核心目的是“以评促改”，实现“事前评估预判，事中评估整改，事后评价成效”，对重金属污染耕地第三方治理项目的实施起到引导、监管、督促、评价作用。评价方通过提供评价报告，为重金属污染耕地第三方治理工作提供科学指导。

1. 成果形式

根据收集到的基础资料、调研掌握的信息、检测数据资料和第三方治理项目实施单位总结报告及专家咨询意见，对重金属污染耕地第三方治理各项工作实施效果和工作组织情况进行评价，撰写评价报告。

根据评价组织单位需要，评价报告可分为几种类型。从时间上分类，可以编制阶段性评价报告，也可以编制终期评价报告；从内容上分类，可以编制综合评价报告，也可以编制专项评价报告。

2. 评价报告大纲

评价报告内容主要分为 6 个部分，分别为重金属污染耕地治理修复项目背景、绩效评价工作简况、重金属污染耕地第三方治理项目实施情况、组织实施与保障情况、评价结论、下一步工作建议。

评价报告模板如下。

一、项目背景

二、绩效评价工作简况

1. 评价任务与原则

2. 评价思路与方法

3. 工作组织与实施

三、重金属污染耕地第三方治理项目实施情况

1. 面积完成情况

2. 治理修复技术措施实施情况

3. 样品采集情况

4. 效果分析与评价

四、组织实施与保障情况

五、评价结论

1. 总体情况

2. 评分情况

3. 存在的问题

六、下一步工作建议

六、评价工作注意事项

（一）客观性

评价的客观性可以从态度和评价结果两个层面来进行理解。在态度层面，评价的“客观”被理解为评价主体的一种实事求是的态度；在评价结果层面，其反映的是重金属污染耕地第三方治理各项措施及相关资金使用效益的真实性。要做到公正性，要求评价机构在遵守相关法律法规和政策规定的前提下，不受利益相关方的干扰，保证评价过程的客观性、评价结果的公正性。第一，根据评价的特点，坚持管评分离，由评价单位组织工作小组独立开展评估工作。第二，评价过程必须坚持实事求是、深入调查研究，获取翔实数据资料，调查核实发现问题，避免主观随意性。第三，根据考核评价的目的和要求，科学制定调研方案和评价指标体系，确保评价数据准确，结论真实可靠。

（二）公正性

重金属污染耕地第三方治理绩效评价公正性主要包括 3 个方面：一是评价程序的公正性，二是评价内容的公正性，三是评价形式的公正性。

评价程序公正性。评价程序包括评价方案制定、资料收集和分析、现场调研、组织专家评价和编制评价报告等。

评价内容公正性。评价内容一定要涵盖重金属污染耕地第三方治理项目的主要内容，不要遗漏，不要有偏颇。

评价形式公正性。评价形式一定要符合重金属污染耕地第三方治理措施的实际，一定能真实、准确反映重金属污染耕地第三方治理技术措施实施情况和实施效果。

（三）准确性

重金属污染耕地治理修复项目一般都具有公益性质，实施措施多以及实施时间安排紧等因素使得项目工作较为复杂，评价的难度也较大。要做到评价过程中对人和对物的准确评价，一方面要保证评价团队中每个参与人员的专业性，做到对项目涉及专业的全面覆盖，另一方面要规范现场评价和样品的检测流程，保障评价结果和评价过程的科学性。

（四）准时性

重金属污染耕地第三方治理项目中诸多措施涉及农业生产，多项技术措施的实施受到农时的限制且项目实施过程较长，措施实施的时间对于项目最终的实施效果至关重要。要确保评价结果的准确性和及时性，对于评价时点的把握非常重要。因此，评价机构必须根据项目实施的进度、关键技术措施实施的时间节点、农作物种植关键时间节点、采样收获时间节点，及时对项目进行现场调研、评价和采样及样品检测分析。

参考文献

[1] 宋传联．和谐社会视阈下中国环境审计制度研究［D］．吉林：东北师范大学，2015.

[2] 李世辉，葛玉峰．政府环境绩效审计评价体系的构建及应用：以淮河流域水污染治理为例［J］．财会月刊，2017（12）：97-101.

[3] 淄博市审计局课题组．“三维”视角下政策措施落实情况跟踪审计分析［J］．审计研究，2016（1）：22-28.

[4] 蔡春，唐凯桃，刘玉玉．政策执行效果审计初探［J］．审计研究，2016（4）：35-39.

[5] 张丛林，乔海娟，郑诗豪，等．中国生态文明建设试点政策评估研究［J］．中国环境管理，2020，12（3）：40-47.

[6] 田冠军，谭璐，刘诗雨．基于 BSC 的环保资金绩效审计评价指标体系构建［J］．重庆理工大学学报（社会科学），2015，29（10）：80-85.

[7] 江西省审计学会课题组．财政资金绩效审计研究［J］．审计研究，2020（1）：24-32.

[8] 审计署深圳特派办理论研究会课题组．财政专项资金绩效审计现状及策略研究［J］．审计研究，2020（1）：7-15.

[9] 吴霄霄，米长虹，吴昊，等．镉污染稻田修复效果评估指标体系的构建

[J]. 农业环境科学学报，2019，38（7）：1498-1505.
[10] 杨录强. 环保专项资金绩效审计评价指标体系构建[J]. 财政监督，2018（22）：51-55.
[11] 和杰，游飞贵，冯涛. 涉农统筹整合资金绩效审计研究[J]. 审计研究，2021（1）：3-10.
[12] 吴建. 湘潭市耕地重金属污染修复治理实施过程及实施效果评价[D]. 长沙：湖南师范大学，2017.
[13] 龙力涛. 基于“IES”框架的长株潭重金属污染耕地修复治理绩效评价[D]. 长沙：湖南农业大学，2019.
[14] 王小燕. 基于模糊综合评价法的网络银行顾客信任模型研究[J]. 管理学报，2010，7（9）：1350-1357.
[15] 杨红娟，郭小叶，孙伟. 基于AHP的模糊综合评价法与DEA方法的低碳供应商绩效评估[J]. 上海管理科学，2012，34（5）：37-41.